普通高等教育新工科通信类课改系列教材

光纤通信技术基础

主　编　李荣　毛昕蓉
副主编　刘健

西安电子科技大学出版社

内 容 简 介

本书全面介绍了光纤通信系统的基本概念、光纤通信信道、光纤通信基本器件、光纤通信系统及设计、光纤通信新技术、光接入网及光网络、光纤通信仿真等内容。

本书注重理论与实践、设计与工程相结合,精选了一些最新的应用实例进行分析,有助于读者学习。本书力求理论上的系统性以及技术上的新颖性和实用性。在理论分析上深入浅出,图文并茂,注重实用,适合不同层次读者的需要;在实用性上配合教学和学习,每章都精选了一定数量的习题。本书可作为各高等院校工科电子信息类专业课教材,也可供科研和工程技术人员参考。

光纤通信技术基础/李荣,毛昕蓉主编. -- 西安:西安电子科技大学出版社,2025.6. --ISBN 978-7-5606-7435-3

Ⅰ.TN929.11

中国国家版本馆 CIP 数据核字第 2024PP4408 号

策　　划　刘小莉
责任编辑　刘小莉
出版发行　西安电子科技大学出版社(西安市太白南路 2 号)
电　　话　(029)88202421　88201467　　邮　　编　710071
网　　址　www.xduph.com　　　　　电子邮箱　xdupfxb001@163.com
经　　销　新华书店
印刷单位　陕西天意印务有限责任公司
版　　次　2025 年 6 月第 1 版　2025 年 6 月第 1 次印刷
开　　本　787 毫米×1092 毫米　1/16　印张　12
字　　数　278 千字
定　　价　37.00 元

ISBN 978-7-5606-7435-3

前　言

通信是信息的传输与交换。光纤通信系统具有低损耗、大容量、长距离传输的优点，因而自问世以来，一直以惊人的速度发展，得到了广泛应用，并成为主导的传输技术。光纤传输技术的发展决定着整个通信网络的发展。目前，光纤通信正在向着大容量、高速率、长距离方向迅猛发展，主要发展趋势体现在系统高速化、网络化、光纤长波长化、光缆纤芯高密度化和光器件高度集成化等方面。

本书紧密结合光纤通信的新发展，系统全面地讲述了现代光纤通信技术的基本原理、基本概念、基本光纤传输理论、传输性能、基本性能指标，同时依据通信行业常用法律法规及行业规范，结合实际需求综合介绍光纤通信系统的设计、施工、维护等相关知识和全光通信网络技术。

为了提高通信与电子信息类专业大学生的实践与创新能力，提升教学效果，本书利用OptiSystem 软件搭建了光通信系统实验平台，开发了"参与式"的课堂教学新模型。

本书内容共分 7 章。第 1 章主要介绍光纤通信的基本概念。第 2 章主要介绍光纤通信信道，包括光纤和光缆的结构与分类、光纤的传输原理和光纤的传输特性及光纤的标准和应用。第 3 章主要介绍光纤通信基本器件的工作原理及主要特性，包括通信用光源、光检测器件、光学网络器件及光放大器。第 4 章主要介绍同步数字体系（SDH）的基本原理及数字光纤通信系统的性能指标。第 5 章主要介绍光纤通信新技术，包括波分复用技术、相干光通信技术、光孤子通信技术、光量子通信技术和光纤传感器。第 6 章主要介绍光接入网的基本概念、基本组成和工作原理及全光网络的结构及基本原理。第 7 章介绍光纤通信系统的仿真软件及仿真实验。

本书由西安科技大学李荣和毛昕蓉老师任主编，刘健老师任副主编，其中第 1、2、3、4章由李荣老师编写，第 7 章由毛昕蓉老师编写，第 5、6 章由刘健老师编写，李荣老师负责统稿。由于作者的水平有限，书中难免存在不足之处，敬请广大读者批评指正。

作　者

2024 年 9 月

目　录

第 1 章
概　论

　　1966 年，英籍华裔学者高锟(C. K. Kao)和霍克哈姆(G. A. Hockham)首次提出利用光纤(Optical Fiber)进行信息传输的可能性和技术途径。他们指出如果将光纤中过渡金属离子减少到最低限度并改进制造工艺，就有可能使信号损耗降低很多，达到实用要求。正因为这一成就，高锟博士获得了 2009 年度的诺贝尔物理学奖。目前，光纤通信已成为网络信息传输最重要的方式之一。

　　随着 Internet 业务和多媒体应用的快速发展，网络业务量正以指数级的速度增长，这就要求网络传输、处理、存储能力不断增强。光纤通信将向着全光通信网推进。

　　本章主要介绍光纤通信的发展、优势、应用及其系统的基本组成，分析光纤通信网络的现状、技术特点及其发展趋势。

1.1　光纤通信的发展概况

1.1.1　光通信的探索时期

　　光在通信中的应用由来已久，原始形式的光通信如中国古代用烽火台报警。1880 年，亚历山大·格拉汉姆·贝尔(Alexander Graham Bell)发明了一种利用光波作为载波传输话音信息的光电话，它证明了利用光波作载波传递信息的可能性。贝尔光电话是光通信历史上的第一步，是现代光通信的雏形。

　　光电话是利用太阳光或弧光灯作光源，通过透镜把光束聚焦在送话器的振动镜片上，使光强度随话音的变化而变化，实现话音对光强度的调制。在接收端，用抛物面反射镜把从大气传来的光束反射到硅光电池上，使光信号变换为电流，传送到受话器上。

　　贝尔光电话和烽火报警一样，都是利用大气作为光通道，光波传播易受气候的影响，在大雾天气，可见距离很短，下雨、下雪天的影响更严重。

　　光电话传输模型如图 1.1 所示。由于没有稳定可靠的光源和传输介质，光电话很难实用化。要充分发挥光波作为通信介质的作用，实现长距离通信，必须探索新的传输介质，寻找一种较为理想的光传输介质。

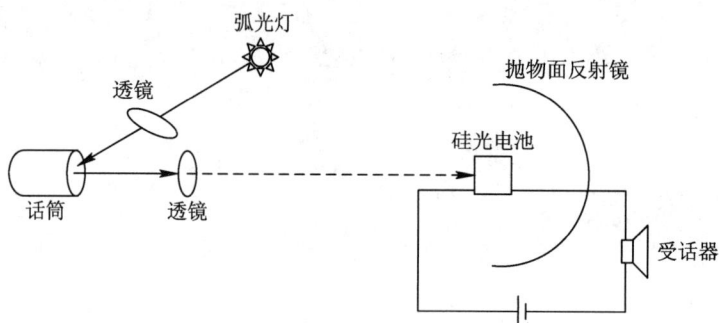

图 1.1　光电话传输模型

1.1.2　现代光纤通信的发展

现代光通信与上述提到的"光通信"意义不同,其关键是必须对光波进行高速调制,实现长距离传输,这就要解决两个关键问题:一是合适的光源;二是低损耗的传输介质。

1950 年,现代光纤的雏形——导光用的玻璃纤维出现,但其传输损耗率高达 1000 dB/km,即在 1 km 的光纤上传输损耗达 10^{100} 倍,这个损耗太大,显然不能满足通信需要,它仅仅用在医疗领域的内窥镜系统中。

1960 年 7 月 8 日,美国科学家希奥多·哈罗德·梅曼(Theodore Harold Maiman)发明了第一台红宝石激光器。激光器的发明和应用,使沉睡了 80 年的光通信进入了一个崭新阶段,真正得到了实质性的发展。激光器的出现,引发了世界性的大气激光通信技术研究热潮,1961—1970 年,光通信的研究主要集中在利用大气作为传输介质的光传输实验,并陆续出现了一些实用化系统。在这个时期,美国麻省理工学院利用 He-Ne 激光器和 CO_2 激光器进行了大气激光通信试验。

1966 年,英籍华裔学者高锟(C. K. Kao)和霍克哈姆(G. A. Hockham)发表了关于传输介质新概念的论文,提出实用型光纤的制造问题及其在通信方面的应用前景,奠定了现代光通信——光纤通信的基础,指明了"通过原材料的提纯制造出适合于长距离通信使用的低损耗光纤"这一发展方向。

1970 年,光纤研制取得了重大突破。美国康宁(Corning)公司研制成功传输损耗为 20 dB/km 的石英光纤,把光纤通信的研究推向了一个新阶段。1972 年,康宁公司高纯石英多模光纤传输损耗降低到 4 dB/km。1973 年,美国贝尔(Bell)实验室的光纤传输损耗降低到 2.5 dB/km,1974 年降低到 1.1 dB/km。1976 年,日本电报电话(NTT)公司将光纤传输损耗降低到 0.47 dB/km(波长 1.2 μm)。1979 年光纤传输损耗降至 0.20 dB/km,1984 年为 0.157 dB/km,1986 年为 0.154 dB/km,接近了光纤最低损耗的理论极限(0.148 dB/km)。

1970 年,光纤通信用光源也取得了实质性的进展。美国贝尔实验室、日本电气公司(NEC)和苏联先后研制成功室温下连续振荡的镓铝砷(GaAlAs)双异质结半导体激光器(短波长)。虽然寿命只有几个小时,但它为半导体激光器的发展奠定了基础。1973 年,半导体激光器的寿命达到 7000 小时。1976 年,日本电报电话公司研制成功发射波长为 $1.3~\mu m$ 的铟镓砷磷(InGaAsP)激光器。1977 年,贝尔实验室研制的半导体激光器的寿命达到 10 万小时。1979 年美国电报电话(AT&T)公司和日本电报电话公司研制成功发射波长为 $1.55~\mu m$ 的连续振荡半导体激光器。

由于光纤和半导体激光器的技术进步,1970 年成为光纤通信发展的一个重要里程碑。

1976 年,美国在亚特兰大(Atlanta)进行了世界上第一个实用光纤通信系统的现场试验。世界第一条民用光纤通信线路开通,人类通信进入了光时代。1980 年,美国标准化 FT-3 光纤通信系统投入商业应用。1976 年和 1978 年,日本先后进行了速率为 34 Mb/s 的突变型多模光纤通信系统,以及速率为 100 Mb/s 的渐变型多模光纤通信系统的试验。1983 年敷设了纵贯日本南北的光缆长途干线。

1988 年,由美、日、英、法发起的第一条横跨大西洋的 TAT-8 海底光缆通信系统建成,全长 6400 km。1989 年第一条横跨太平洋的 TPC-3/HAW-4 海底光缆通信系统建成,全长 13 200 km。从此,海底光缆通信系统的建设得到了全面展开,促进了全球通信网的发展。

我国从 1972 年开始光纤通信的研究,同年,中国第一根实用化光纤在武汉邮电科学研究院诞生,开启了新中国光纤通信技术和产业发展的新纪元。赵梓森院士(如图 1.2 所示)被称为"中国光纤之父"。

图 1.2　中国光纤之父——赵梓森

1982 年,中国第一个光纤通信系统工程——八二工程开通,开创了我国数字化通信新纪元。八二工程全长 13.3 km,速率 8.448 Mb/s,可传输 120 路电话。

1987 年,我国开始在长途干线上应用光纤通信,铺设了多条省内二级光缆干线。数字光纤通信的速率已达到 144 Mb/s,可传送 1980 路电话,超过同轴电缆载波,在传输干线上光缆传输已全面取代电缆传输。

1987 年,英国南安普顿大学的 David Payne 团队发明了第一台掺铒光纤放大器(EDFA),

这一划时代的发明成为后来长距光传输的重要基石，也让 3R 中继成为历史。

1988 年，Bell 实验室的 Lin Mollenauer 演示了 4000 km 单模光纤光孤子传输，描绘了光孤子超长距传输的美好愿景。

1993 年，Bell 实验室的 Andrew Chraplyvy 等人在色散管理光纤链路上实现了 8 波长 10 Gb/s 的传输，传输距离达到 280 km。色散补偿光纤（DCF）也正式登上长距光通信的历史舞台。

1996 年，波分复用技术（WDM）正式走向商用，成为支撑后来 30 年大容量光传输系统扩容升级的重要基础。华人科学家厉鼎毅博士被称为"WDM 之父"。

1998 年 12 月，贯穿全国的八纵八横光纤骨干网建成，网络覆盖连通全国省会以上城市和 70% 的地市，全国长途光缆达到 20 万千米，形成以光缆为主、卫星和数字微波为辅的长途骨干网络。

1999 年，中国生产的 8×2.5 Gb/s WDM 系统首次在青岛至大连开通，沈阳至大连的 32×2.5 Gb/s WDM 光纤通信系统开通。

2002 年，Bell 实验室首次验证了 40 Gb/s 的 DPSK 可用于长距高速传输，传输距离达到 4000 km，同时还引入了非线性补偿技术。

2003 年，国际电信联盟电信标准化组织（ITU-T）将千兆无源光网络（GPON）标准化，成为后来将宽带数字化上网体验带入千家万户的使能技术。

2004 年，英国伦敦大学学院的 Michael Taylor 首次提出基于数字信号处理（DSP）的相干光通信，让人们意识到利用 DSP 技术在数字域补偿光纤损伤的可行性，并展示了数字相干 DSP 的强大能力，使之成为未来高速光通信必不可少的关键技术。

2006 年，中国、美国、韩国六大运营商在北京签署协议，共同出资 5 亿美元修建中国和美国之间首个兆兆级、10G 波长的海底光缆系统——跨太平洋直达光缆系统。

2007 年，Nortel 公司、Bell 实验室、西门子、埃因霍恩大学等机构相继验证了基于 DSP 的 40G、100G 相干光通信系统，相干光技术走向实用又向前迈进了一大步。

2008 年，墨尔本大学的 William Shieh 团队首次提出了 OFDM 在相干光通信中的应用，即 CO-OFDM，并开展了较为完善的系列理论及系列实验研究。

2009 年，Bell 实验室提出了超信道（Super Channel）传输概念，并实验演示了 1.2 Tb/s 的超信道传输。

2010 年，Bell 实验室的 Rene Essiambre 等人研究了光纤通信系统的非线性香农极限，人们开始意识到单模光纤容量的上限，带宽不再是光纤取之不尽的资源。同年，ITU-T 发布了万兆无源光网络（XG-PON/10G PON）标准。

2011 年 12 月 5 日，武汉邮电科学研究院在国家重点实验室成功实现了 240 Gb/s 相干光正交频分复用（OFDM）信号在普通单模光纤上无误码实时传输 48 km，这是国际上首个用在线实时处理方式实现的超 100 Gb/s 的超高速光通信传输实验。

2012 年，ITU-T 将灵活栅格 WDM(Flexible Grid WDM)标准化，为未来灵活光网络弹性扩容及系统频谱效率优化提供了便利条件。同年，Bell 实验室验证了星座概率整形(PCS)技术应用于高速相干光通信提升性能的可行性，为下一代相干光通信系统和设备指明了技术方向。

2013 年，Acacia 将硅光集成器件用于相干光模块，并于 2014 年开始为客户送样，标志着硅光集成技术从研究走向实用，将创造极大的商业价值。

2014 年，华为、Acacia、Ciena 等公司开发了 200G 相干光模块，单波速率加倍。

2015 年，ITU-T 将 4×10 TWDM PON 正式列为 NG-PON2 标准的技术方案。

2016 年，ITU-T 定义了低损耗、低非线性光纤的标准，有望成为未来新铺设光缆的首选，可以支持更长距离的传输。

2017 年，华为将硅光技术成功用于数字相干光模块。

2018 年，Lumentum 和华为率先在业内成功研发低损耗的 $M \times N$ 无色无向无阻塞(CDC)的波长选择形状(WSS)，有力地支撑未来大容量的全光交叉走向实用。同年，中国信息通信科技集团宣布 100G 相干硅光芯片商用投产，这在国内业界首开先例，标志着核心技术向国产化转移。

2019 年，华为发布了 SuperC 波段的 6 THz 超宽带传输解决方案。同年，中国信息通信科技集团研究人员在国内首次实现了 1.06 P/s 超大容量波分复用及空分复用的光传输系统实验，实现了一根光纤上近 300 亿人同时通话，1 s 之内传输约 130 块 1TB 硬盘所存储的数据，标志着我国将朝着超大容量、超长距离、超高速率光通信技术前沿不断迈进。

1.2　光纤通信的主要特点和应用

光纤通信就是利用光波作为载波，以光导纤维作为传输介质实现信息传输的一种通信技术。光纤通信与其他通信方式相比有很明显的优势，主要体现在通信容量大、传输距离长、质量轻、抗电磁干扰性能强、保密性强等方面。

1.2.1　光纤通信的主要特点

1. 光在电磁波谱中的位置

任何通信系统追求的最终技术目标都是要可靠实现最大可能的信息传输容量和传输距离。通信系统的传输容量取决于对载波调制的频带宽度，载波频率越高，频带宽度越宽。

电缆通信和微波通信的载波是电波，光通信的载波是光波。虽然光波和电波都是电磁波，但是频率差别很大。光纤通信用的近红外光(波长约 1 μm)的频率(约 300 THz)比微波

(波长为 0.1 m～1 mm)的频率(3～300 GHz)高 3 个数量级以上。

光纤通信用的近红外光(波长为 0.7～1.7 μm)频带宽度约为 200 THz,在常用的 1.31 μm 和 1.55 μm 两个波长窗口频带宽度也在 20 THz 以上。由于光源和光纤特性的限制,目前,光强度调制的带宽一般只有 20 GHz,因此还有 3 个数量级以上的带宽潜力可以挖掘。光通信与光纤通信频谱范围如图 1.3 所示。

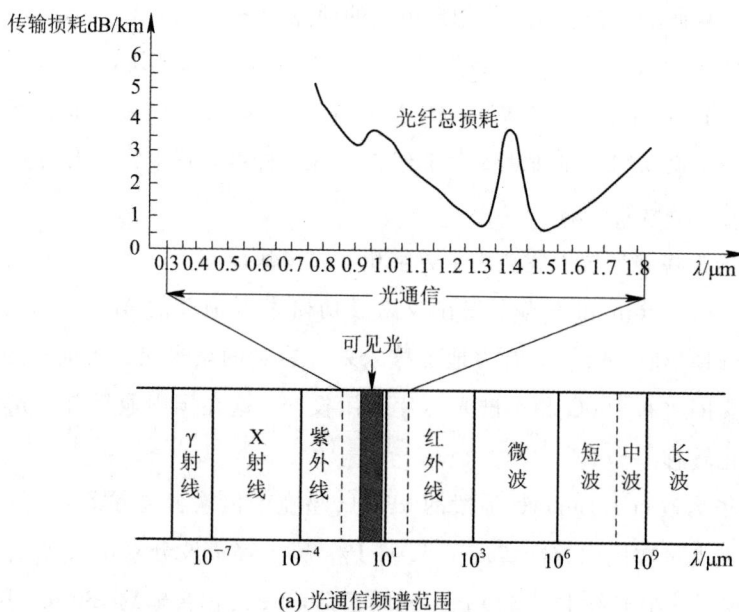

(a) 光通信频谱范围

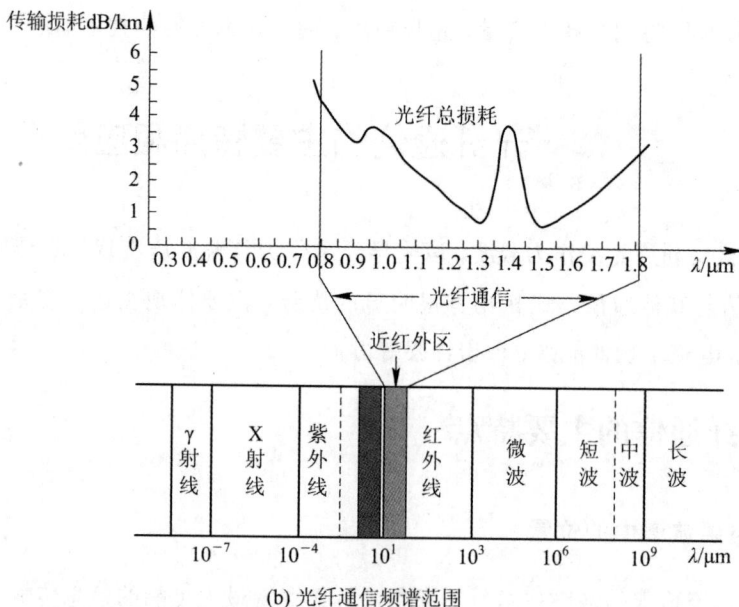

(b) 光纤通信频谱范围

图 1.3 频谱范围图

与其他通信方式相比，微波波段有线传输线路是由金属导体制成的同轴电缆和波导管。同轴电缆的损耗随信号频率的平方根的增大而增大，要减小损耗，必须增大结构尺寸，但要保持单一模式的传输，又不允许增大结构尺寸。波导管具有比同轴电缆更低的损耗，但随着工作频率的提高，也要减小波导结构的尺寸以保持单一模式的传输，损耗仍然要增大。光纤是由绝缘的石英（SiO_2）材料制成的，通过提高材料纯度和改进制造工艺，可以在宽波长范围内获得很小的损耗。各种传输线路的损耗特性对比如图 1.4 所示。

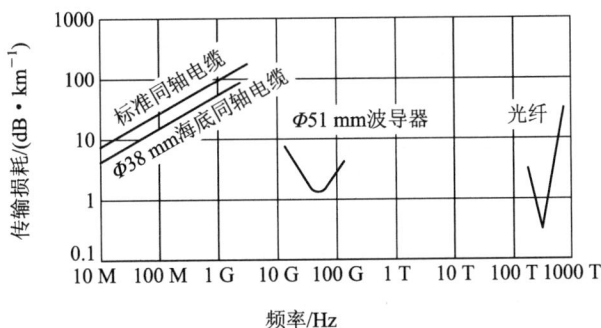

注：M 为 10^6，G 为 10^9，T 为 10^{12}。

图 1.4　各种传输线路的损耗特性

2. 光纤通信的优点

（1）频带宽，通信容量大。由信息论可知，载波频率越高则通信容量越大。目前使用的光波频率约 10^{14} Hz，光纤通信带宽一般只有 20 GHz，它可传输几十万路电话和几千路彩色电视节目。一根光纤的传输容量如此巨大，而一根光缆中可以包括几十根甚至上千根光纤，如果再加上波分复用技术（WDM），把一根光纤当作几根、几十根光纤使用，其通信容量之大就更加惊人了。

（2）低损耗，传输距离长。目前使用的光纤均为 SiO_2（石英）光纤，要减少光纤损耗，主要靠提高玻璃纤维的纯度来达到。由于目前制成的 SiO_2 玻璃介质的纯度极高，因此光纤的损耗极低，在光波长 $\lambda = 1.55$ μm 附近，损耗最低点为 0.2 dB/km，已接近理论极限值。若配以适当的光发送与光接收设备，可使其中继距离达数百千米以上。如果传输线路中采用光纤放大器、色散补偿光纤，中继距离还可再增加。这是传统的电缆（1.5 km）、微波（50 km）等通信方式无法比拟的，因此光纤通信特别适用于长途一、二级干线通信。

（3）质量轻，体积小。光纤质量很轻，直径很小。一根光纤的直径约为 0.1 mm，即使做成光缆，在线芯数相同的条件下，其质量和体积都比电缆小很多。比如 8 芯同轴电缆的线径约为 47 mm，质量为 6.3 kg/m。而 8 芯光缆线径只有 21 mm，重量为 0.42 kg/m。同时，通信设备的质量和体积对特殊领域特别是军事、航空和宇宙飞船等方面的应用，具有特别重要的意义。在美国 A-7 飞机上，用光纤通信代替电缆通信，可使飞机质量减轻 27 磅，相当于飞机制造成本减少了 27 万美元。光缆体积小的优点在市话中继线中有效地解决了地下管道拥挤的问题。

（4）抗电磁干扰性能好。光纤原材料是由 SiO_2 制成的绝缘材料，它不受自然界雷电、电离层变化和太阳黑子活动的干扰，也不受人为的电磁干扰。还可利用它的这一优点与高压输电线平行架设或与电力导体复合构成架空地线复合光缆（OPGW）。这一点对于强电领域（如电力传输线路和电气化铁道）的通信系统特别有利。普通的电缆通信是不能在高压电力输配、电气化铁路、雷击多发地区、核试验等环境中工作的。

（5）泄漏小，保密性能好。在电波传输的过程中，电磁波的泄漏会造成各传输通道的串扰，信息容易被窃听，保密性差。光波在光纤中传输，光信号被完整限制在光波导结构中，在转弯处漏出的光波也十分微弱，即使光缆内光纤总数很多，相邻信道也不会出现串音干扰，在光缆外面也无法窃听到光纤中传输的信息。因此与无线、有线通信相比，光纤通信有较好的保密性，信息在光纤中传输非常安全。

（6）节约金属材料，有利于资源合理使用。通信电缆的主要材料是稀有金属铜，资源较为匮乏。制造石英光纤最基本的原材料是 SiO_2，即砂子，砂子在自然界中几乎取之不尽、用之不竭，资源极为丰富。

总之，光纤通信不仅在技术上具有很大的优越性，而且在经济上具有巨大的竞争力，因此光纤通信在信息社会中将发挥越来越重要的作用。

1.2.2　光纤通信的应用

光纤可以传输数字信号，也可以传输模拟信号。光纤在通信网、广播电视网与计算机网以及在其他数据传输系统中，都得到了广泛应用。光纤宽带干线传送网和接入网发展迅速，是当前研究开发应用的主要目标。

光纤通信的各种应用可概括如下。

（1）通信网。通信网主要用于电信网中的语音和数据传输，包括全球通信网（如横跨大西洋和太平洋的海底光缆和跨越欧亚大陆的洲际光缆干线）、各国的公共电信网（如我国的国家一级干线、各省二级干线和县市以下的支线）、各种专用通信网（如电力、铁路、国防等部门通信、指挥、调度、监控的光缆系统）、特种情况下的通信手段（如石油、化工、煤矿等部门易燃、易爆环境下使用的光缆，以及飞机、舰船、导弹等内部的光缆系统）。

（2）计算机局域网和广域网，如光纤以太网、路由器之间的光纤高速传输链路等。

（3）有线电视网的干线和分配网。许多工厂、矿山、银行、交通运输部门、公安部门、飞机场、港口码头中广泛使用的应用电视系统也大量使用光纤作为传输手段；此外，许多自动控制系统中的数据传输为了避免受到电磁干扰等，也大量使用光纤传输系统。

（4）综合业务光纤接入网。综合业务光纤接入网可以实现电话、数据、视频（包括会议电视、可视电话等）及各种多媒体业务的综合接入，这是目前其他电缆系统无法比拟的，提供各种各样的社区服务是光纤通信未来的发展方向之一。宽带综合业务光纤接入系统拓扑结构如图 1.5 所示。

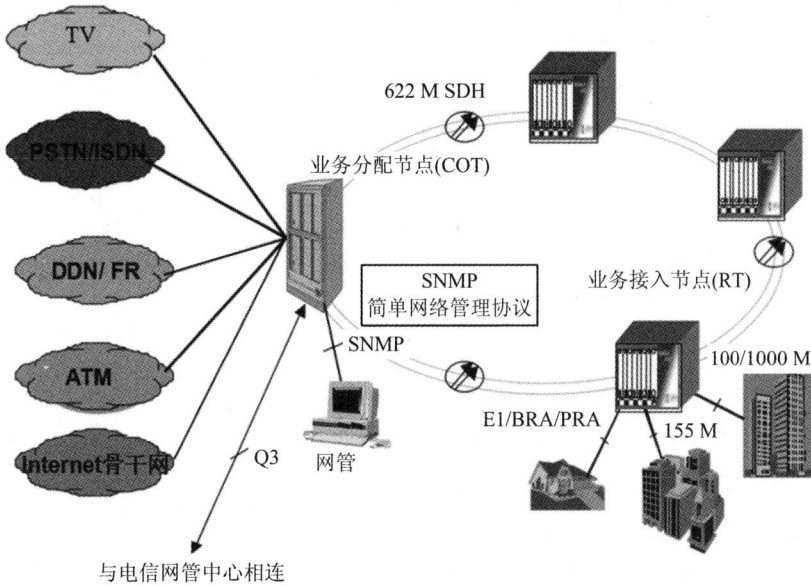

图 1.5 宽带综合业务光纤接入系统拓扑结构

1.3 光纤通信系统的基本组成

光纤通信系统是由光发射机、光接收机、光纤线路、各种耦合器等组成的信息传输系统。图 1.6 所示为单向传输的光纤通信系统组成原理图，包括发射、接收和作为广义信道的基本光纤传输系统。

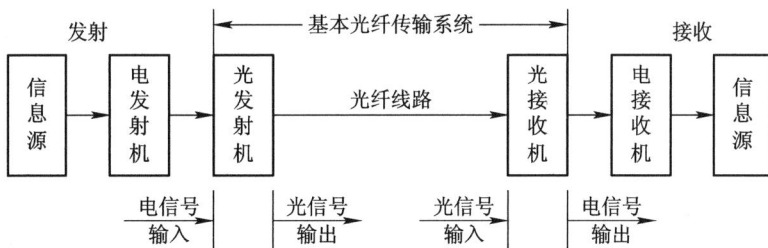

图 1.6 单向传输光纤通信系统组成原理图

基本光纤传输系统有三个组成部分，分别是光发射机、光纤线路和光接收机。

1. 光发射机

光发射机的作用是将输入的电信号转变成光信号（E/O 转换），并将光信号耦合进入传输光纤中。光发射机由光源、驱动电路、调制器组成，其核心是光源。光发射机的性能基本上取决于光源的特性，对光源的要求是输出光功率足够大，调制频率足够高，谱线宽度和光束发散角尽可能小，输出功率和波长稳定，器件寿命长。常用的通信用光源器件主要是半导体激光器（LD）、发光二极管（LED）以及谱线宽度很小的动态单纵模分布反馈（DFB）激光器，多量子阱激光器（MQW）。光发射机的基本组成如图 1.7 所示。

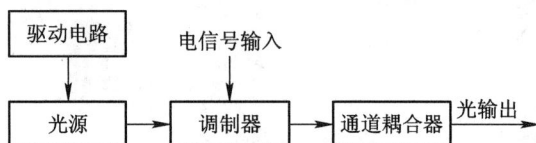

图 1.7 光发射机基本组成图

光发射机的一个重要参数是发送光功率，以 dBm 为单位。可表示为

$$P(\text{dBm}) = 10 \times \lg \frac{P(\text{mW})}{1(\text{mW})} \tag{1.1}$$

光发射机是通过电信号对光源进行调制而实现 E/O 转换过程的。光调制分为直接调制方式和外调制（也称间接调制）方式两种。

1）直接调制方式

直接调制是用电信号直接调制半导体激光器或发光二极管的驱动电流，使输出光随电信号变化而实现的。这种方案技术简单、成本较低，容易实现，但调制速率受激光器的频率特性所限制。图 1.8(a) 所示为直接调制原理图。

2）外调制方式

外调制是把激光的产生和调制分开，用独立的调制器调制激光器的输出光而实现的。外调制的优点是调制速率高，缺点是技术复杂、成本较高，因此只在大容量的波分复用和相干光通信系统中使用。图 1.8(b) 所示为外调制原理图。

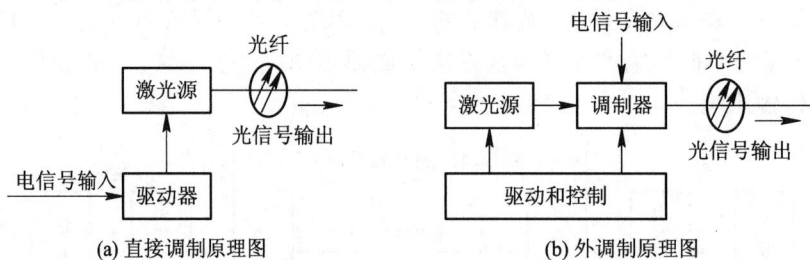

(a) 直接调制原理图　　　　　　　　(b) 外调制原理图

图 1.8 两种调制方式

2. 光纤线路

光纤线路是光的传输通道，包括光纤、光纤接头和光纤连接器。它的作用是把来自光发射机的光信号以尽可能小的畸变（失真）和衰减传输到光接收机，因此要求光纤的传输衰减色散尽可能小。目前使用的光纤均为石英光纤，普通石英光纤在近红外波段，除杂质吸收峰外，其损耗随波长的增加而减小，在 $0.85~\mu\text{m}$、$1.31~\mu\text{m}$ 和 $1.55~\mu\text{m}$ 有三个损耗很小的波长窗口——低损耗窗口，如图 1.9 所示。光纤通信系统的工作波长只能选择在这三个波长区，光源激光器的发射波长和光检测器光电二极管的波长响应，都要和光纤这三个波长窗口相一致。

目前在实验室条件下，$1.55~\mu\text{m}$ 波长的损耗低至 0.154 dB/km，接近石英光纤损耗的理论极限。

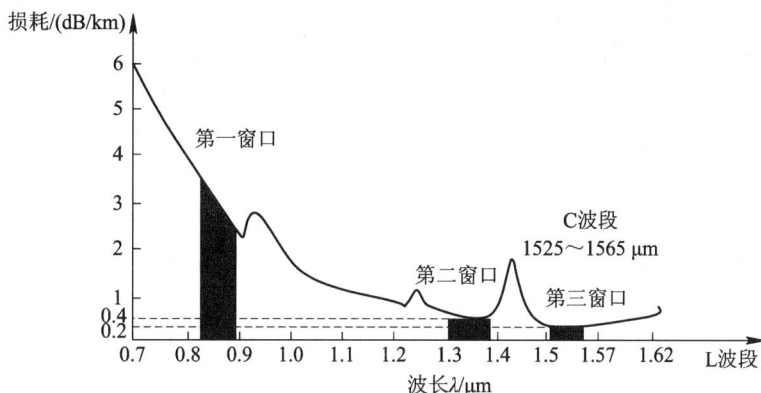

图 1.9　普通单模光纤的损耗随波长变化示意图

在光纤通信系统中，光纤的主要传输特性参数是损耗、色散，它们影响系统的传输距离和传输容量。光纤的损耗决定着长途光纤通信系统的中继距离。从图 1.9 可看出，损耗随波长的增加而减少。在 0.85 μm、1.31 μm、1.55 μm 低损耗区的损耗分别为 2 dB/km、0.4 dB/km、0.2 dB/km。

常规单模石英光纤（G.652）在 1.31 μm 处色散为零，此时色散最小，但是损耗在 1.55 μm 处最小。人们希望损耗和色散都最小，以实现长距离通信。通过光纤设计，将零色散波长移至 $\lambda = 1.55$ μm 处，可实现损耗和色散都最小，即色散移位光纤（G.653）。

为适应不同光纤通信系统的要求，常用的光纤类型有 G.651 光纤（渐变型多模光纤）、G.652 光纤（常规单模光纤）、G.653 光纤（色散移位光纤）、G.654 光纤（低损耗光纤）和 G.655 光纤（非零色散移位光纤）等。

3. 光接收机

光接收机的作用是把从光纤线路输出、产生畸变和衰减的微弱光信号转换为电信号（O/E 转换），并经放大和处理后恢复成发射前的电信号。它由耦合器、光电检测器、解调器组成。光接收机基本组成如图 1.10 所示。光/电信号的转换由光电检测器完成，常用的光电检测器有光电二极管（PIN）和雪崩式光电二极管（APD）。

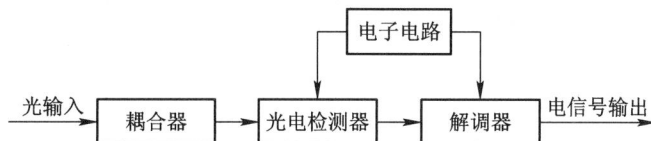

图 1.10　光接收机基本组成图

光检测方式有两种，分别是直接检测方式和外差检测方式。

（1）直接检测方式。直接检测是用检测器直接把光信号转换为电信号。这种检测方式设备简单、经济实用，是当前光纤通信系统普遍采用的方式。

（2）外差检测方式。外差检测要设置一个本地振荡器和一个光混频器，使本地振荡光和光纤输出的信号光在混频器中产生差拍而输出中频光信号，再由光检测器把中频光信号转换为电信号。外差检测方式的难点是需要频率非常稳定、相位和偏振方向可控制、谱线宽度很窄的单模激光源；优点是有很高的接收灵敏度。

实用光纤通信系统普遍采用直接调制-直接检测方式（IM-DD 系统）。外调制-外差检测方式虽然技术复杂，但是传输速率和接收灵敏度很高，是很有发展前途的通信方式。

光接收机最重要的特性参数是灵敏度。光接收机灵敏度定义为在误码率（BER）$\leqslant 10^{-9}$ 条件下，所要求的最小平均接收光功率，单位用 dBm 来表示。接收机灵敏度是反映光纤通信系统质量好坏的综合性指标，表征接收微弱光信号的能力。灵敏度主要取决于组成光接收机的光电二极管和放大器的噪声，并受传输速率、光发射机的参数和光纤线路色散的影响，还与系统要求的误码率或信噪比有密切关系。所以灵敏度也是反映光纤通信系统质量的重要指标。

1.4 光网络概述及发展

为了适应网络发展和传输容量不断提高的需求，人们在光纤传输系统的技术开发上做出了不懈努力。目前 100 Gb/s 系统技术及其产业链已完全成熟，全球各大运营商已开始 100 Gb/s 系统的部署，更高速率的 400 Gb/s 技术也逐渐成为业界热点。试验研究资料显示，当前单信道的最高传输速率可达 640 Gb/s。随着光进铜退的实施，在我国，光纤逐渐取代传统的有线传输方式，不断加大的光纤化比例促进了光网络的发展。

1.4.1 光网络概述

1. 光网络的概念

光网络是光纤通信网络的简称，它兼顾"光"和"网络"两层含义，即可通过光纤提供大容量、长距离、高可靠的链路传输手段，同时在其传输媒质上，可利用先进的电子或光子交换技术，引入控制和管理机制，实现多节点间的联网以及基于资源和业务需求的灵活配置功能。

光网络由光传输系统和在光域内进行交换/选路的光节点构成，具有光传输容量大和光节点处理能力强的特性。光网络常用组成设备为 OTM（光终端复用器）、OADM（光分插复用器）和 OXC（光数字交叉连接器）。传输网主要分为骨干层、汇聚层和接入层三层。

2. 光网络的主要特点

1）提供新型业务

为了更好地理解第二代光网络，了解它提供给用户的服务类型很重要。任一网络可看成由许多层构成，每一层完成相应的功能。第二代光网络可看成是一个光层借助于低层（如物理层）为其高层（如 SDH 层、ATM 层、IP 层等）提供服务，服务类型主要有以下三种。

（1）光通道服务。光通道是网络中任意两节点之间的连接，通过给网络通道上的每一个链路分配一个特定波长来建立。

（2）虚电路服务。光层提供网络两节点之间的电路连接，但连接的带宽可以小于链路波长上的总带宽，如用户需 1 Mb/s 的带宽连接，而网络链路可工作于 10 Gb/s，则网络须采用复用技术(如时分复用)来复用许多虚电路到单个波长上去。

(3) 数据报业务。允许两个节点之间传送短的分组或消息,而无须建立虚电路。

2) 信息透明

第二代光网络的又一主要特点是光通道一旦建立起来,提供的电路交换业务对所传数据是透明的,除了最大的数据速率或带宽是规定好的之外,对数据采用的格式是没有要求的,甚至可以是模拟数据信号。

第二代光网络的透明程度取决于其物理层的参数,如带宽和信噪比等。如果信号从源头到达其目的节点的通信过程全在光域,则透明程度最高。在这种情况下,模拟信号比数据需更高的光信噪比。但在某些情况下,两点之间的信号不能一直在光域中,需要中继,这意味着信号需由光域变换到电域,然后再由电域变换到光域。在光通道上使用中继器降低了网络的透明程度。

3) 电分组与光分组交换

考虑到第一代光网络在实际通信网络中的保有量非常大,因此在第二代光网络快速发展的同时第一代光网络仍然在继续开发,这意味着要进一步增加光纤中的传输容量及提高电子交换开关的处理能力和端口数目。尽管电子交换技术是最成熟的技术且易于集成,但是当传输速率增加到数十 Gb/s 乃至更高时,采用电子技术完成所有的交换和处理功能是相当困难的。另一方面,光交换和选路技术还不是非常成熟,在网络中光开关只能实现电路交换或交叉连接功能,还不能提供像电分组交换那样实现完全意义的分组交换,因此第二代光网络一开始只能提供电路交换型光通道业务。随着技术的不断改进,可以预见,未来的分组交换网络可以提供越来越多的虚电路业务和数据报业务。

4) 光层

光层这一术语现在普遍用来表示第二代 WDM 光网络层的功能,它能够为其光层的用户提供光通道。光层位于现存的网络层,如 SDH 的下层。光通道代替了 SDH 网络节点之间的光纤。现存的 SDH 网络有许多功能,这些功能包括点到点连接以及分插功能。分插功能意味着节点不但可以分出业务,同时也可以让业务直接通过该节点。由于每个节点只能终结经过它们的业务总量的一小部分,这个功能很重要。SDH 网络同样包括交叉连接功能,它可以完成多业务流之间的交换。SDH 网络还能在不中断业务的情况下处理设备和链路故障。

光层可以执行与 SDH 层相同的功能,它可以支持点到点 WDM 链路以及分插功能,即节点可分出某些波长,也能让某些波长直接通过。

全光网和传统网络应是完全兼容的。光层作为新的网络层加到传统网的结构中,如 IP、SDH、ATM 等业务均可将其融合进光层,光层呈现出巨大的包容性,从而满足各种速率、各种媒体宽带综合业务服务的需求。

1.4.2　光通信网络的发展

随着各种多媒体业务的不断涌出,对光纤通信而言,超高速度、超大容量、超长距离传输一直是人们追求的目标,而全光网络也是人们不懈追求的目标。全光网络总体来说是由以光传送网(OTN)为骨干的网络结构逐步发展成为以自动交换光网络(ASON)为主体的网络结构,以光节点代替电节点,这样信息可以始终以光的形式进行传输和交换。随着业务的全 IP 化，未来网络最终会发展成为以分组为核心的承载传送网，并且呈现出一网承载多业务的形态。特别是随着云计算应用的逐步推广，使用者对 IP 承载网和传送网的带宽提出了更高的要求。传送网的发展趋势包括高速大容量长距离与大容量 OTN 光电交叉、融合的多业务传送、智能化网络管理与控制。从网管静态配置向基于 GMPLS(Generalized Multiprotocol Label Switching)和 ASON 控制的动态配置发展，实现对 SDH、OTN、PTN (Packet Transport Network)和全光网络的智能化控制和管理，满足业务动态调配的需求，后期通过引入 PCE(Path Computation Element)路径计算单元技术来完善 ASON，并逐渐向 SDN(Software Defined Network)软件定义网络演进，进而逐步向最终目标——全光网络通信迈进。

光纤有着巨大的频带资源和优异的传输性能，是实现高速率、大容量传输的最理想的物理介质。另外，为了解决电子交换与信息处理网络发展的电子瓶颈，可在交换系统中引入光子技术，从而实现光交换。目前光纤通信网络(简称光网络)已成为信息传输的基础网络，通信网络的发展已经历了两代，即第一代全电网络及第二代电光网络，现在正向着第三代全光网络发展。全光光纤网(简称全光网)是在光域上实现传输和交换的网络。从现有的光 SDH 网迈向新一代全光网络，将是一个分阶段演化的过程。三代网络的基本特性比较如表 1.1 所示。

表 1.1　三代网络的基本特性比较

网络名称	第一代网络	第二代网络	第三代网络
	全电网络	电光网络	全光网络
网络类型	低速以太网	SDH 网	MONET(美)
	低速信令环	ATM 网	MWTN, OPEN, PHOTON(欧洲)
	低速信令总线		WP/VWP, FRONTIER(日本)
物理媒介	电缆	光缆	
节点处理信号类型	电信号	O/E 后对电信号进行处理	光信号
节点特性	节点是转发站		节点不是转发站
	存在电子瓶颈		不存在电子瓶颈
	本节点为其他节点传输和处理信号服务		本节点只处理与本节点有关的信息，不为其他节点传输和处理信号服务
	电分插复用(ADM)、电交叉连接、电信号存储		光分插复用(OADM)、光交叉连接、光信号存储、光波长变换
结构特性	不灵活		非常灵活
	有电子瓶颈的限制，不能随时增加新节点		可随时增加新节点
透明度	不透明		完全透明
			可同时兼容不同速率、协议、调制格式的信号

本 章 小 结

本章主要从探索时期的光通信出发，按时间主线介绍了现代光纤通信的国内外主要发展动态；与电通信对比分析了光纤通信系统的主要特点及其应用领域；着重描述了光纤通信系统基本组成，包括光发射机（作用、组成、性能指标）、光纤线路（传输特性）和光接收机三部分；介绍了光网络的基本概念、实现全光网络的关键技术及全光网络的发展趋势。

习题与思考题

1. 什么是光纤通信？
2. 光纤的主要作用是什么？
3. 与电缆或微波等电通信方式相比，光纤通信有何优点？
4. 为什么说使用光纤通信可以节约大量有色金属？
5. 为什么说光纤通信具有传输频带宽、通信容量大的优点？
6. 光纤通信所用光波的波长范围是多少？
7. 光纤通信中常用的三个低损耗窗口的中心波长分别是多少？
8. 智能光网的发展趋势是什么？

第 2 章
光纤通信信道

　　光通信是以光波为载波的通信，其历史可以追溯到古代。但光通信真正获得飞速发展是在 20 世纪 60 年代激光器问世，尤其是 70 年代光纤成功实用化之后。这种以光纤为传输介质的光通信方式即光纤通信，其以巨大的带宽、超低的损耗和极低的能耗优势，很快取代了传统的电缆通信，成为现代有线通信的主流技术。本章主要介绍光信号在光纤中的传输特性，包括光纤的基本结构、导光原理、光纤的损耗、色散和非线性等传输特性及其对光信号的影响。

2.1　光纤、光缆的结构和分类

2.1.1　光纤的结构和分类

1. 光纤的基本结构

　　光纤的基本结构是同轴圆柱体，一般由纤芯和包层两部分组成。光纤的主要成分是高纯度石英，纤芯则通过少量掺杂提高折射率，常见的是掺加锗（Ge），使其相对于包层的折射率略高。包层则一般是纯度达到 ppb（十亿分之一）级的纯石英材料。为了增加光纤的机械强度、柔韧性和使用寿命，光纤包层外通常还有涂敷层，涂敷层材料一般是环氧树脂或硅胶，包括一次涂敷、缓冲和二次涂敷，用来保护光纤不受外界侵蚀和擦伤。含涂敷层的光纤的外径一般为 250 μm。光纤的基本结构如图 2.1 所示。

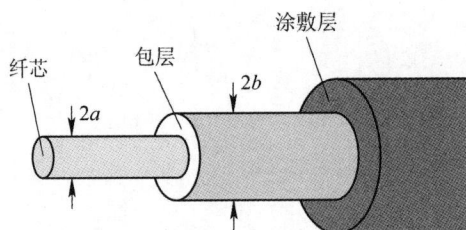

图 2.1　光纤的基本结构

光纤的几何尺寸、折射率分布尤其是纤芯的半径大小和折射率决定着光纤的传输特性。为了不同光纤的互联互通，根据 ITU-T 规定，光纤的包层直径一般为 125 μm，纤芯直径一般在 4～62.5 μm 之间。

2. 光纤的分类

光纤的分类方法很多，可以按照光纤截面折射率分布、光纤传播模式、工作波长、套塑类型、ITU-T 建议来分类。

1）按光纤截面折射率分布分类

按光纤截面折射率的分布，光纤可分为阶跃光纤与渐变光纤。

（1）阶跃光纤。阶跃光纤是指在纤芯与包层区域内的折射率的分布都是均匀的，其值分别为 n_1 与 n_2，但在纤芯与包层的分界处，其折射率的变化是阶跃的，如图 2.2 所示。其折射率分布的表达式为

$$n_{(r)} = \begin{cases} n_1, & r \leqslant a_1 \\ n_2, & a_1 < r \leqslant a_2 \end{cases} \tag{2.1}$$

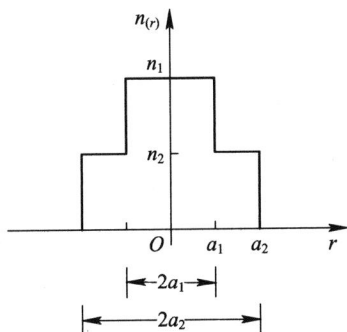

图 2.2 阶跃光纤的折射率分布

阶跃光纤是早期光纤的结构方式，后来在多模光纤中逐渐被渐变光纤所取代（因渐变光纤能大大降低多模光纤所特有的模式色散），但用它来解释光波在光纤中的传播还是比较形象的。而现在当单模光纤逐渐取代多模光纤成为当前光纤的主流产品时，阶跃光纤结构又可作为单模光纤的结构形式之一。

（2）渐变光纤。渐变光纤是指光纤的折射率在轴心处（n_1）最大，沿剖面径向的增加而逐渐变小，其变化一般符合抛物线规律，到了纤芯与包层的分界处，折射率正好降到与包层区域的折射率（n_2）相等的数值；在包层区域中其折射率的分布是均匀的，即为 n_2，如图 2.3 所示。其折射率分布的表达式为

$$n_{(r)} = \begin{cases} n_1 \sqrt{1 - 2\Delta \left(\dfrac{r}{a_1}\right)^2}, & r \leqslant a_1 \\ n_2, & a_1 < r \leqslant a_2 \end{cases} \tag{2.2}$$

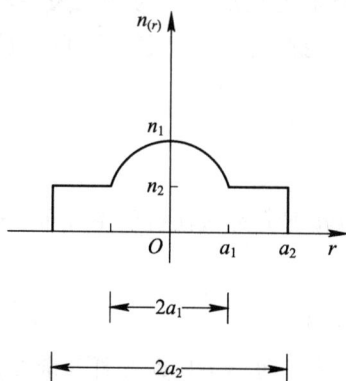

图 2.3 渐变光纤的折射率分布

式中：n_1 为光纤轴心处的折射率；n_2 为包层区域的折射率；a_1 为纤芯半径；$\Delta=(n_1-n_2)/n_1$ 为相对折射率差。

渐变光纤的剖面折射率如此分布是为了降低多模光纤的模式色散，增加光纤的传输容量。

2）按传播模式分类

光是一种频率（3×10^{14} Hz）极高的电磁波，当它在波导-光纤中传播时，根据波动光学理论和电磁场理论，需要用麦克斯韦方程组来解决其传播方面的计算问题。而通过求解麦克斯韦方程组之后就会发现，当光纤纤芯的几何尺寸远大于光波波长时，光在光纤中会以几十种乃至几百种传播模式进行传播，如 TM_{mn} 模、TE_{mn} 模、HE_{mn} 模（m、$n=0$、1、2、3、……）等。其中 HE_{11} 模称为基模，其余的皆称为高次模。光纤按传播模式可分为多模光纤和单模光纤。

（1）多模光纤。计算多模光纤中传播模式数量的经典公式为 $N=V^2/4$，其中 V 为归一化频率。例如当 $V=38$ 时，多模光纤中会存在 300 多种传播模式。不同的传播模式具有不同的传播速度与相位，因此光信号经过长距离的传输之后会产生时延，导致光脉冲变宽，这种现象叫作光纤的模式色散（又叫模间色散）。模式色散会使多模光纤的带宽变窄，降低其传输容量，因此多模光纤仅适用于较小容量的光纤通信。多模光纤的折射率分布大都为抛物线分布即渐变折射率分布，其纤芯直径 d_1 在 50 μm 左右。

（2）单模光纤。根据电磁场理论与求解麦克斯韦方程组发现，当光纤的几何尺寸（主要是芯径）可与光波波长相比拟时，如芯径 d_1 在 5～10 μm 范围内，光纤只允许一种模式（基模 HE_{11}）在其中传播，其余的高次模全部截止，这样的光纤叫作单模光纤。由于它只允许一种模式传播，从而避免了模式色散的问题，故单模光纤具有极宽的带宽，特别适用于大容量的光纤通信。

3）按工作波长分类

光纤按工作波长可分为短波长光纤与长波长光纤。

(1) 短波长光纤。在光纤通信发展的初期，人们使用的光波波长为 $0.6\sim0.9\ \mu m$（典型值为 $0.85\ \mu m$），习惯上把在此波长范围内呈现低衰耗的光纤称作短波长光纤。短波长光纤属早期产品，目前很少采用。

(2) 长波长光纤。随着研究工作的不断深入，人们发现波长在 $1.31\ \mu m$ 和 $1.55\ \mu m$ 附近，石英光纤的衰耗急剧下降，石英光纤的衰耗谱线如图 2.4 所示。不仅如此，在此波长范围内石英光纤的材料色散也大大减小。因此人们研制出在此波长范围衰耗更低、带宽更宽的光纤，习惯上把工作在 $1.0\sim2.0\ \mu m$ 波长范围内的光纤称为长波长光纤。长波长光纤因具有衰耗低、带宽宽等优点，特别适用于长距离、大容量的光纤通信。

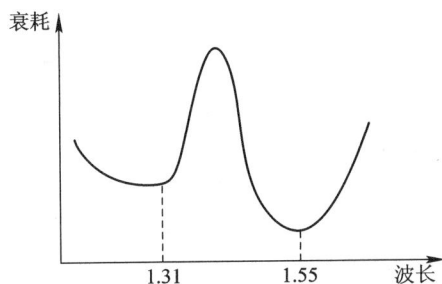

图 2.4　石英光纤的衰耗谱线

4）按套塑类型分类

光纤按套塑类型可分为紧套光纤与松套光纤。

(1) 紧套光纤。紧套光纤是指二次、三次涂敷层与预涂敷层及光纤的纤芯、包层等紧密结合在一起的光纤。目前紧套光纤居多。未经套塑的光纤的衰耗-温度特性优良，但经过套塑之后衰耗-温度特性下降。这是因为套塑材料的膨胀系数比石英高得多，在低温时收缩较严重，压迫光纤发生微弯曲，增加了光纤的衰耗。

(2) 松套光纤。松套光纤是指经过预涂敷后的光纤松散地放置在一塑料管内，不再进行二次、三次涂敷。松套光纤的制造工艺简单，其衰耗-温度特性与机械性能也比紧套光纤好，因此越来越受到人们的重视。

5）按 ITU-T 建议分类

按照 ITU-T 关于光纤类型的建议，可以将光纤分为 G.651 光纤（渐变型多模光纤）、G.652 光纤（常规单模光纤）、G.653 光纤（色散位移光纤）、G.654 光纤（截止波长光纤）和 G.655（非零色散位移光纤）光纤。

2.1.2　光缆的结构和分类

在实际工程应用中，需要把若干根光纤绞合成缆，再在外面加上保护套，以防止外界各种机械压力和施工过程中可能发生的损伤。光缆的结构取决于用途（可根据不同需要进行设计），有些是在光纤外加一层塑料外套，有些是使用钢质加强芯之类的增强材料以保证光缆具有足够的机械强度。

1. 光缆的结构

光缆一般由缆芯、加强件、护套三部分组成，有时在护套外面加有铠装。

（1）缆芯。缆芯通常由被覆光纤（或称芯线）组成。被覆光纤是光缆的核心，决定着光缆的传输特性。缆芯分为单芯和多芯两大类，其基本结构如图 2.5 所示。

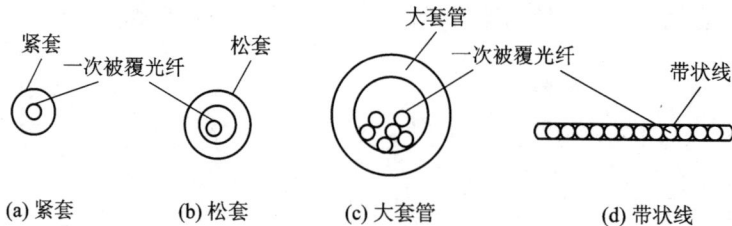

图 2.5   缆芯基本结构图

（2）加强件。因为光纤材料比较脆，容易断裂，为了使光缆便于承受铺设安装时所加的外力，所以在光缆中心或四周要加一根或多根加强件，起承受光缆拉力的作用。加强件通常处在缆芯中心，有时配置在护套中。加强件的主要材料有钢丝、增强塑料（FRP）和纤维（芳纶）。

（3）护套。护套起着对缆芯的机械保护和环境保护的作用，要求具有良好的抗侧压性能及密封防潮和耐腐蚀的能力。护套通常由聚乙烯、聚氯乙烯（PE 或 PVC）、铝带或钢带构成。

2. 光缆的分类

根据使用条件光缆可以分为室内光缆、架空光缆、埋地光缆、管道光缆和特种光缆等。常见的特种光缆有电力网使用的架空地线复合光缆（OPGW）、跨越海洋的海底光缆、易燃易爆环境使用的阻燃光缆以及各种不同条件下使用的军用光缆等。

3. 光缆的基本形式

光缆有层绞式、骨架式、中心束管式和带状式四种基本形式，其结构如图 2.6 所示。

（1）层绞式：将松套光纤绕在中心加强件周围绞合构成。

（2）骨架式：将紧套光纤或一次被覆光纤放入中心加强件周围的螺旋形塑料骨架凹槽内构成。

（3）中心束管式：将一次被覆光纤或光纤束放入大套管中，加强件配置在套管周围构成。

（4）带状式：将带状光纤单元放入大套管内，形成中心束管式结构，也可以把带状光纤单元放入骨架凹槽内或松套管内，形成骨架式或层绞式结构。

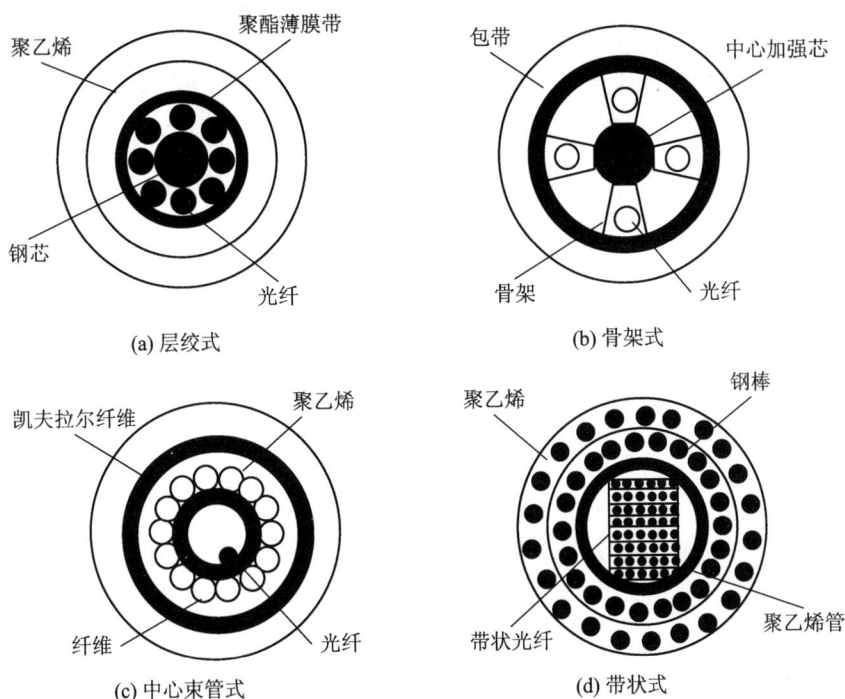

图 2.6　各类光缆的典型结构示意图

2.1.3　光缆的型号和规格代号

1. 光缆的型号

光缆的型号代号如图 2.7 所示。

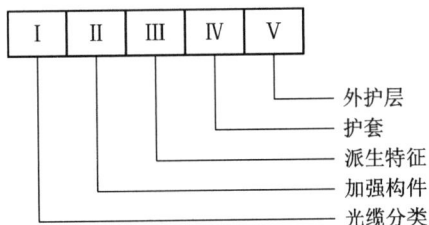

图 2.7　光缆的型号代号

（1）光缆分类代号及其意义：GY 为通信用室（野）外光缆；GR 为通信用软光缆；GJ 为通信用室（局）内光缆；GS 为通信用设备内光缆；GH 为通信用海底光缆；GT 为通信用特殊光缆；GW 为通信用无金属光缆。

（2）加强构件的代号及其意义：无符号为金属加强构件；F 为非金属加强构件；G 为金属重型加强构件；H 为非金属重型加强构件。

（3）派生特征的代号及其意义：B 为扁平式结构；Z 为自承式结构；T 为填充式结构；S 为松套式结构。

注：当光缆型号兼有不同的派生特征时，其代号字母顺序并列。

（4）护套的代号及其意义：Y 为聚乙烯护套；V 为聚氯乙烯护套；U 为聚氨酯护套；A 为铝、聚乙烯护套；L 为铝护套；Q 为铅护套；G 为钢护套；S 为钢、铝、聚乙烯综合护套。

（5）外护层的代号及其意义：外护层是指铠装层及铠装层外面的外被层，参照国标 GB/T 2952.2—2008 的规定，外护层采用两位数字表示，各代号的意义如表 2.1 所示。

表 2.1 外护层的代号及意义

代号	铠装层	代号	外被层
0	无	0	无
1	不存在	1	纤维层
2	双钢带	2	聚氯乙烯套
3	细圆钢丝	3	聚乙烯套
4	粗圆钢丝		
5	单钢带皱纹纵包		

2. 光纤的规格代号

光纤的规格代号由光纤数目、光纤类别、光纤主要尺寸参数、传输性能和适用温度五部分组成，各部分均用代号或数字表示，如图 2.8 所示。

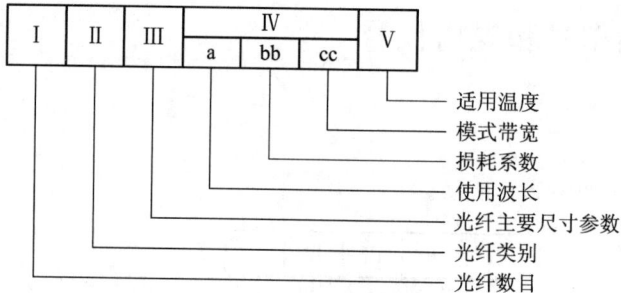

图 2.8 光纤的规格代号

（1）光纤数目：用光缆中同类别光纤的实际有效数目的阿拉伯数字表示。

（2）光纤类别的代号及其意义：J 为二氧化硅系多模渐变型光纤；T 为二氧化硅系多模阶跃型（突变型）光纤；Z 为二氧化硅系多模准突变型光纤；D 为二氧化硅系单模光纤；X 为二氧化硅纤芯塑料包层光纤；S 为塑料光纤。

（3）光纤的主要尺寸参数代号及其意义：用阿拉伯数字（含小数点）以 μm 为单位表示多模光纤的芯径/包层直径或单模光纤的模场直径/包层直径。

（4）传输性能代号及其意义：光纤的传输性能代号由使用波长、损耗系数、模式带宽的代号（分别为 a、bb、cc）构成。

① a 表示使用波长的代号，其数字代号规定：1 为使用波长在 $0.85\ \mu m$ 区域；2 为使用波长在 $1.31\ \mu m$ 区域；3 为使用波长在 $1.55\ \mu m$ 区域。

② bb 表示损耗系数的代号，其数字依次为光缆中光纤损耗系数值（dB/km）的个位和

十分位。

③ cc 表示模式带宽的代号，其数字依次是光缆中光纤模式带宽数值（MHz·km）的千位和百位数字。单模光纤无此项。

注意：当同一光缆适用于两种以上的波长并具有不同的传输特性时，应同时列出各波长上的规格代号，并用"/"分开。

（5）适用温度代号及其意义：A 为适用于−40℃～＋40℃；B 为适用于−30℃～＋50℃；C 为适用于−20℃～＋60℃；D 为适用于−5℃～＋60℃。

3. 金属导线编号

光缆中还附加有金属导线，金属导线应符合有关电缆标准中导电线芯规格构成的规定，金属导线的规格代号如图 2.9 所示。

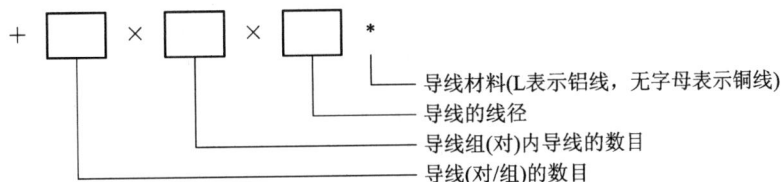

图 2.9　金属导线的规格代号

例如，2 个线径为 0.5 mm 的铜导线单线可写成 $2 \times 1 \times 0.5$；4 个线径为 0.9 mm 的铝导线四线组可写成 $4 \times 4 \times 0.9L$；4 个内导体直径为 2.6 mm、外径为 9.5 mm 的同轴对可写成 $4 \times 2.6/9.5$。

2.2　光纤导光传输原理分析

光纤为什么可以导光？光在光纤中的传输特性是什么？为了回答这些问题，必须从光的本质特性出发。光同时具有波和粒子的特性，因此针对光在光纤中的传播特性描述也对应着两种理论分析：波动理论和射线理论。波动理论可以精确地描述光的传输特性，但是需要应用电磁场理论和波动光学等知识，求解计算过程复杂；而射线理论描述起来相对比较直观形象，容易理解，尤其是针对多模光纤，纤芯尺寸远远大于光波波长，光表现为粒子性，可以把光在光纤中的传播看成光线来分析。

2.2.1　射线理论法

1. 阶跃型多模光纤

光在均匀介质中传播时是以直线方向进行的，在到达两种不同介质的分界面时，会发生反射与折射现象。

设纤芯和包层的折射率分别为 n_1 和 n_2，空气的折射率 $n_0 = 1$，纤芯中心轴线与 z 轴一致。光在光纤端面以小角度 θ 从空气入射到纤芯（$n_0 < n_1$），不同 θ 对应的光线将在纤芯与

包层交界面发生反射或折射，光在空气、光纤端面和光纤中的传播路线如图 2.10 所示。为了保证光被束缚在纤芯中几乎无损地向前传播，光纤就必须满足全反射条件。

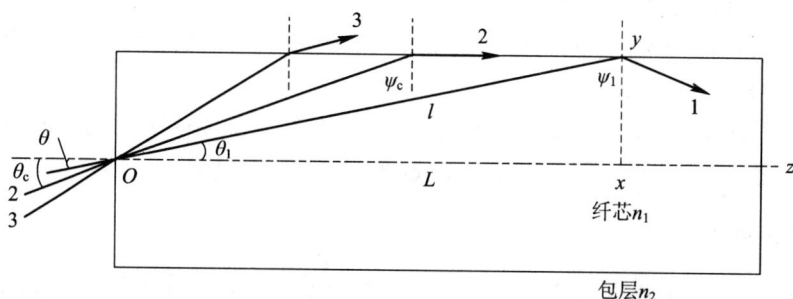

图 2.10 光在空气、光纤端面和光纤中的传播路线

如图 2.10 所示，存在一个临界入射角 θ_c，当 $\theta < \theta_c$ 时，相应的光线将在纤芯与包层交界面发生全反射而返回纤芯，并以折线的形状向前传播，如光线 1。

定义临界角 θ_c 的正弦为数值孔径（Numerical Aperture，NA）。根据斯奈尔定律：

$$n_0 \sin\theta_c = n_1 \cos\psi_c \tag{2.3}$$

$$n_1 \sin\psi_c = n_2 \sin90° \tag{2.4}$$

经过计算得到：

$$NA = \sqrt{n_1^2 - n_2^2} \approx n_1\sqrt{2\Delta} \tag{2.5}$$

其中：$\Delta = \dfrac{n_1^2 - n_2^2}{2n_1^2} \approx \dfrac{n_1 - n_2}{n_1}$，称为相对折射率差。

2. 渐变型多模光纤

而对于渐变型多模光纤而言，其纤芯区各点的折射率是不一样的，因此对应的数值孔径是一个沿纤芯径向变化的量，对应在 r 点处的数值孔径可以表示为

$$NA(r) = \sqrt{n_1^2(r) - n_2^2} \tag{2.6}$$

2.2.2 波动理论法

全面精确地分析光波导可采用波动理论，从麦克斯韦方程组出发，推导出波动方程，然后对光纤进行分析。光像无线电波、X 射线一样也是电磁波，电磁波在介质中的传输满足电磁波方程即麦克斯韦方程。

1. 波的类型

在光纤中存在 TE 波、TM 波、EH 波和 HE 波四种波型。

（1）TE 波：设波的传播方向为 z 方向，如果 E_z 分量为零，即 $E_z = 0$，而 $H_z \neq 0$，称这种波为横电波或 TE 波。

（2）TM 波：H_z 分量为零，即 $H_z = 0$，而 $E_z \neq 0$，称这种波为横磁波或 TM 波。

（3）EH 波：E_z 或 H_z 分量不为零，以电场分量为主，即 $E_z > H_z$，称这种波为 EH 波。

（4）HE 波：以磁场分量为主，即 $E_z < H_z$，称这种波为 HE 波。

由光纤结构决定的边界条件，对麦克斯韦方程求解，便可把光的传播用电磁波表示。在光纤中，可能存在多种传输模（TE_{mn}、TM_{mn}、HE_{mn} 或 EH_{mn} 模，m、n 分别是贝塞尔函数的阶数和根序数）。

2. 传输常数

传输常数 β 满足以下条件：

$$n_2 k_0 < \beta < n_1 k_0 \tag{2.7}$$

该式说明 β 介于纤芯和包层材料平面波的波数之间。

3. 标量模

不考虑电磁波具体模式，只考虑传输常数是具有相同 β 的线性组合，标量模（LP_{mn}）是简并模（前提是弱导光纤 $n_1 \approx n_2$）。

4. 归一化频率

（1）归一化频率。归一化频率（V）的数学表示形式为

$$V = \frac{2\pi a}{\lambda} \sqrt{n_1^2 - n_2^2} \tag{2.8}$$

式中：λ 为光波波长；a 为纤芯半径。

归一化频率包含了光纤结构参数和光波的工作波长，是一个无量纲的量，与波数和光波频率成正比。归一化频率是光纤的一个重要物理参数，从波动光学的模式理论来理解，该值决定了光纤所支持的导模数量，V 值越大，光纤所支持的导模数量 M 就越大。针对阶跃型多模光纤，其关系可以近似表示为

$$M \approx \frac{k^2 a^2 (n_1^2 - n_2^2)}{2} = \frac{V^2}{2} \quad (V \geqslant 10) \tag{2.9}$$

（2）归一化截止频率。导波截止时的归一化频率为归一化截止频率，其值随传输模式的不同而不同，如 $LP_{01}(V_c = 0)$、$LP_{11}(V_c = 2.405)$。

（3）导行条件。当 $V > V_c$ 时，传输模式存在，模式传输导行条件如图 2.11 所示。

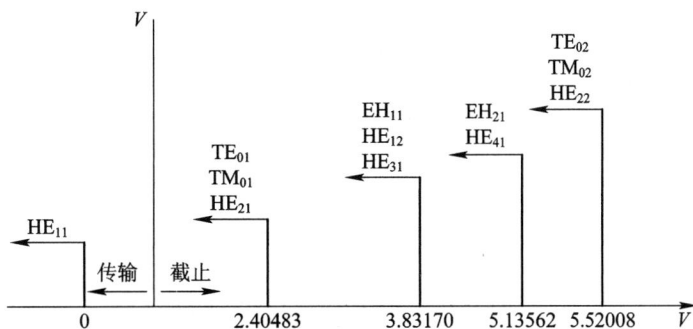

图 2.11　模式传输导行条件

5. 单模光纤的模式特性

(1) 单模光纤的传输条件。由图 2.11 可知，单模光纤的传输条件为

$$V_c(LP_{01}) < V < V_c(LP_{11}), \ 0 < V < 2.405$$

$$\Rightarrow 0 < V = \frac{2\pi a}{\lambda}\sqrt{n_1^2 - n_2^2} < 2.405 \tag{2.10}$$

(2) 单模光纤截止波长。与归一化截止频率相对应，光纤单模工作的波长范围为

$$\lambda \geqslant \lambda_c = \frac{2\pi a\sqrt{n_1^2 - n_2^2}}{2.405} \tag{2.11}$$

式中：λ_c 为单模光纤的截止波长。当光波波长大于 λ_c 时，光纤工作在单模状态，反之，光纤工作在多模状态。

2.3 光纤传输特性分析

2.3.1 光纤的损耗特性

光纤损耗是光纤最基本的传输特性之一。光信号在从发送端到接收端的传输过程中，会经历各种原因导致的功率或强度损耗，包括光纤与光源和光电检测器之间的耦合引起的耦合损耗，相邻光纤段之间的连接造成的连接损耗，但其中最主要的是在光纤中传输时产生的传输损耗。这里主要讨论光在光纤中传输时产生的传输损耗。

光在光纤中传输时的功率随着距离的增加以指数衰减。如果在光纤输入端的信号功率为 $P(0)$，则在光纤中经过 L 距离传输后，信号功率为 $P(L)$，光纤损耗系数用 α 表示，单位为 dB/km。

$$\alpha = \frac{10}{L}\lg\frac{P(0)}{P(L)} \tag{2.12}$$

光纤的损耗与波长密切相关，图 2.12 是一个典型的光纤损耗谱图。

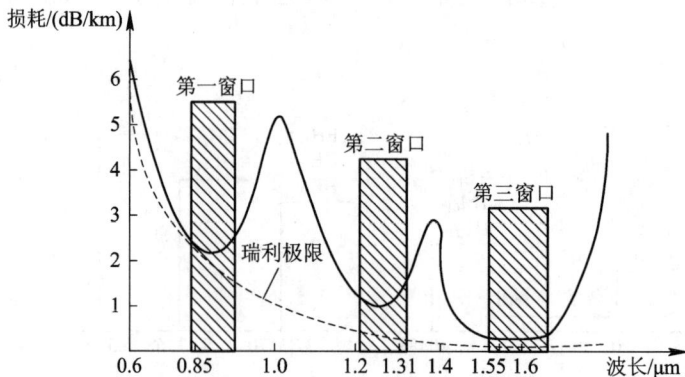

图 2.12　典型的光纤损耗谱图

从图 2.12 中可以看出，一般光纤具有三个低损耗窗口，分别为 $0.85~\mu m$、$1.31~\mu m$ 和 $1.55~\mu m$ 处。这三个窗口也是光纤通信和光纤传感的常用工作波长区。

光纤损耗的来源很多，根据光纤对光的衰减机理可以将损耗分为三大类：吸收损耗、散射损耗和弯曲损耗。吸收损耗主要由光纤材料决定，散射损耗则与光纤材料和结构不完善性有关，而弯曲损耗主要是由光纤的外观形状导致的。这三类损耗又可以进一步细分，如图 2.13 所示。

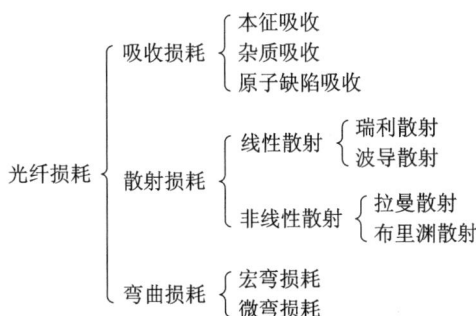

图 2.13　光纤损耗分类

1. 吸收损耗

光纤的吸收损耗可进一步细分为本征吸收损耗、杂质吸收损耗和原子缺陷吸收损耗。顾名思义，本征吸收损耗是指石英光纤本身吸收光信号引起的损耗；杂质吸收损耗是光纤在制作过程中由于工艺不完善引入的杂质导致的；而原子缺陷吸收损耗是指原子结构的不完善性，如分子结构或氧原子缺损导致的吸收损耗。

1）本征吸收损耗

本征吸收损耗是固有的、完全由光纤材料决定的、无法克服的。本征吸收损耗与波长相关，光纤中 SiO_2 和 GeO_2 等材料分子的电子跃迁和分子振动对不同波长的光的吸收作用不同，根据其产生的物理机理可将本征吸收损耗分为紫外吸收损耗和红外吸收损耗。

（1）紫外吸收损耗。紫外吸收损耗是指光子在光纤中传输时，部分光子被吸收，并将电子从低能级激发到高能级，从而导致光能量损失而引起的损耗。因为电子能级间隔大，这种电子跃迁导致的损耗一般发生在波长小于 $0.4~\mu m$ 的紫外区域，即紫外吸收带，其大小随着波长的增加而迅速减小，尾部可延伸 $1~\mu m$ 左右，会对目前常用的通信窗口造成一定的影响。

（2）红外吸收损耗。红外吸收损耗是指光在光纤中传输时，部分光子被分子振动吸收而引起的损耗。因为分子振动态能级间隔小，这种分子振动引起的损耗主要发生在 $10~\mu m$、$21~\mu m$ 等处的长波长区域，即红外吸收带，其大小随着波长的减小而减小，尾部可延伸到 $1.5~\mu m$ 左右，从而影响常用通信窗口，这也是石英基光纤传输波长一般不大于 $2~\mu m$ 的主要原因。

光纤中的吸收损耗如图 2.14 所示。

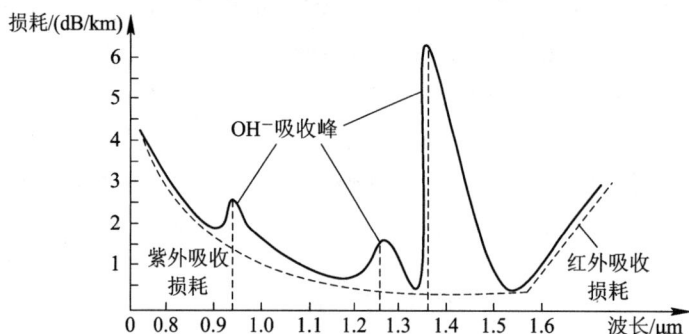

图 2.14 光纤中的吸收损耗

2）杂质吸收损耗

光纤材料的纯度和不完善的制作工艺会引入杂质，由此导致的吸收损耗称为杂质吸收损耗。与本征吸收损耗相对应，杂质吸收损耗亦称为非本征吸收损耗。这种损耗原则上通过提高材料纯度和完善制作工艺是可以克服和减小的。光纤中的杂质吸收损耗主要是由两种杂质引起的，一种是过渡金属离子，一种是氢氧根（OH^-）离子。

（1）过渡金属离子吸收损耗。过渡金属离子主要包括铁、铬、钴、镍、铜、锰等离子，这些杂质离子会在光场作用下发生振动，将一部分光的能量吸收掉，这些杂质离子在 $0.6\sim$ $1.6~\mu m$ 范围内对信号有很强的吸收，因此对材料的纯度要求很高。如果用于制造光纤的原料中过渡金属离子杂质的比例达到 $1\times 10^{-9}\sim 1\times 10^{-8}$，导致的损耗将会是 $1\sim 10~dB/km$。目前的光纤制作工艺比较成熟，已经可以将杂质离子吸收的影响降到最低，尤其是目前广泛采用气相沉积法制作的光纤，其过渡金属离子浓度比早期的直接熔融法制作的光纤低一到两个数量级。

（2）氢氧根离子吸收损耗。光纤中 OH^- 的存在主要是因为 $SiCl_4$、$GeCl_4$ 和 O_2 等原料反应时需要氢氧焰，OH^- 的本征吸收峰在 $2.73~\mu m$ 处，其在 $0.93~\mu m$、$1.26~\mu m$ 和 $1.36~\mu m$ 处也有吸收峰。一般 OH^- 吸收峰都比较尖锐，早期的光纤含有较多的 OH^-，现在的商用光纤 OH^- 的比例已可以降到 1×10^{-9} 以下。美国朗讯公司采用新技术可以有效减少 OH^-，去除 OH^- 吸收峰，并制作出全波光纤。

3）原子缺陷吸收损耗

原子缺陷吸收损耗相比前两者而言影响较小，一般情况下可以忽略不计。但是，如果将光纤暴露在强粒子下，如高能质子射线、高能电子射线、中子射线、X射线、γ 射线等辐射环境下，原子缺陷吸收的影响会大大增加。也就是说当光纤应用于范艾伦辐射带的空间环境以及核反应堆、核电厂或粒子加速器等场合时，必须考虑原子缺陷吸收损耗。一般情况下，纤芯掺 Ge 的普通单模光纤的吸收损耗会随着辐射剂量的增加而增加，图 2.15 是单模光纤在 γ 射线和中子辐射下损耗与辐射剂量的关系曲线。另外，原子缺陷吸收损耗也和辐射率有关，在同等剂量下一般辐射率越大，损耗就越大。可以通过设计纯 SiO_2 芯光纤来降低强粒子辐射对光纤损耗的影响，即纤芯采用纯 SiO_2 材料，而包层通过掺氟（F）降低包层折射率，这种光纤具有较强的抗辐射能力和超低的损耗。

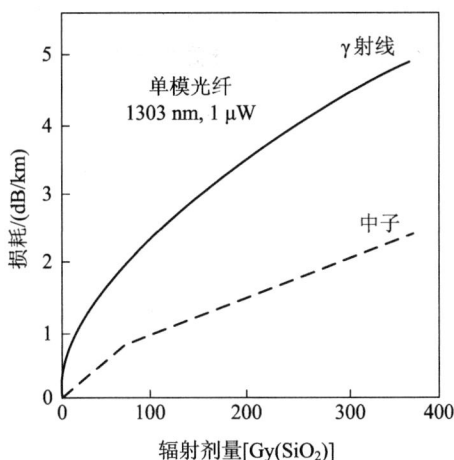

图 2.15　光纤损耗与辐射剂量的关系

2. 散射损耗

光在同一理想均匀介质中是沿直线传播的,但在实际光纤中,由于工艺不完善等造成的密度起伏、结构变化和工艺缺陷等不均匀现象会改变光的直线传播方向,从光纤侧面或者反向散出,从而造成光能量损失,产生散射损耗。散射损耗根据其产生机理可以分为线性散射损耗和非线性散射损耗。

1) 线性散射损耗

任何光纤波导都不可能是完美无缺的,无论是材料、尺寸、形状和折射率分布等,均可能有缺陷或不均匀,这将引起光纤传播模式散射性损耗,由于这类损耗所引起的损耗功率与传播模式的功率呈线性关系,所以称为线性散射损耗。

(1) 瑞利散射。光纤中材料分子密度的起伏变化和掺杂粒子不均匀等因素会引起光纤内部的折射率在远小于波长的尺度上变化,导致光纤折射率的不均匀变化,从而产生瑞利散射。而当粒子尺度大于光信号波长的 10% 时,散射损耗则采用米氏散射分析。当光信号通过不均匀光纤时,会使部分光的传播方向发生改变,从光纤中逸出,从而引起损耗。瑞利散射原理如图 2.16 所示。由于这些不均匀性无法从根本上消除,因而瑞利散射损耗与材料的红外和紫外吸收损耗一样,是一种本征损耗,它们共同限定了光纤最低损耗。石英基光纤在 $1.55\ \mu m$ 处的瑞利散射损耗极限值约为 $0.138\ dB/km$。

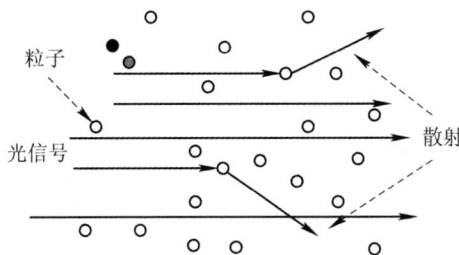

图 2.16　瑞利散射原理

由于分子状态的随机性和存在多种氧化物成分，因此要表示瑞利散射损耗是相当复杂的。对于单一成分的光纤，如果只表示由密度起伏导致的瑞利散射损耗，则可以近似表示为

$$\alpha_r = \frac{8}{3\lambda^4}\pi^3(n^2-1)^2 k_B T_f \beta_T \tag{2.13}$$

式中：n 为折射率；k_B 为玻耳兹曼常量；β_T 为光纤材料的绝热压缩比；T_f 为一个假想的温度，在此温度下光纤固化成光纤玻璃，这时光纤内部的密度起伏也被固化。

（2）波导散射损耗。理想的光纤具有理想的圆对称波导结构，但事实上在光纤制造过程中，工艺、技术问题及一些随机因素可能造成光纤结构上的缺陷，如光纤的纤芯和包层的界面不完整、芯径变化、圆度不均匀、光纤中残留气泡和裂痕等，这些不均匀性都会导致额外损耗，这种损耗称为波导散射损耗或米氏散射损耗。与瑞利散射损耗不同，这种不均匀性在尺度上比光波波长大，并且波导散射损耗与光波波长的相关度较低，实际中可以通过改进工艺来减小或避免。目前的纤芯芯径变化可以做到小于1%，波导散射损耗典型值一般也小于 0.03 dB/km。

2）非线性散射损耗

光在光纤中传输时还会产生非线性效应，导致非线性散射损耗。非线性效应与光信号功率密切相关，当光信号功率较低时，一般可以不考虑非线性效应，但当光信号功率增大到一定值时，非线性效应将变化显著，使光信号产生一个频移，将光信号的能量转移到散射光上，从而导致信号衰减。非线性散射根据产生机理可以细分为受激拉曼散射和受激布里渊散射，此部分内容将在后面章节详细介绍。

3. 弯曲损耗

光纤的弯曲有两种形式，一种是曲率半径比光纤的直径大得多的弯曲，称为弯曲或宏弯；另一种是光纤轴线产生微米级的弯曲，称为微弯。

1）宏弯损耗

光纤在实际的使用过程中不可避免地会产生不同程度的弯曲，比如在光纤盘、光缆或光器件等环境会引起光纤的弯曲辐射损耗。一般情况下，如果弯曲半径足够大，所引入的损耗可以忽略不计。但是，当弯曲半径小于一定值时，将显著改变光纤的边界条件，致使原有的传导模转换为辐射模，部分光功率从纤芯中辐射出来，从而造成光功率衰减。从几何光学角度很容易知道宏弯损耗产生的机理，如图 2.17 所示。

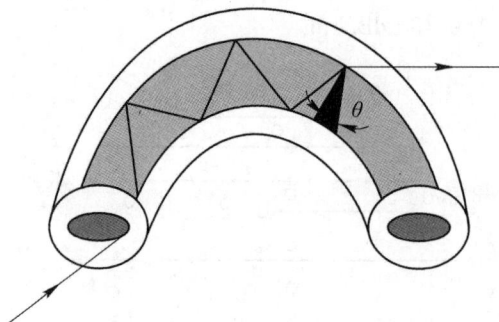

图 2.17 宏弯损耗产生机理

在光纤中可以传输的光线是满足全反射条件的,但在光纤上发生弯曲的地方,光线的入射角会减小,一部分光线的全反射条件不满足,从而由纤芯辐射到包层和纤外导致损耗。为避免宏弯损耗的影响,一般普通单模光纤的弯曲半径要大于 7.5 cm;纤芯直径为 50 μm 的渐变多模光纤的弯曲半径要大于 3.8 cm;纤芯直径为 62.5 μm 的渐变多模光纤的弯曲半径要大于 2.5 cm。

2) 微弯损耗

微弯一般是在光纤制备或成缆的过程中,由于光纤内部应变或成缆时外部挤压产生的随机轴向错位或畸变,这个尺度一般在微米量级。目前通过改善制作工艺,微弯产生的附加损耗非常小,可以忽略,但成缆时如果挤压严重,也会导致 1~2 dB/km 的附加损耗。涂覆层材料、应力、温度和湿度等外界环境都会影响微弯损耗的大小。

2.3.2　光纤的色散特性

不同频率的电磁波在传输介质中的传输速度不一样,这种现象称为色散,对应的传输介质称为色散介质。雨后初晴的彩虹、钻石发出色彩耀眼的光芒、三棱镜的七彩光等都是大自然中常见的空间色散现象。另外,色散还有其他的表现形式,如脉冲展宽、信号衰落等。这里主要介绍的是光纤中的光波色散现象。

单一频率的光波不存在色散现象,实际中的光源(包括单色性很好的激光器)所发出光具有一定的带宽,而且调制信息后的光信号带宽随着信号速率的增加而增大。任何光波在真空中的传输速度是恒定的,即 $c=3\times10^8$ m/s,但光波在介质中的传输速度为

$$v = \frac{c}{n(\lambda)} \tag{2.14}$$

式中:$n(\lambda)$ 为材料折射率,与光波波长或频率有关,因此造成不同频率分量的传输速度有快有慢,从而出现脉冲展宽现象,并且传输距离越远,脉冲波形展宽越严重。

光纤中的色散特性根据其产生机理可以进一步细分为模式色散、色度色散和偏振模色散,而色度色散又可以进一步分为材料色散和波导色散,如图 2.18 所示。不同种类的色散在不同的光纤通信发展历史时期扮演着不同的角色。在光通信发展早期,所用的传输光纤是多模光纤,模式色散是当时重点考虑的因素。渐变型多模光纤就是专门为减小模式色散而设计的。随着单模光纤的实用化,多模光纤被单模光纤所取代,模式色散问题被彻底解决。但随着系统传输速率的提高和传输距离的增加,色度色散成为限制光纤通信系统进一步发展的主要因素。当传输速率大于 40 Gb/s 时,偏振模色散对系统的影响无法忽略。

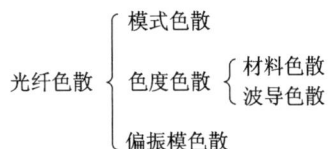

```
                 ┌ 模式色散
                 │             ┌ 材料色散
   光纤色散 ─────┤ 色度色散 ──┤
                 │             └ 波导色散
                 └ 偏振模色散
```

图 2.18　光纤色散分类

1. 模式色散

多模光纤包括多种模式，因此在多模光纤中传输的光信号也包含多种模式，各种模式在光纤中具有不同的传输速度。在光纤中沿传输方向行进的过程中，各模式逐渐分离，使得光信号时域展宽，由此产生的色散称为模式色散。在多模光纤中，模式色散占主导地位，其他色散一般不考虑。模式色散的大小一般定义为单位光纤长度上模式的最大时延差，即传输速度最快的模式与传输速度最慢的模式通过单位长度光纤所需的时间差。

如前所述，多模光纤纤芯远大于光纤的工作波长，因此对模式色散可以用几何光学的射线理论来分析。下面仅以阶跃多模光纤中的子午射线来讨论多模光纤。如图 2.19 所示，用两条不同的子午光线表示多模光纤中不同的模式，一般在全部传导模式中，基模几乎与光轴平行传输，因此基模的传输时间最短，速度最快，用射线 1 来表示，其传输时间表示为

$$\tau_1 = \frac{1}{v_1} = \frac{1}{\dfrac{c}{n_1}} = \frac{n_1}{c} \tag{2.15}$$

射线 2 在芯包界面上全反射，并向前传输，对应最慢的高阶传输模式，它具有最长的传输时间，即

$$\tau_2 = \frac{1}{v_2} = \frac{1}{(c/n_1)\sin\theta_c} = \frac{n_1}{c\sin\theta_c} = \frac{n_1^2}{cn_2} \tag{2.16}$$

因此，阶跃多模光纤的模式色散，即最大时延差可表示为

$$\Delta\tau = \tau_2 - \tau_1 = \frac{n_1^2}{cn_2} - \frac{n_1}{c} \approx \frac{n_1 \cdot \Delta}{c} \tag{2.17}$$

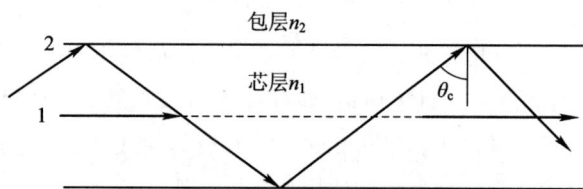

图 2.19 阶跃多模光纤的色散计算

从式(2.17)可以看出，相对折射率差越大，光纤的模式色散越大。式(2.17)是基于射线理论给出的阶跃光纤模式色散的近似计算，而基于波动光学的模式理论可以给出更精确的结果。从定性的角度分析，相对折射率越大，光纤中传输的高阶模式越多，相应的模式色散就越大，这与射线理论的结论是一致的。

2. 色度色散

色度色散属于频率色散，光信号在通过光纤时，由于群速度的波长(频率)依赖特性而引起的不同频率具有不同传输时延的现象称为色度色散，色度色散可进一步分为材料色散和波导色散。

1) 材料色散

材料色散源于材料本身的折射率随波长或频率变化，不同频率的电磁波在介质中具有不同的群速度或群时延，从而使光的传播速度随波长变化导致在传输过程中信号展宽。波导色散是由于波导效应的存在，使同一模式的不同频率成分在波导中的传输速度不同引起的色散。无论材料色散还是波导色散，一般都由单位频率或波长间隔上的群时延差来表示，即 $\dfrac{\mathrm{d}\tau}{\mathrm{d}\omega}$ 或 $\dfrac{\mathrm{d}\tau}{\mathrm{d}\lambda}$。

任何介质都会在某些特定波长或频率上存在谐振吸收现象，即介质的折射率具有波长或频率依赖特性，这一关系可以用 Sellmerier 公式来表示：

$$n^2 = 1 + \sum_{j=1}^{N} \frac{\lambda^2 B_j}{\lambda^2 - \lambda_j^2} = 1 + \sum_{j=1}^{N} \frac{\omega_j^2}{\omega_j^2 - \omega^2} \tag{2.18}$$

式中：B_j、λ_j 和 ω_j 为与材料有关的常数，称为 Sellmerier 常数。通常情况下，只考虑 $N = 2, 3$ 即可。

在引入材料色散之前，首先介绍几个基本概念。

(1) 相速度。相速度是指与行波光场保持固定相位的观察者观察到的电磁波前进的速度，或者说等相位面前进的速度，可以表示为

$$v = \frac{c}{n} = \frac{\omega}{\beta} \tag{2.19}$$

(2) 群速度。群速度是指复合光的速度，即包络能量前进的速度，其数学形式可表示为

$$v_g = \frac{\mathrm{d}\omega}{\mathrm{d}\beta} \tag{2.20}$$

(3) 群时延。群时延是指在无限大均匀介质中，$\beta = nk_0 = n\omega/c$，单位距离的群时延可表示为

$$\tau_g = \frac{1}{v_g} = \frac{\mathrm{d}\beta}{\mathrm{d}\omega} = \frac{1}{c}\left(n + \omega\frac{\mathrm{d}n}{\mathrm{d}\omega}\right) = \frac{n_g}{c} \tag{2.21}$$

式中：$n_g = n + \omega\dfrac{\mathrm{d}n}{\mathrm{d}\omega}$。

根据材料色散的定义，可知材料色散为传输常数对频率的二阶导数，即

$$\beta_2 = \frac{\mathrm{d}^2\beta}{\mathrm{d}\omega^2} = \frac{\mathrm{d}\tau}{\mathrm{d}\omega} = \frac{1}{c}\left(2\frac{\mathrm{d}n}{\mathrm{d}\omega} + \omega\frac{\mathrm{d}^2 n}{\mathrm{d}\omega^2}\right) \approx \frac{\omega}{c}\frac{\mathrm{d}^2 n}{\mathrm{d}\omega^2} \tag{2.22}$$

其单位为 $\mathrm{ps}^2/\mathrm{km}$。材料色散也可以表示为

$$D = \frac{\mathrm{d}\tau}{\mathrm{d}\lambda} = -\frac{2\pi c}{\lambda^2}\beta_2 \approx -\frac{\lambda}{c}\frac{\mathrm{d}^2 n}{\mathrm{d}\lambda^2} \tag{2.23}$$

其单位为 $\mathrm{ps}/(\mathrm{nm} \cdot \mathrm{km})$。

2) 波导色散

波导色散只有在波导结构中才存在，在无限大均匀介质中是没有的。在光纤中传输的光波，有一部分能量在纤芯中传输，而另一部分在包层中传输。在纤芯中传输部分和在包层中传输部分对应的折射率不一样，从而导致传输速度不同，造成脉冲展宽，这种现象称为波导色散。这种色散主要是由波导的结构参数决定的。2.2 节定义了光纤的归一化频率，如果归一化

频率在截止频率附近，则光场主要在包层传输，其对应的传输常数 $\beta \to k_0 n_2$，因此该频率光场的有效折射率为

$$n_{\text{eff}} \approx \frac{\beta}{k_0} = n_2 \tag{2.24}$$

但如果归一化频率增大，则光场一部分分布在包层，另一部分分布在纤芯，因此该光场的有效折射率介于包层折射率和纤芯折射率之间，即 $n_2 \leqslant n_{\text{eff}} \leqslant n_1$。当光频增加到使归一化频率远离截止频率时，光场大部分在纤芯中传输，对应的有效折射率为

$$n_{\text{eff}} = n_1 \tag{2.25}$$

因此，由于光纤波导结构的存在，不同频率的光场具有不同的折射率，这是波导色散的典型特征。

3. 色散补偿技术

色散对通信尤其是高比特率通信系统的传输存在不利的影响，它会将传输脉冲展宽，产生码间干扰，增加误码率。传输距离越长，脉冲展宽越严重，所以色散限制了系统的通信容量，也限制了系统的传输距离。但可以采取一定的措施来设法降低或补偿。

色散补偿技术主要是通过在光纤传输途中加入适当的色散元件解决因光纤色散而引起的波形失真。从光信号检测的角度来看，并不需要在整个传输链路上都保持好的波形，只需在接收点处得到好的信号波形即可。色散补偿技术追求的是色散的整体优化，而不是色散的局部优化。目前广泛采用的色散补偿技术有如下几种。

(1) 零色散波长光纤。在某一波长范围，如 $\lambda > 1.27\ \mu m$，由于材料色散与波导色散符号相反，因而在某一波长上可以完全相互抵消。对于普通的单模光纤，波长为 $\lambda = 1.30\ \mu m$，选用工作于该波长的光纤时色散最小，但不适用于 10 Gb/s 以上速率传输，可应用于 2.5 Gb/s 以下速率的 DWDM。

(2) 色散位移光纤(DSF)。减少光纤的纤芯使波导色散增加，可以把零色散波长向长波长方向移动，从而在光纤最低损耗窗口 $\lambda = 1.55\ \mu m$ 附近得到最小色散。将零色散波长移至 $\lambda = 1.55\ \mu m$ 附近的光纤称为 DSF。DSF 适用于 10 Gb/s 以上速率单信道传输，但不适用于 DWDM 应用，现已濒临淘汰。

(3) 色散平坦光纤(DFF)。在 $1.3 \sim 1.55\ \mu m$ 波段内，材料色散和波导色散的符号相反，其绝对值相差不大，几乎可以相互抵消，总色散接近零，色散曲线平坦，这种光纤称为 DFF。常利用 W 形折射率分布制作 DFF，并可以在 $1.305\ \mu m$ 和 $1.620\ \mu m$ 两个不同波长上达到零色散，而且在这两个零色散点之间，可保持色散值比较小的色散平坦特性。色散平坦单模光纤为实现高速率的密集波分复用、频分复用光纤通信创造了条件。

(4) 色散补偿光纤 DCF。DCF 是一种特制的光纤，由于光纤折射率剖面结构与色散补偿能力紧密相关，因此通过对光纤剖面的设计使其在 $1.55\ \mu m$ 处具有的负色散值恰好与普通 G.652 光纤的色散值相反，就可以抵消普通 G.652 光纤的色散影响。通常，这类光纤的典型色散值为 $-100\ \text{ps}/(\text{nm} \cdot \text{km})$ 左右，而 G.652 光纤在 1550 nm 窗口的典型色散值为 $17\ \text{ps}/(\text{nm} \cdot \text{km})$，因而只要使 DCF 的长度为 G.652 光纤长度的 20% 即可基本抵消其色散，使总链路色散值接近零，所以只需很短的 DCF 就能补偿很长的普通单模光纤，如图 2.20 所示，正负色散搭配使系统总色散为零。

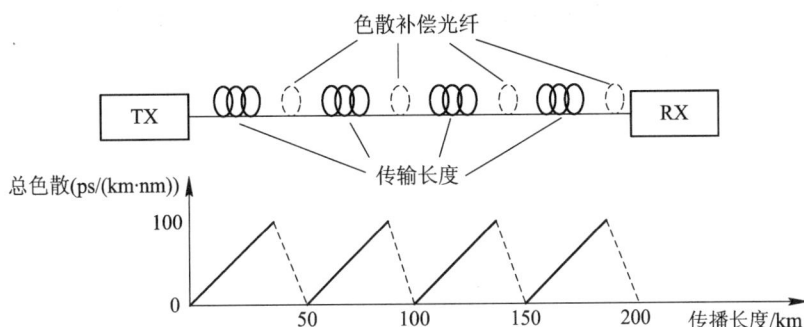

图 2.20　色散补偿光纤原理示意图

（5）色散补偿器。色散补偿器有光纤布拉格光栅（FBG）、光学相位共轭（OPC）、F-P 谐振腔型色散补偿滤波器（或称为全通光均衡器）等。其原理都是使速度较快的波长经过补偿器时慢下来，降低不同波长由于速度不一样而导致的时延。

2.3.3　光纤的非线性特性

在光学系统中，线性是指系统响应与光信号强度（光强）无关，而非线性是指系统响应与光强有关。2.3.2 节指出材料的折射率与波长有关，实际上材料折射率还与光强有关。

光纤同所有其他介质一样，对外场的电极化响应是非线性的。从物理机理上看，光纤非线性起源于束缚电子在外场作用下的非简谐运动。电子这种简谐运动的偏离，导致电极化强度矢量 P 对外场 E 的响应呈非线性关系，表示为

$$P = \varepsilon_0 [\chi^{(1)} E + \chi^{(2)} E^2 + \chi^{(3)} E^3 + \cdots] \qquad (2.26)$$

式中：ε_0 为真空中的介电常数；$\chi^{(j)}$（$j=1, 2, \cdots$）为 j 阶电极化率，考虑到偏振效应，$\chi^{(j)}$ 是 $j+1$ 阶张量。

式（2.26）等号右边第一项是线性响应项，也是 P 的主要贡献项，$\chi^{(1)}$ 称为线性电极化率，后面各项依次为二阶非线性响应项、三阶非线性响应项……。$\chi^{(2)}$、$\chi^{(3)}$…… 分别为二阶、三阶……非线性电极化率。二阶电极化率 $\chi^{(2)}$ 对应于和频（两个频率的和）与二次谐波等非线性效应。三阶电极化率 $\chi^{(3)}$ 对应于四波混频、三次谐波等非线性效应。因此从式（2.26）可知，当光场较低时，非线性响应可以忽略。但当光场较大时，非线性项就必须考虑在内。但非线性极化率的具体表现与材料的分子结构密切相关，因为 SiO_2 的分子结构是对称的，$\chi^{(2)}$ 为零，所以光纤一般不具有二阶非线性效应。光纤最低阶的非线性效应为三阶非线性，称为 kerr 非线性效应。忽略高阶非线性响应项，式（2.26）可以简化为

$$P = \varepsilon_0 \chi^{(1)} E + \varepsilon_0 \chi^{(3)} EEE = P_L + P_{NL} \qquad (2.27)$$

根据输入信号的情况和作用关系，kerr 非线性效应可以进一步分为自相位调制（Self-Phase Modulation，SPM）、交叉相位调制（Cross-Phase Modulation，CPM）和四波混频（Four-Wave Mixing，FWM）。在高信号功率下，还有另外一种非线性现象——非线性受激散射，包括受激布里渊散射（Stimulated Brillouin Scattering，SBS）和受激拉曼散射（Stimulated

Raman Scattering，SRS)。二者之间的主要区别是：SBS 过程中有声学声子参与，产生的声学声子是相干的，在光纤中有宏观声波现象；而 SRS 过程中参与的是光学声子，并且是非相干的。非线性效应分类如图 2.21 所示。

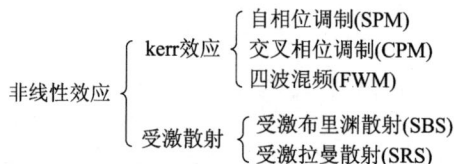

$$
\text{非线性效应}\begin{cases}
\text{kerr效应}\begin{cases}
\text{自相位调制(SPM)}\\
\text{交叉相位调制(CPM)}\\
\text{四波混频(FWM)}
\end{cases}\\
\text{受激散射}\begin{cases}
\text{受激布里渊散射(SBS)}\\
\text{受激拉曼散射(SRS)}
\end{cases}
\end{cases}
$$

图 2.21　非线性效应分类

其中，SPM 和 XPM 会改变信号的相位和频谱展宽，FWM、SBS 和 SRS 会导致不同信道间串扰，而且一个信道功率的增加伴随着其他信道功率的衰减。

1. 非线性折射率波动效应

非线性折射率波动效应可分为三大类，分别是自相位调制(SPM)、交叉相位调制(XPM)及四波混频(FWM)。

1) 自相位调制

由 kerr 效应可知，强光场将瞬时改变光纤的折射率，折射率变化 δ_n 与光强 I 的关系为

$$\delta_n = \sigma I \tag{2.28}$$

式中：σ 为非线性 kerr 系数。

当有一光波信号在光纤中传输时，其相位随距离而变化，方程为

$$\phi = (nz + \phi_0) + \frac{2\pi}{\lambda}\sigma I(t)z \tag{2.29}$$

其中，前一项是线性相移，后一项为非线性相移。如果输入的光信号是强度调制，则非线性相移会引起相位调制，这种效应称为 SPM。

SPM 能够产生新的频率，同时展宽了光脉冲的频谱，在波分复用系统中，如果这种调制现象较严重，展宽的频谱会覆盖到相邻的信道。另外，SPM 能与光纤的正色散作用，从而暂时压缩传输的光脉冲。

2) 交叉相位调制

准确地讲，交叉相位调制(XPM)是与自相位调制产生方式相同的另一种非线性效应。然而自相位调制是光脉冲对自身相位的影响，交叉相位调制用来描述光脉冲对其他信道信号光脉冲相位的影响，仅在多信道系统中才发生。XPM 将加剧 WDM 系统的脉冲展宽效应，在 DSF 高速(≥10 Gb/s)WDM 系统中，XPM 将成为一个显著的问题。增加信道间隔可以抑制 XPM。

3) 四波混频

当有三个不同波长的光波同时注入光纤时，三者的相互作用促使一个新的波长(或频率)产生，即第四个波，新波长的频率是由入射波长组合产生的新频率。这种现象称为四波混频效应。

　　四波混频效应能够将原来各个波长信号的光功率转移到新产生的波长上，从而对传输系统性能造成破坏。在波分复用系统中，混合波产生的新波长会与其他信号信道的波长完全一致，严重破坏信号的眼图并产生误码。四波混频效应的效率与波长失配、波长间隔、注入光波长的强度、光纤的色散、光纤的折射率、光纤的长度等有关。

　　因此，降低四波混频效应的措施有以下几点。

　　(1) 仔细选择各信道的位置，使得那些混频项不与信道带宽范围重叠。这对于较少信道数的 WDM 系统是可能的，但必须仔细计算信道的确切位置。

　　(2) 增加信道间隔，使信道之间的群速度不匹配。其缺点是增加了总的系统带宽，从而要求放大器在较宽的带宽范围内有平坦的增益谱。

　　(3) 增加光纤的有效截面，降低光纤的光功率密度。

　　(4) 对于 DSF，使用大于 1560 nm 的波长。这种方法的思路是即使对于 DSF，这一范围内也存在显著的色散量，从而可以降低 FWM 的效率。

　　(5) 针对不同的波长信道引入时延，扰乱不同波长信道的相位关系。

2. 非线性受激散射

　　由三阶非线性电极化率 $\chi^{(3)}$ 引起的 kerr 非线性效应是光场之间的能量交换，介质只是参与，光场和介质之间无能量交换。而非线性受激散射这种非线性效应光场和介质之间发生了能量交换。在非线性受激散射过程中，入射光子被散射后产生一低频光子，两光子能量之差被介质吸收形成声子。低频波一般称为 Stokes 光（因 George Stokes 在 19 世纪首次在发光过程中发现低频频移光而命名），而入射光子称为泵浦光。非线性受激散射可分为受激拉曼散射 (SRS) 和受激布里渊散射 (SBS) 两种形式。

　　1) 受激拉曼散射

　　当一个强光信号在光纤中引发了分子共振时，拉曼非线性效应发生了，这些分子振动调制光信号后产生了新的光频。在室温下，大部分新产生的频率都处于光载波的低频区，对于二氧化硅，新峰值频率比输入光频率低 13 THz。换言之，当信号波长为 1.55 μm 时，将在 1.65 μm 处产生新的波长，称为 Stokes 光。受激拉曼散射原理如图 2.22 所示。

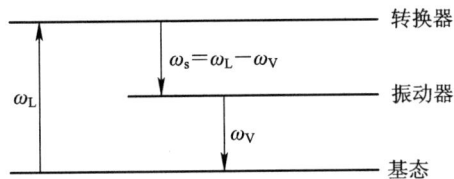

图 2.22　受激拉曼散射原理

　　光纤中的光信号与光纤的材料分子相互作用产生受激拉曼散射 (SRS)。虽然 SRS 会产生前后两个方向的散射光，但采用光隔离器可以滤除后向传输的光。SRS 的门限值取决于光纤的特性、传输信道的数目、信道间隔、每个信道的平均光功率及再生段的距离。单信道系统的 SRS 的门限值约为 1 W。

　　从光信号传输的角度，在单信道通信中，SRS 会导致光纤通信系统中信号光功率的附加衰减，同时，由于泵浦脉冲与其产生的 Stokes 脉冲相互错位，如果在接收端不加光滤波器对 Stokes 脉冲抑制，将会造成码间串扰。在多信道系统中，SRS 将造成各信道之间的能量转换，产生信道串扰。另外，SRS 在通信中也有其有用的一面。由于 SRS 具有增益特性，而且可以在光纤中积累，因此可利用这种效应制作光纤放大器。SRS 光纤放大器具有很宽的增益谱宽（5~10 THz），可用于宽光谱的波分复用光纤通信系统中。另外，SRS 光纤放大器还具有响应速度快、饱和输出功率大、易于耦合等优点。由于这些特性，SRS 光纤放大器在光放大器中占有一席之地。利用 SRS 还可以制成光纤激光器，由于拉曼增益的宽度很宽，因此拉曼激光器的输出光波长可以在很宽的范围内调节。

2）受激布里渊散射

当一个窄线宽、高功率信号沿光纤传输时，将产生一个与输入光信号同向的声波，此声波波长为光波波长的一半，且以声速传播。理解非线性布里渊效应的一个简单方法是将声波想象为一个把入射波反射回去的移动布拉格光栅，由于光栅向前移动，因此反射光经多普勒频移到一个较低的频率值。对于工作于 1.55 μm 处的光纤，布里渊频移约为 11 GHz，且取决于光纤中的声速。

对 SBS 的耦合波方程及光纤的受激布里渊增益特性进行分析可知，SBS 具有以下特点。

（1）阈值特性。只有当入射激光强度超过一定的激励阈值后，才能产生 SBS 效应；只有当输入端泵浦光功率达到或超过这一临界值时，SBS 过程才能充分表现出来。SBS 的阈值泵浦光功率定义为光纤输入端输出的 Stokes 光功率与光纤输出端输出的泵浦光功率相等时所对应的输入端泵浦光功率。

（2）SBS 光具有良好的方向性、高的光谱单色性和高亮度特性。

（3）调制特性。SBS 光与入射激光的调制时间特性有很大的关系，散射强度会随入射激光的调制时间特性的不同相应降低。

（4）后向散射。SBS 光的方向与入射激光的传输方向相反。

（5）偏振特性。当 SRS 光的偏振方向与入射激光的方向相同时，两者的作用最强烈；垂直时，两者不发生作用。

（6）泵浦特性。入射激光的光谱宽度对 SBS 光强度的影响很大，入射激光的光谱宽度愈窄，泵浦效率愈高。

根据石英光纤中 SBS 的特点，从信号传输的角度看，SBS 主要将引起光信号功率的衰减，并对光发射机造成危害。为消除 SBS 的影响，需在通信系统中的光源器件前加光隔离器。另外，由于 SBS 的频移较小，在目前信道间距大于 100 GHz 的多信道系统中，不存在信道串扰问题，但随着信道间距的进一步减小，还是会产生信道串扰问题。通过计算发现，SBS 的增益系数比 SRS 的增益系数大两个数量级。也就是说，在光纤中产生的 SBS 的激励阈值要比 SRS 的激励阈值低得多。

但是，在光纤通信系统中，由于信号光的谱线宽度远远大于 SBS 散射光的谱线宽度，因此目前在光纤通信中主要关注 SRS 问题，对 SBS 的影响基本不予考虑。然而，可以利用 SBS 的增益特性制造光纤放大器和激光器。

2.4 光纤标准和应用

当今,光纤制造技术日趋完善,光纤品种也在不断推陈出新,特别是网络业务呈指数式增长的势态,使得光纤网带宽每 6～9 月就可翻一番。为切实满足网络业务高速发展的需要,光纤通信业内的科研工作者不断地开发新光纤、新器件、新系统来实现高速率、大容量、远距离光纤通信。正是高速率、大容量、远距离光纤通信促使光纤的性能研究由最初的衰减、色散向非线性效应、偏振模色散、色散斜率、色散绝对值大小等转移,与之相应地出现了供不同光纤通信系统选用的光纤系列,如 G.651、G.652、G.653、G.654、G.655、全波光纤等色散补偿光纤。

1. G.651 光纤与 G.652 光纤

在光纤通信系统发展初期,光纤传输距离短、速率低、容量小,故系统对光纤性能的要求仅仅停留在衰减性能上,与之适应的光纤为 G.651 光纤。

在通信系统发展中期,光纤传输距离延长、速率提高、容量增大,这时系统对光纤性能的要求就由衰减性能指标转向低衰减、高带宽性能,从而诞生了 G.652 光纤。

G.652 光纤的损耗特性具有三个特点。

(1) 短波长区域内的衰减随波长的增加而减小,因为在这个区域内,与波长的 4 次方成反比的瑞利散射所引起的衰减是主要的。

(2) 损耗曲线上有羟基(OH^-)引起的几个吸收峰,特别是 1.385 μm 上的峰。

(3) 在 1.6 μm 以上的波长上由于弯曲损耗和二氧化硅的吸收而使衰减有上升的趋势。

因此,在 G.652 光纤内有 3 个低损耗窗口的波长,即 850 nm、1310 nm 和 1550 nm。其中损耗最小的波长是 1550 nm。在 G.652 光纤中,其零色散波长为 1310 nm(这就是说在 1310 nm 波长处,单模光纤的材料色散和波导色散一为正、一为负,大小也正好相等),也就是在光纤损耗第二小的这个波长上。对损耗最小的 1550 nm 波长而言,其色散值大约为 17 ps/(nm·km),限制了其在 1550 nm 波段的传输宽带和传输距离。

通常 G.652 单模光纤在 C 波段 1530～1565 nm 和 L 波段 1565～1625 nm 的色散值较大,一般为(17～22)ps/(nm·km)。在开通高速率系统如 10 Gb/s 和 40 Gb/s 及基于单通路高速率的 WDM 系统时,可采用色散补偿光纤来进行色散补偿,使整个线路上 1550 nm 处的色散值大大减小。这样 G.652 光纤既可满足单通道 10 Gb/s、40 Gb/s 的 TDM 信号,又可满足 DWDM 的传输要求。但 DCF 同时又会引入较大的衰减,因此它常与光放大器一起工作,置于 EDFA 两级放大之间,这样才不会占用线路上的功率余度。

2. G.653 光纤与 G.654 光纤

人们通过改变光纤的折射率分布来改变波导色散,从而使光纤的总色散在 1550 nm 波长上为零,这样便研究开发出了在 1550 nm 波长上兼有最低衰减和最大宽带的。G.653 色散移位光纤。G.653 光纤是第二代单模光纤,其特点是在波长 1.55 μm 处色散为零,损耗又最小。这种光纤适用于大容量长距离通信系统，特别是 20 世纪 80 年代末期，1.55 μm 分布反馈激光器(DFB-LD)研制成功，20 世纪 90 年代初期 1.55 μm 掺铒光纤放大器(EDFA)投入应用，突破了通信距离受损耗的限制，进一步提高了大容量长距离通信系统的水平。

跨洋海底光缆线路需要采用极低衰减的光纤，人们又开发出了衰减极小的 G.654 光纤。G.654 光纤是一种截止波长大于 1310 nm、专门用于 1550 nm 波段(衰减最小窗口)的海底通信系统用光纤。这种光纤实际上是一种波长为 1.55 μm，并经过改进的常规单模光纤，目的是增加传输距离。此外还有色散补偿光纤，其特点是在波长 1.55 μm 处具有大的负色散值。这种光纤是针对波长 1.31 μm 常规单模光纤通信系统的升级而设计的，因为当这种系统使用掺铒光纤放大器增加传输距离时，必须把工作波长从 1.31 μm 移到 1.55 μm。用色散补偿光纤在波长 1.55 μm 的负色散和常规单模光纤在 1.55 μm 的正色散相互抵消，以获得线路总色散为零损耗又最小的效果。

3. G.655 光纤

G.652 光纤为光信号的传输提供了很高的带宽，但其零色散波长在光纤损耗第二小的波长上，而没有在损耗最小的 1550 nm 波长上。这个特性对一个光纤通信系统来说，意味着如果这个光纤通信系统对损耗特性是最优的，那么它对色散限制特性就不是最优的；如果这个光纤通信系统对色散特性是最优的，那么它对损耗限制特性就不是最优的。

为了使光纤通信系统对损耗限制特性和色散限制特性都是最优的，人们又研制出色散位移光纤(DSF)，即将光纤的零色散波长从 1310 nm 处移动到 1550 nm 处，而光纤的损耗特性不发生变化。也就是将零色散波长移动到损耗最小的波长上。零色散波长最大的问题是容易产生四波混频现象，为了避免产生四波混频非线性的影响，同时又使 1550 nm 处的色散值较小，就产生了 NZ-DSF 光纤。NZ-DSF 光纤的色散值大到足以允许 DWDM 传输，并且使信道间有害的非线性相互作用减至最低，同时又小到足以使信号以 10 Gb/s 的速率传输 300～400 km 而无需色散补偿。

按照光纤在 1550 nm 处散值的正负性，G.655 光纤又可分为正色散值 G.655 光纤和负色散 G.655 光纤两类。典型的 G.655 光纤在 1550 nm 波长区的色散值为 G.652 光纤的 1/4～1/6，因此色散补偿距离也大致为 G.652 光纤的 4～6 倍，色散补偿成本(包括光放大器、色散补偿器和安装调试)远低于 G.652 光纤。另外，由于 G.655 光纤采用了新的光纤拉制工艺，具有较小的极化模色散，单根光纤的极化模色散一般不超过 0.05 ps/km。即便按 0.1 ps/km 考虑，这也可以完成至少 400 km 长的 40 Gb/s 信号的传输。因此，G.655 光纤可以增加传输距离。

4. 全波光纤

全波光纤也可称作无水峰光纤，它几乎完全消除了内部的氢氧根(OH$^-$)离子，从而比较彻底地消除了由其引起的附加水峰衰减。光纤衰减将仅由二氧化硅材料的内部散射损耗决定，在 1385 nm 处的衰减可低至 0.31 dB/km。由于内部已清除了 OH$^-$，因而光纤即便暴露在氢气环境下也不会形成水峰衰减，具有长期的衰减稳定性。因为它消除了 OH$^-$ 损耗所产生的尖峰，所以与普通 G.652 光纤相比，全波光纤具有以下优势。

(1) 在 1400 nm 处存在较高的损耗尖峰，所以普通 G.652 光纤仅能使用 1310 nm 和 1550 nm 两个窗口。由于 1310 nm 处的色散为零，在这个波长窗口仅能够使用一个波长，所以理想情况下，普通 G.652 光纤除 1310 nm 窗口外，还可以使用 1530～1625 nm 的波分复用窗口。而由于全波光纤消除了水峰，在理想情况下，全波光纤除覆盖 G.652 全部波段以外，还可开辟 1400 nm 窗口，所以它能够为波分复用系统(WDM)提供自 1335～1625 nm 波段的传输通道。

(2) 在 1400 nm 波段，全波光纤的色散只有普通光纤在 1550 nm 波段的一半，所以对于高传输速率，全波光纤 1400 nm 波段的无色散补偿传输距离将比传统的 1550 nm 波段的无色散补偿传输距离增加 1 倍。

(3) 因为全波光纤可以使用 1310 nm、1400 nm 和 1550 nm 三个窗口，所以全波光纤将有可能实现在单根光纤上传输语音、数据和图像信号，实现三网合一。

(4) 全波光纤增加了 60% 的可用带宽，所以全波光纤为采用粗波分复用系统(CWDM)提供了波长空间。例如，当 1400 nm 窗口的波长间距为 2.5 nm 时，就可以提供 40 个粗波分复用波长，而当 1550 nm 窗口提供 40 个波长时，其波长间距为 0.8 nm。显然，1400 nm 粗波分复用的波长间距比传统的间距更宽，而更宽的波长间距会使系统对元器件的要求大大降低，所以 CWDM 的价格低于 DWDM 的价格，使电信运营商的运行成本降低。

目前，全波光纤的标准化工作取得了很大的进展，已经获得了国际技术标准的支持。1999 年 7 月，美国通信工业协会(TIA)确定了低水峰光纤的详细指标。1999 年 10 月，国际电工委员会(IEC)第一工作组通过了将低水峰光纤纳入 B.13 新光纤类别。1999 年 10 月，ITU-T 第 15 专家小组在日本奈良将低水峰光纤(全波光纤)纳入 G.652 光纤增补项。所以，全波光纤已经解决了缺乏标准支持的问题。

开辟 1400 nm 窗口必须要有一系列有源和无源器件的支持。目前适用于这一波长区的光源有 EA、DFB 和 FP，光接收器件有 PD 和 APD，光放大器有拉曼放大器和量子阱半导体光放大器，无源器件有薄膜滤波器、光纤布拉格光栅等。因此，开发和利用光纤 1400 nm 传输窗口的条件和时机已比较成熟。

目前，1400 nm 波段商用化也取得了一定的进展。例如，朗讯科技将有两套使用 1400 nm 窗口的 WDM 系统面市。一套是在 WaveStar AllMetro 系统中增加 1400 nm 窗口，此系统可在一根光纤中传输 1400 nm 和 1550 nm 两个窗口的信号。此系统具有光放系统，可应用于高速率的大城市骨干环网。第二套是 1400 nm 城市接入网系统——Allspectra 系统。此系统使用粗波分复用(大约 20 nm 信道间隔)，使用全波光纤可提供 16 个或更多的波长信道，而普通光纤只能提供大约 10 个信道。此粗波分复用产品可应用于短距离环网(40 km 以内)。

本 章 小 结

本章主要介绍了光纤的结构和类型、光缆的结构与类型、光在光纤中的传输原理、光纤传输的基本特性、光信号的传输损耗及典型的标准光纤及应用。

光纤是一种纤芯折射率比包层折射率高的同轴圆柱形电介质波导，它由纤芯、包层和涂敷层组成。光缆是由一捆光纤组成的光导纤维电缆，它有频带宽、电磁绝缘性好、衰减小等特点。

光是一种频率极高的电磁波，而光纤本身是一种介质波导，因此光在光纤中的传输原理十分复杂。多模光纤的纤芯直径远大于光波的波长，因而可以采用几何光学分析法分析；单模光纤的纤芯与光波的波长是同一个数量级，显然采用几何光学分析法分析是不合适的，应采用波动理论进行严格的求解。

光的损耗主要包括吸收损耗、散射损耗和弯曲损耗等。不同成分的光的延时不同，将会引起色散现象，色散一般包括模式色散、材料色散和波导色散等。色散可以采用多种方法进行补偿。

光信号在光纤中的传输损耗可以分为线性损耗和非线性损耗两类。线性传输损耗包括衰减、色度色散、偏振模色散、放大自发辐射（ASE）噪声、WDM 系统的线性串扰等。非线性传输损耗包括 SPM、XPM 和 FWM 等和 kerr 非线性效应等。

光纤通信业内的科研工作者不断地开发新光纤、新器件、新系统来实现高速率、大容量、远距离光纤通信，并推出了供不同光纤通信系统选用的光纤系列，如 G.651、G.652、G.653、G.654、G.655、全波光纤等色散补偿光纤。

习题与思考题

1. 典型光纤由几部分组成？各部分的作用是什么？

2. 什么是阶跃光纤？什么是渐变光纤？

3. 什么是单模光纤？什么是多模光纤？

4. 用射线理论分析阶跃光纤的导光原理。

5. 常见光缆的结构与分类是什么？

6. 光信号的损耗主要有几种原因？其对光纤通信系统有何影响？

7. 光色散主要有几种类型？其对光纤通信系统有何影响？

8. 由于光纤非线性折射率波动引起的光纤非线性效应主要有哪几种？分别解释其形成机理。

9. 由于光纤非线性受激散射引起的光纤非线性效应主要有哪几种？分别解释其形成机理。

10. 分别说明 G.652、G.653、G.655 光纤的性能及应用。

11. 某阶跃折射率光纤的纤芯折射率 $n_1 = 1.50$，相对折射率差 $\Delta = 0.01$，试求：

（1）光纤的包层折射率 n_2。

（2）该光纤数值孔径 N_A。

12. 阶跃光纤中相对折射率差 $\Delta = 0.005$，$n_1 = 1.50$，当波长分别为 $0.85\ \mu m$ 和 $1.31\ \mu m$ 时，要实现单模传输，纤芯半径 a 应小于多少？

13. 当工作波长 $\lambda = 1.31\ \mu m$ 时，某光纤的损耗为 $0.5\ dB/km$，如果最初射入光纤的光功率是 $0.5\ mW$，试问经过 $4\ km$ 以后，以 dB 为单位的功率电平是多少？

第3章

光纤通信基本器件

通信用光器件是光纤通信系统与网络的重要组成部分，通信用光器件可分为有源器件和无源器件两大类。光发射机采用发光器件，如半导体激光器（LD）、发光二极管（LED）等；光接收机采用光检测器件，如 PIN、APD 等。光放大器如掺铒光纤放大器（EDFA）、拉曼光纤放大器、半导体光放大器（SOA）等属于有源器件。光纤连接器、光纤分路耦合器、光开关、波分复用器、光滤波器、光衰减器、光隔离器、光环形器、光波长转换器、光偏振控制器等属于无源器件。本章介绍常用通信用光器件的工作原理及主要特性。

3.1 通信用光源

光源器件是光发射机的核心，它的作用是将电信号转换成光信号。光纤通信中常用的光源器件有半导体激光器（LD）和半导体发光二极管（LED）两种。这两种器件的发射波长与光纤的低损耗或低色散波长一致，能够在室温下连续工作，输出功率满足光纤通信系统的要求，它们的谱线宽度可以做得较窄，以减小光纤中色散的影响。此外，它们还具有体积小、质量轻、使用寿命长、与光纤耦合效率高、调制简便等一系列优点。

3.1.1 半导体激光器的工作原理

半导体激光器是向半导体 PN 结注入电流，实现粒子数反转分布，产生受激辐射，再利用光学谐振腔的正反馈实现光放大而产生激光振荡的。

激光的产生与光源内部物质的原子结构和运动状态密切相关，原子中的电子不停地进行无规则运动，其能量只能取某些离散值，它们可以从较低能级跃迁到较高能级，也可以从较高能级跃迁到较低能级。就一个电子来看，它所具有的能量时大时小，不断变化，但从大量电子的统计规律看，电子按能量大小的分布有一定的规律。一般而言，电子占据各个能级的几率不等，占据低能级的电子多，占据高能级的电子少。当原子中电子的能量最小时，整个原子的能量最低，此时处于稳态，称为基态（E_1）；当原子处于比基态高的能级时，称为激发态（$E_i(i=2,3,4,\cdots)$）。通常情况下，大部分原子处于基态，只有少数原子被激发到激发态，而且能级越高，处于该能级上的原子数越少。在热平衡条件下，各能级上的原子数服从费米（Femi）统计分布规律，其数学表达式为

$$f(E)=\frac{1}{1+\mathrm{e}^{(E-E_\mathrm{f})/k_0 T}} \tag{3.1}$$

式中：$f(E)$ 是能级为 E 被电子占据的概率，称为费米分布函数；$k_0 = 1.38 \times 10^{-23}$ J/K 为玻耳兹曼常量；T 为绝对温度，单位为开尔文（K）；E_f 为 Femi 能级，它与物质的特性有关，只是反映电子在各个能级中分布情况的一个参量。

对于 E_f 能级以下的所有能级，电子占据的可能性大于 $1/2$；对于 E_f 能级以上的所有能级，电子占据的可能性小于 $1/2$；由式(3.1)可知，电子占据能级的可能性随着能级的增高，按指数减少。

1. 光的辐射和吸收

原子中的电子可以通过与外界交换能量的方式发生能级跃迁，电子在低能级 E_1 的基态和高能级 E_2 的激发态之间的跃迁有三种基本方式：自发辐射、受激吸收、受激辐射。受激辐射过程是激光器的物理基础。

(1) 自发辐射。如图 3.1 所示，在高能级 E_2 的电子是不稳定的，即使没有外界的作用，也会自动跃迁到低能级 E_1 上，发射出一个频率为 f_{12}、能量为 ε 的光子。发射出的光子能量为两级的能量之差，即

$$\varepsilon = E_2 - E_1 = h f_{12} \tag{3.2}$$

式中：$h = 6.628 \times 10^{-34}$ J·s 为普朗克常数。

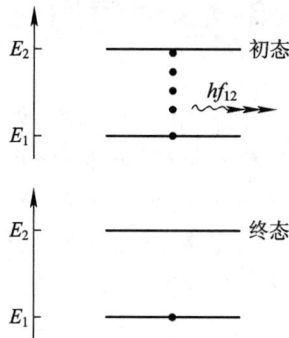

图 3.1 自发辐射

(2) 受激吸收。如图 3.2 所示，在正常状态下，电子处于低能级 E_1，在入射光的作用下，它会吸收光子的能量跃迁到高能级 E_2 上，这种跃迁称为受激吸收。电子跃迁后，在低能级留下相同数目的空穴。

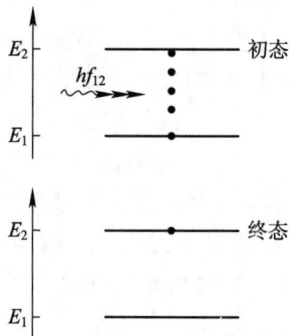

图 3.2 受激吸收

（3）受激辐射。如图 3.3 所示，在高能级 E_2 的电子受到入射光的作用（感应），发射一个与感应光子一模一样的全同光子，它们的频率、相位、偏振方向和传播方向相同，即受激辐射发出的光为相干光。受激辐射条件是每个外来光子的能量 $hf \geqslant E_2 - E_1$，其特点是外来光子与感应光子为全同光子。在受激辐射中，一个外来光子作用，可以得到两个全同光子，如果这两个光子再次引起电子产生受激辐射，就可得到四个全同光子，如此进行下去，将产生雪崩效应，得到大量的全同光子，这种现象称为光放大。光的受激辐射是半导体激光器产生激光的条件之一。

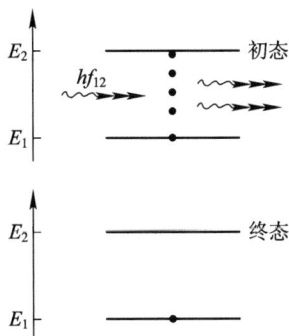

图 3.3 受激辐射

在通常情况（即热平衡条件）下，粒子的正常能级分布总是低能级的粒子数多于高能级的粒子数。总效果是光受激吸收比受激辐射占优势，因此介质为吸收介质。若要获得光的放大，必须设法使受激辐射占优势，使粒子的能态分布反常，即处于高能级的粒子数多于低能级的粒子数，通常把这种分布叫作粒子数反转分布，也叫光放大状态。

2. 激光产生的条件

激光器是光自激振荡器，激光是由以受激辐射为基础的物质内部原子内能的变化引起的。要想产生激光，必须具备光放大（粒子数反转分布）、频率选择和正反馈、阈值条件和相位条件这三个基本条件。其中光放大由激光工作物质外加泵浦源使物质产生粒子数反转分布来完成；频率选择和正反馈由光学谐振腔来实现。

（1）光放大物质。激光工作物质应确定能级系统，可在需要的光波范围内辐射光子，它可以是固体、气体或液体，也可以是半导体材料。泵浦源是能够使激光工作物质处于粒子反转分布的激励源，它可以是另一个光源、电源或化学能源。半导体材料是最常用的光放大物质。

① 半导体的能带结构。在半导体中，半导体是由大量原子周期性有序排列构成的共价晶体。在这种晶体中，由于邻近原子的作用，电子所处的能态扩展成能级连续分布的能带。能量低的能带称为价带，能量高的能带称为导带，导带底的能量 E_c 和价带顶的能量 E_v 之间的能量差 $E_c - E_v = E_g$ 称为禁带宽度或带隙。电子不可能占据禁带。

一般状态下，本征半导体的电子和空穴是成对出现的，E_f 位于禁带中央，如图 3.4(a) 所示。在本征半导体中掺入施主杂质，称为 N 型半导体，如图 3.4(b) 所示。在本征半导体中掺入受主杂质，称为 P 型半导体，如图 3.4(c) 所示。

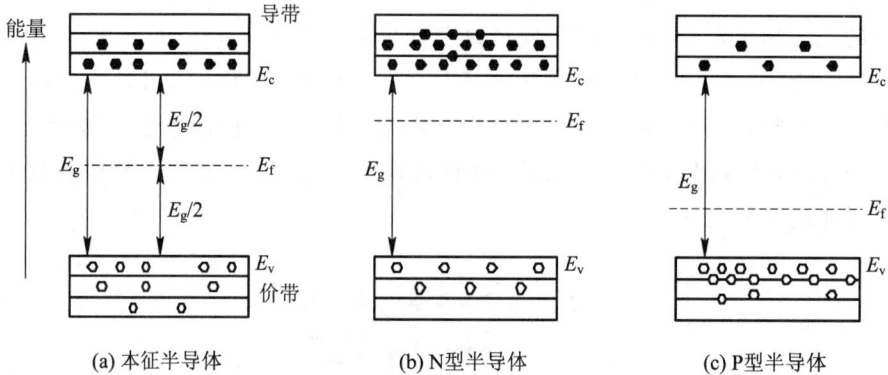

图 3.4　半导体的能带和电子分布

重掺杂情况下的半导体能级结构如图 3.5 所示。

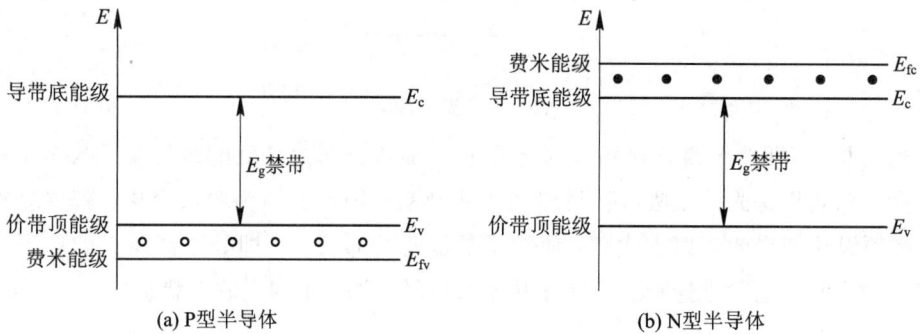

图 3.5　重掺杂情况下的半导体能级结构

在 P 型和 N 型半导体组成的 PN 结界面上，由于存在多数载流子(电子或空穴)的梯度，因而产生扩散运动，形成内部电场，如图 3.6 所示。

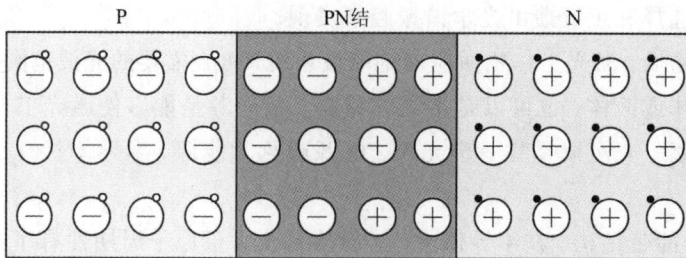

图 3.6　PN 结内载流子运动

内部电场会产生与扩散方向相反的漂移运动，直到 P 区和 N 区的 E_f 相同，两种运动处于平衡状态为止，结果能带发生倾斜。热平衡时 PN 结能带如图 3.7 所示。

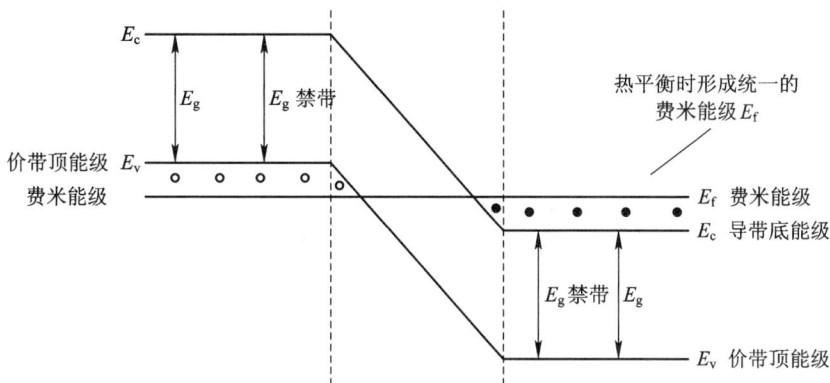

图 3.7　热平衡时 PN 结能带图

② 粒子数反转分布。若在 PN 结上施加正向电压，则会产生与内部电场方向相反的外加电场，使能带倾斜减小，扩散增强。N 区的电子及 P 区的空穴流向 PN 结区会形成一个特殊的增益区，又称有源区。有源区的导带主要是电子，价带主要是空穴，由此可获得粒子数反转分布，使得 PN 结区出现受激辐射大于受激吸收的情况。正向偏压下 PN 结能带如图 3.8 所示。

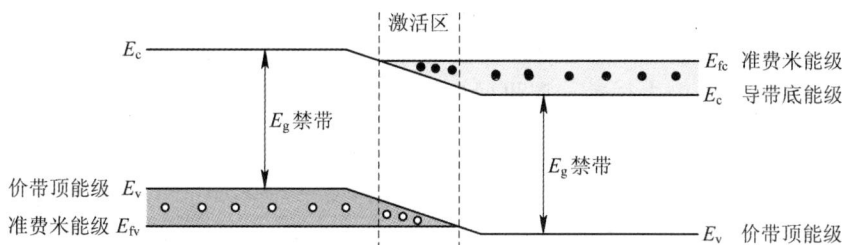

图 3.8　正向偏压下 PN 结能带图

在与高能级相应的光子的激发下，高能级上的大量电子跃迁回低能级，同时放出大量全同光子的光波。

（2）频率选择和正反馈。光学谐振腔是能引起振荡和正反馈的系统，对光波具有频率选择作用。光学谐振腔由两个反射率分别为 R_1 和 R_2 的平行反射镜构成，其原理如图 3.9 所示。把激活物质放在两个反射镜之间，其中 R_1 在理想情况下应为 100%，而反射率为 R_2 的反射镜需要开一个孔以便输出激光，故 R_2 应在 90% 左右。

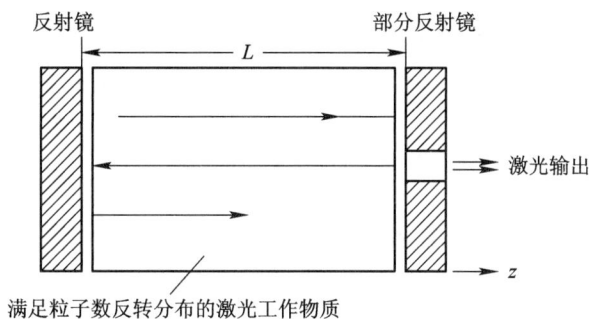

图 3.9　光学谐振腔原理图

由于谐振腔内的激活物质具有粒子数反转分布，因此可以用它产生的自发辐射光作为入射光。这些光子辐射的方向是任意的，沿着与谐振腔轴线夹角较大方向传播的光子流将很快逸出腔外，只有那些沿着与谐振腔轴线夹角较小方向传播的光子流，才有可能在腔内沿轴线方向来回反射传播，在腔内的激活物质中来回穿行，这样，受激辐射产生雪崩效应，当光功率达到一定程度时，在部分反射镜一侧会输出一个高功率的平行光子流，即激光。

（3）阈值条件和相位条件。激活物质和光学谐振腔只是为激光产生提供了必要的条件，要产生激光振荡，还必须满足一定的阈值条件和相位条件。

① 阈值条件。激光器工作过程中既有增益又有损耗，将增益和损耗结合起来考虑，只有当光波在谐振腔内往返一次放大得到的光能密度大于或等于损失掉的光能密度时，激光器才能建立起稳定的激光输出。上述两者相等的关系称为阈值条件。

阈值条件的数学表达式为

$$G_{th} = \alpha_i + \frac{1}{2L} \ln \frac{1}{r_1 r_2} \tag{3.3}$$

式中：G_{th} 为阈值增益系数；α_i 为腔内损耗系数，是单位距离传播时光功率的相对损耗率；L 为光学谐振腔的长度；r_1、r_2 为谐振腔两个反射镜的功率反射系数。

阈值条件表明激光器能够起振（刚开始产生激光）时，激光器的小信号增益系数 G 必须满足一个下限值，如果低于它，激光器就不起振。

② 相位条件。要产生激光振荡，除了要满足阈值条件外，还要满足相位平衡（谐振）条件。为了能在腔内形成稳定振荡，要求光波能因干涉而形成正反馈使光波能量加强。条件是波从某一点出发，经腔内往返一周再回到原来位置时，应与初始出发波同相，即相位差为 2π 的整数倍，可以表示为

$$\Delta\phi = k_q \times 2L = \frac{2\pi}{\lambda_q} 2L = 2\pi q, \quad q = 1, 2, 3, \cdots \tag{3.4}$$

式中：λ_q 为光在激活介质中传播时的波长；k_q 为传播常数，表示传播单位长度时的相位变化。

当满足该条件时，腔内形成驻波。

谐振波长为

$$\lambda_{0q} = n\lambda_q = n\frac{2L}{q} \tag{3.5}$$

谐振频率为

$$f_{0q} = \frac{cq}{2nL} \tag{3.6}$$

式中：n 为整个光腔内充满均匀工作物质的折射率。

谐振腔中不只存在一种频率，但只有那种有增益、并且小信号增益大于平均损耗系数的光波才能存在。在光学谐振腔中，不同 q 的一系列取值对应沿谐振腔纵向（轴向）一系列不同的电磁场分布状态，一种分布就是一个激光器的纵模。

3.1.2 半导体激光器的主要特性

1. 发射波长

半导体激光器发射波长的计算公式为

$$hf = E_g \tag{3.7}$$

式中：E_g 为禁带宽度，单位为 eV；$f = c/\lambda$，f(Hz) 和 λ(μm) 分别为发射光的频率和波长；$c = 3 \times 10^8$ m/s 为光速；$h = 6.628 \times 10^{-34}$ J·S 为普朗克常数；1 eV = 1.6 × 10^{-19} J，代入式 (3.7) 得

$$\lambda = \frac{hc}{E_g} = \frac{1.2389}{E_g} \tag{3.8}$$

不同半导体材料有不同的禁带宽度 E_g，因而有不同的发射波长 λ。镓铝砷-镓砷(GaAlAs-GaAs)材料适用于 0.85 μm 波段；铟镓砷磷-铟磷(InGaAsP-InP)材料适用于 1.3～1.55 μm 波段。

2. 阈值稳态特性

半导体激光器的光功率-电流特性曲线(P-I 曲线)如图 3.10 所示。对于半导体激光二极管，当外加正向电流达到某一值时，输出光功率将急剧增加，这时将产生激光振荡，这个电流值称为阈值电流，用 I_{th} 表示。当激励电流小于阈值电流时，其输出功率很小，功率随电流增加得很慢，这时半导体激光器工作在自发辐射状态，它发出的不是激光而是荧光。当激励电流超过阈值电流时，光功率随电流的增大而急剧上升，这时激光器发出的才是激光。

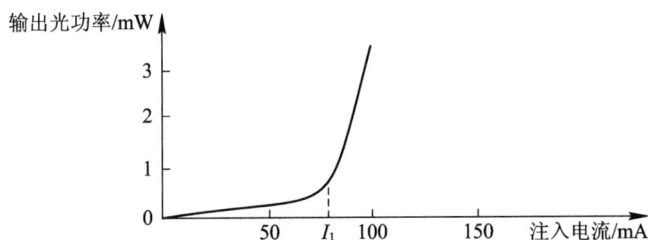

图 3.10　半导体激光器 P-I 曲线

3. 转换效率和输出光功率特性

激光器的电/光转换效率用外微分量子效率 η_d 表示，其定义是在阈值电流以上，每对复合载流子产生的光子数可表示为

$$\eta_d = \frac{(P - P_{th})/(hf)}{(I - I_{th})/e} = \frac{\Delta P}{\Delta I} \frac{e}{hf} \tag{3.9}$$

式中：P 和 I 分别为激光器的输出光功率和驱动电流，P_{th} 和 I_{th} 分别为相应的阈值，hf 和 e 分别为光子能量和电子电荷。由此可得

$$P = P_{th} + \frac{\eta_d hf}{e}(I - I_{th}) \tag{3.10}$$

4. 温度特性

半导体激光器是一种对温度很敏感的器件，它的输出功率随温度变化很大，如图 3.11 所示。激光器输出光功率随温度而变化有两个原因：一是激光器的阈值电流 I_{th} 随温度升高而增大，二是外微分量子效率 η_d 随温度升高而减小。

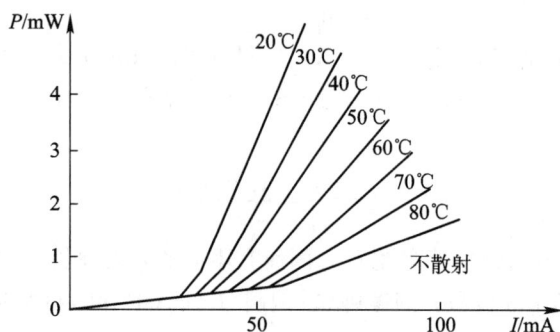

图 3.11 P-I 曲线随温度的变化

温度升高时，I_{th} 增大、η_d 减小，输出光功率明显下降，达到一定温度时，激光器就不激射了。当以直流电流驱动激光器时，阈值电流受温度的影响更加严重。当对激光器进行脉冲调制时，阈值电流随温度呈指数变化，在一定温度范围内可以表示为

$$I_{th}(T) = I_0 \exp\left(\frac{T}{T_0}\right) \tag{3.11}$$

式中：T 为器件 PN 结的绝对温度，T_0 为激光器材料的特征温度，T_0 越大，器件的温度特性越好；I_0 为常数，它与激光器所使用的材料和结构有关，它表征了激光器的阈值电流对温度的敏感性。

5. 光谱特性

半导体激光器的光谱特性如图 3.12 所示，它是一个衡量器件发光特性的物理量。造成 LD 光谱非单色性的主要原因有两个：一是 LD 的粒子数反转分布不是产生在两个分离原子能级之间，而是在两个能带之间（价带和导带），由于能带中有许多分离的能级被电子填充，因此各电子跃迁后能级差 ΔE 各不相等，产生的激光谱线较宽；二是由于光学谐振腔长度 L 较大，满足谐振条件的频率很多。

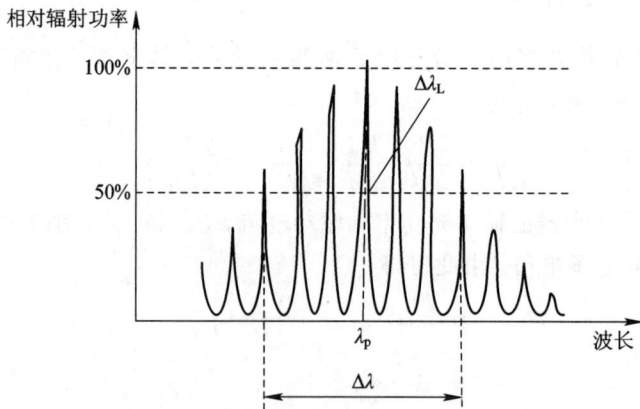

图 3.12 半导体激光器的光谱特性

光谱特性常用下列参数描述：

（1）光谱辐射宽度 $\Delta\lambda$。$\Delta\lambda$ 是指最大峰值波长功率下降 50％的所有波长，称为光谱辐射宽度。

（2）光谱线宽 $\Delta\lambda_L$。$\Delta\lambda_L$ 是指在一个纵模中光谱辐射功率为其一半的谱线两点间的波长间隔。

（3）边模抑制比 MSR。MSR 是指主模功率 P_m 与最强边模功率 P_s 之比，它是 LD 频谱纯度的一种量度，公式为

$$MSR = 10\lg\frac{P_m}{P_s} \tag{3.12}$$

（4）最大－20 dB 宽度。主纵模下降到－20 dB 处的光谱线宽度 $\Delta\lambda_L = \lambda_2 - \lambda_1$，如图 3.13 所示。

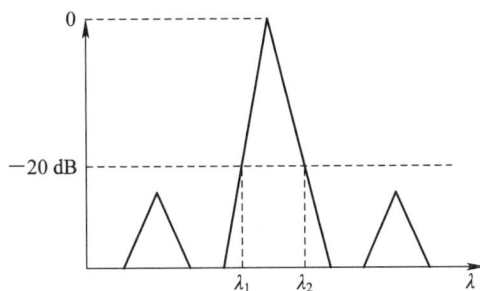

图 3.13 主纵模下降到－20 dB 处的光谱线宽度

3.1.3 半导体发光二极管

作为光纤通信中常用光源，发光二极管（LED）在工作原理上与半导体激光器有根本区别，发光二极管利用注入有源区的载流子自发辐射而发光，其谱线较宽，角度也较大，在低速率的数字通信和较窄模拟通信系统中为最佳光源，而用于器件的材料及异质结构没有很大差别。二者在结构上的主要差别是发光二极管没有光学谐振腔，形不成激光，它的发光仅限于自发辐射，发出的是荧光而非相干光。

LED 分为两大类，一种是发光面与 PN 结平面平行，称为面发光二极管；一种是发光面与 PN 结平面垂直，称为边发光二极管。其结构如图 3.14 所示。

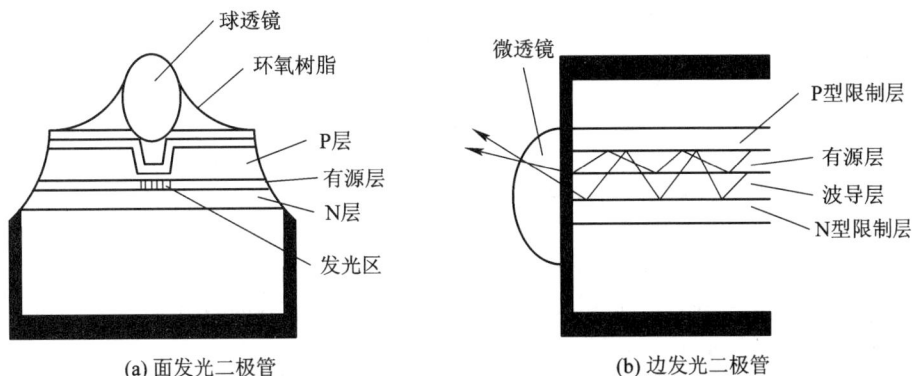

(a) 面发光二极管   (b) 边发光二极管

图 3.14 发光二极管的结构

3.1.4　半导体发光二极管的主要特性

半导体发光二极管与半导体激光器在发光机理和结构上存在差异，因此它们在主要性能上存在明显差异。

1. 稳态特性

LED 的输出完全由自发辐射产生，其 $P\text{-}I$ 曲线如图 3.15 所示。LED 无阈值，发光功率随工作电流增大，LED 的工作电流通常为 $50\sim100$ mA，偏压为 $1.2\sim1.8$ V，输出功率为几毫伏。

当工作温度升高时，同样工作电流下 LED 的输出功率就要下降。例如当温度从 $20℃$ 升到 $70℃$ 时，LED 的输出功率下降一半，但相对 LD 而言，温度影响较小。

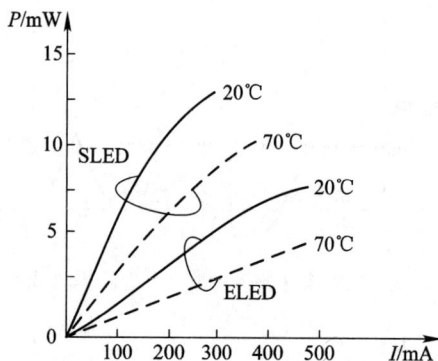

图 3.15　LED 的 $P\text{-}I$ 特性

2. 光谱特性和发散角

（1）光谱特性。发光二极管发射的是自发辐射光，没有谐振腔对波长的选择，谱线较宽，如图 3.16 所示。

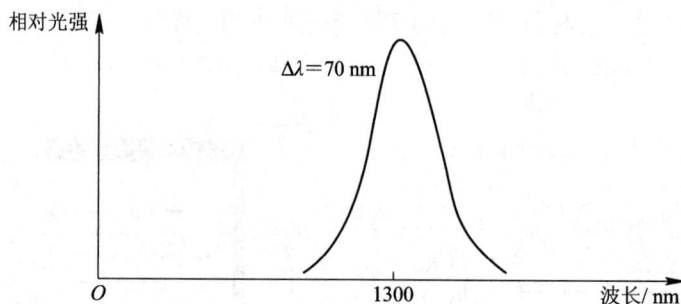

图 3.16　LED 光谱特性

（2）发散角。在垂直于发光平面上，面发光型 LED 辐射图呈朗伯分布，即 $P(\theta)\approx P_0\cos\theta$，半功率点辐射角 $\theta\approx120°$。

边发光型 LED，$\theta_{//}\approx120°$，$\theta_{\perp}\approx30°$。由于 θ 较大，LED 与光纤的耦合效率一般小于 10%。

3. LD 与 LED 的一般性能对比及应用

半导体激光器(LD)和发光二极管(LED)的一般性能对比如表 3.1 所示。

表 3.1　半导体激光器(LD)和发光二极管(LED)的一般性能

	LD		LED	
工作波长 $\lambda/\mu m$	1.33	1.55	1.33	1.55
谱线宽度 $\Delta\lambda/nm$	1~2	1~3	50~100	60~120
阈值电流 I_{th}/mA	20~30	30~60		
工作电流 I/mA			100~150	100~150
输出功率 P/mW	5~10	5~10	1~5	1~3
入纤功率 P/mW	1~3	1~3	0.1~0.3	0.1~0.2
调制带宽 B/MHz	500~2000	500~1000	50~150	30~100
辐射角 $\theta/(°)$	20×50	20×50	30×120	30×120
寿命 t/h	106~107	105~106	108	107
工作温度 $T/℃$	-20~50	-20~50	-20~50	-20~50

LED 通常和多模光纤耦合，用于 $1.3\ \mu m$(或 $0.85\ \mu m$)波长的小容量短距离系统。因为 LED 发光面积和光束辐射角较大，而多模 SIF 光纤或 G.651 规范的多模 GIF 光纤具有较大的芯径和数值孔径，有利于提高耦合效率，增加入纤功率。

LD 通常和 G.652 或 G.653 规范的单模光纤耦合，用于 $1.3\ \mu m$ 或 $1.55\ \mu m$ 大容量长距离系统。

3.2　光 检 测 器 件

光电检测器是光接收机的关键器件，它的作用是将接收的光信号转换为电信号，即将光功率转换成电流。在光纤通信系统中，最常用的光电检测器是 PD 光电二极管、PIN 光电二极管和 APD 雪崩光电二极管。

3.2.1　光电二极管的工作原理

半导体光电检测器是利用光电效应原理制成的。所谓半导体光电效应是指当一定波长的光照射到半导体 PN 结上，且光子能量大于半导体材料的禁带宽度($hf > E_g$)时，价带电子吸收光子能量跃迁到导带，使导带中有电子、价带中有空穴，从而使 PN 结中产生光生载流子的一种现象，如图 3.17 所示。

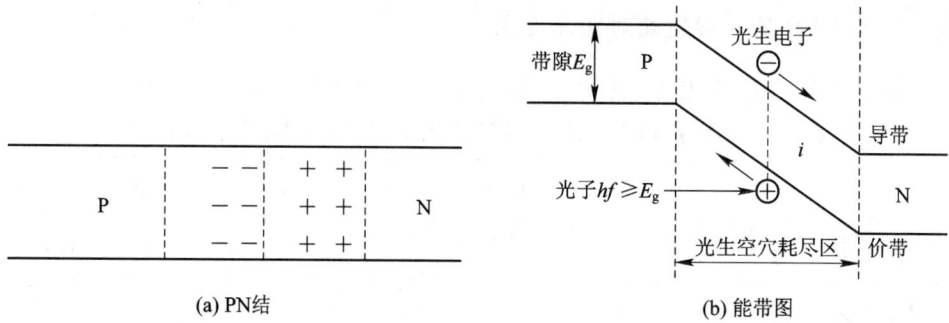

图 3.17　半导体 PN 结及能带图

　　最简单的半导体光电检测器为光电二极管(PD)，它是由半导体 PN 结的光电效应实现的。PD 管通过外电路对 PN 结加反向偏压，当 PN 结两端加有反向偏压时，外加电场与内建电场方向一致，因而在 PN 结界面附近形成相当高的电场耗尽区，当光束入射到 PN 结时，耗尽区内产生的光生载流子立即被高电场(内建场和外建场)加速，以很高的速度向两端运动，从而在外电路中形成光全电流。当入射光功率变化时，光生电流也随之线性变化，从而把光信号转换成电流信号。这种 PD 光电二极管的缺点是响应速度慢，光电转换效率低，如图 3.18 所示。

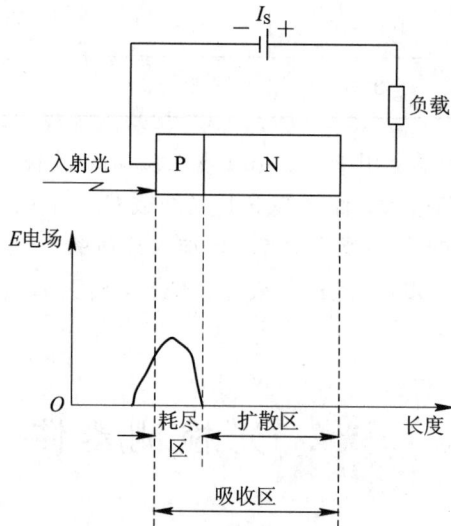

图 3.18　PD 工作原理示意图

3.2.2　PIN 光电二极管

　　在光电二极管中，由于 PN 结耗尽层只有几微米，大部分入射光被中性区吸收，因而光电转换效率低，响应速度慢。为改善器件的特性，在 PN 结中间设置一层掺杂浓度很低的本征半导体(称为 I)适当增加耗尽区的宽度，这种结构便是常用的 PIN 光电二极管，如图 3.19 所示。PIN 光电二极管 P^+ 层和 N^+ 层很薄，吸收入射光的比例很小，I 层几乎占据整个耗尽层，I 层吸收系数很小，入射光很容易进入材料内部被充分吸收而产生大量电子-空穴对,因而大幅度提高了光电转换效率。

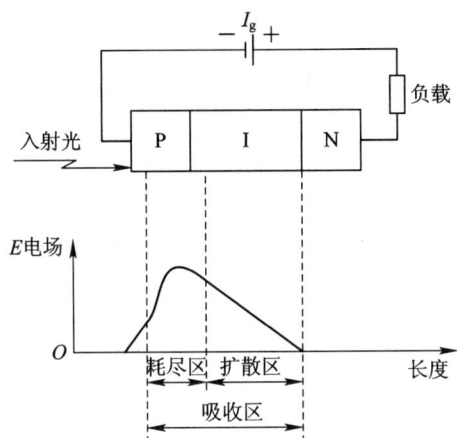

图 3.19　PIN 光电二极管工作原理示意图

3.2.3　APD 雪崩光电二极管

　　雪崩光电二极管(APD)是具有内部电流增益的光电转换器件,可以用于检测微弱光信号,获得较大的输出光电流。

　　APD 结构如图 3.20 所示,APD 由重掺杂的 P 型、N 型半导体型的中间加入宽度较窄的 P 型半导体层和很宽的轻微掺杂 P 型的 I 层共四层组成。设计上已考虑到使它能承受高反向偏压(约 $100 \sim 150$ V),从而在耗尽区内形成一个高电场区,可高达 3×10^5 V/cm。当耗尽区吸收光子时,激发出来的光生载流子经过高场区被加速,以极高的速度与耗尽区的晶格发生碰撞,使晶体中的原子电离,从而产生新的光生载流子,并连锁反应,使载流子迅速增加,光电流在 APD 管内部获得倍增,形成雪崩倍增效应。APD 就是利用雪崩倍增效应使光电流得到倍增的高灵敏度检测器。

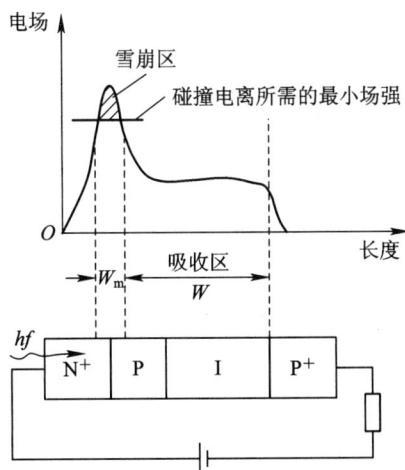

图 3.20　APD 雪崩光电二极管的结构及电场分布

3.2.4 光电二极管的主要特性

1. 光电效应条件和波长响应范围

光电效应的发生是具有一定条件的。若入射光子能量 hf 小于半导体材料禁带宽度 E_g，那么无论入射光多么强，光电效应也不会发生。因此产生光电效应的条件为

$$hf > E_g \quad 或 \quad \lambda < \frac{hc}{E_g} \tag{3.13}$$

式中：λ 为入射光波长，f 为入射光频，c 为真空中光速。

由光电效应的条件可知，对任何一种特定材料制作的光电二极管，都存在耗尽区上截止波长 λ_c 或截止频率 f_c，其表达式为

$$\lambda_c = \frac{hc}{E_g} = \frac{1.24}{E_g} \quad 或 \quad f_c = \frac{E_g}{h} \tag{3.14}$$

式中：E_g 是材料的禁带，其单位为电子伏特(eV)，$1 \text{ eV} = 1.6 \times 10^{-19}$ J，波长 λ_c 单位为 μm。

例如，对于 Si 材料制作的光电二极管，$\lambda_c = 1.06 \ \mu\text{m}$，可用作 $0.85 \ \mu\text{m}$ 的短波长光检测器。对于 Ge 和 InGaA 材料制作的光电二极管，$\lambda_c \approx 1.6 \ \mu\text{m}$，可用作 $1.3 \ \mu\text{m}$ 和 $1.55 \ \mu\text{m}$ 的长波长光检器。

2. 光电转换效率

光电转换效率用响应度 R_0 或量子效率 η 表示。响应度的定义为一次光生电流 I_p 和入射光功率 P_0 的比值，单位为 A/W，即：

$$R_0 = \frac{I_p}{P_0} \tag{3.15}$$

量子效率 η 的定义为转换生成光电流的电子-空穴对和入射光子数的比值，即：

$$\eta = \frac{光生电子对-空穴对}{入射光子数} = \frac{I_p/e}{P_0/hf} = \frac{I_p}{P_0} \frac{hf}{e} \tag{3.16}$$

η 和 R_0 之间的关系为

$$\eta = \frac{I_p/e}{P_0/hf} = \frac{I_p}{P_0} \frac{hf}{e} = R_0 \frac{hf}{e}$$

或

$$R_0 = \eta \frac{e}{hf} \approx \frac{\eta\lambda}{1.24}$$

式中：电子电荷 $e = 1.6 \times 10^{-19}$ C，λ 的单位取 μm。

如果 $\lambda = 0.85 \ \mu\text{m}$，$\eta = 80\%$，则 $R_0 = 0.55$ A/W，表明 1 mW 的光功率入射到光电二极管上，可产生 0.55 mA 的光电流。从光电二极管的光电效应条件可以看出，半导体材料的光电转换效率与入射光波长有关。

3. 光电响应速度和频率特性

光电响应速度是指光电二极管接收到光子后产生光生电流输出的速度，它常用响应时

间，即上升时间和下降时间来表示。

光电二极管在接收机中使用时，通常有偏置电路，并与放大器相连。图 3.21 所示为光电二极管电路及其等效电路，C_d 是结电容，R_s 是等效串联电阻，其值很小；R_L 是负载电阻；C_a 和 R_a 是光电二极管之后的放大器的输入电容和输入电阻。

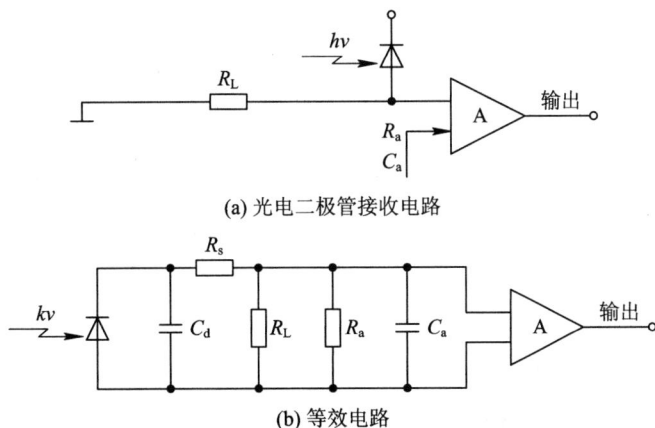

(a) 光电二极管接收电路

(b) 等效电路

图 3.21　光电二极管电路及其等效电路

光电二极管进行光电转换的响应速度与 RC 电路的上升时间、光生载流子的产生、光生载流子在耗尽层中渡越、复合及耗尽层外载流子的扩散时间有关。

光电二极管等效电路中无源并联支路构成 RC 低通滤波器，其通带上限频率为

$$f_c = \frac{1}{2\pi R_T C_T} \approx \frac{1}{2\pi R_L C_d} \tag{3.17}$$

式中：$R_T = R_L /\!/ R_a$；$C_T = C_d /\!/ C_a$；$C_d = \dfrac{\varepsilon A}{W}$，其中 ε 为材料的介电常数，A 是 PN 结区面积，W 为耗尽区宽度。

分析可知，可近似求得光电二极管的上升时间 t_r 和下降时间 t_f 为

$$t_r = t_f = 2.2 t_0 \approx 2.2 R_L C_d \tag{3.18}$$

式中：t_0 为光电二极管单一时间常数。

3.3　光连接器件和接头

连接器是实现光纤与光纤之间可拆卸(活动)连接的器件，主要用在光纤线路与光发射机输出或光接收机输入之间、光纤与光纤之间或光纤线路与其他光无源器件之间的连接。光纤接头用于实现光纤与光纤之间永久性连接，是光纤线路的构成部分，通常在工程现场实施。

3.3.1　光纤连接器

1. 主要性能指标

1) 插入损耗

插入损耗用 L 表示。若入纤的光功率为 P_T，出纤的光功率为 P_R，则插入损耗为

$$L = 10\lg \frac{P_T}{P_R} \tag{3.19}$$

理想的光纤连接器是 $P_T = P_R$, $L = 0$。这就要求两光纤完善准直,但实际上光纤连接损耗是难以避免的。

2) 回波(反射)损耗

回波(反射)损耗为

$$R_L = 10\lg \frac{P_T}{P_r} \tag{3.20}$$

式中: P_T 为入纤的光功率, P_r 为反射的光功率。回波损耗愈小愈好,以减少反射光对光源和系统的影响。

3) 重复性和互换性

理想的光纤连接器要求可重复性好,光纤连接器应在多次插拔后仍保持其特性;互换性好,同一种连接器各部件互换时插入损耗的变化范围一般应小于 ± 0.1 dB。

2. 影响光纤连接损耗的因素

引起光纤连接损耗的原因可归为两类:一是相互连接的两光纤结构参数,如数值孔径、模场直径、折射率指数不匹配;二是由于光纤的耦合不完善、有缺陷。图 3.22(a)~(d)展示了几种常见的耦合缺陷,(a)为两光纤轴有纤芯错位 d;(b)为两光纤端面之间有间隙 D;(c)为两光纤轴倾斜成角度 θ;(d)为光纤端面不平整。

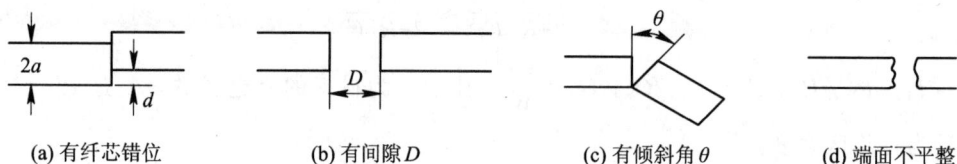

(a) 有纤芯错位   (b) 有间隙 D (c) 有倾斜角 θ (d) 端面不平整

图 3.22 光纤的耦合缺陷

1) 模场直径不同时的连接损耗

两单模光纤连接时,如输入光纤的模场半径为 ω_1,输出光纤的模场半径为 ω_2,则连接损耗 α_ω 为

$$\alpha_\omega = 20\lg \frac{\omega_1^2 + \omega_2^2}{2\omega_1\omega_2} \tag{3.21}$$

在理想情况下, $\omega_1 = \omega_2$, $\alpha_\omega = 0$。如 $\omega_1 = 4$ μm, $\omega_2 = 5$ μm 时, $\alpha_\omega = 0.21$ dB。

2) 数值孔径不同时的连接损耗

设输入光纤的数值孔径为 NA_1,输出光纤的数值孔径为 NA_2,则连接损耗 α_{NA} 为

$$\alpha_{NA} = 20\lg \frac{NA_1}{NA_2}, \qquad NA_1 \geqslant NA_2 \tag{3.22}$$

$$\alpha_{NA} = 0, \qquad NA_1 < NA_2 \tag{3.23}$$

显然,只有在 $NA_1 \geqslant NA_2$ 时,才会产生这种损耗,否则损耗为 0。

3) 纤芯错位时的损耗

由于纤芯径向的错位而引起损耗,如图 3.22(a)所示,则连接损耗 α_d 为

$$\alpha_d = 10 \lg e^{\left(\frac{d}{\omega}\right)^2} \tag{3.24}$$

式中：d 为径向错位；ω 为模场半径。

4）光纤端面间隙损耗

在光纤端面连接处，由于端面存在间隙而引起的损耗称为端面间隙损耗，如图 3.22 (b)所示，则连接损耗 α_D 为

$$\alpha_D = 20 \lg \left[1 + \frac{(\lambda D)^2}{2\pi n_2 \omega^2} \right] \tag{3.25}$$

式中：D 为端面间隙宽度；ω 为模场半径；n_2 为包层折射率；λ 为光波长。

5）光纤端面倾斜损耗

在光纤连接处，由于端面倾斜呈斜交时引起的损耗称为倾斜损耗，如图 3.22(c)所示。倾斜损耗 α_θ 为

$$\alpha_\theta = 10 \lg e^{\left(\frac{\pi \omega n_2 \theta}{\lambda}\right)^2} \tag{3.26}$$

式中：θ 为端面倾斜角度；ω 为模场半径；n_2 为包层折射率；λ 为光波长。

3. 光纤连接器的结构

光纤连接器常采用螺纹卡口结构、卡销固定结构、推拉式结构。这 3 种结构都包括单通道连接器和既可应用于光缆对光缆、也可用于光缆对线路卡连接的多通道连接器。这些连接器利用的基本耦合机理既可以是对接类型，也可以是扩展光束类型。

对接类型的连接器采用金属、陶瓷或模制塑料的套圈，这些套圈可以很好地适配每根光纤和精密套管。将光纤涂上环氧树脂后插入套圈内的精密孔中。套口连接器对机械结构的要求包括小孔直径尺寸及小孔相对于套圈外表面的位置。光纤连接器结构如图 3.23 所示。

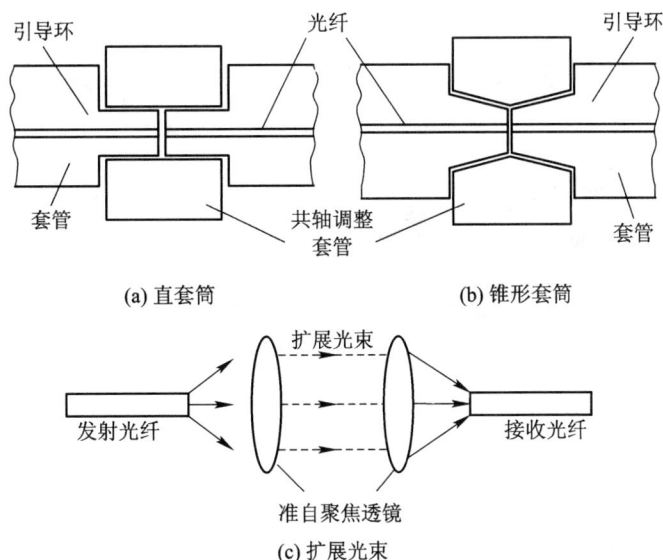

图 3.23　光纤连接器结构图

图 3.23(a)、(b)给出了用于单模光纤和多模光纤系统中的两种常用对接类型的对准设计，它们分别采用直套筒结构和锥形（双锥形）套筒结构。在直套筒连接器中，套圈中的套管和引导环的长度决定了光纤的端间距。双锥形连接器使用了锥形套筒以便接纳和引导锥形套管。

扩展光束类型的连接器在光纤的端面之间加入透镜，如图 3.23(c)所示。这些透镜既可以准直从传输光纤出射的光，也可以将扩展光束聚焦到接收光纤的纤芯处，光纤到透镜的距离等于透镜的焦距。这种结构的优点是在连接器的光纤端面间可以保持一定距离，连接器的精度将较少受横向对准误差的影响。而且，一些光处理元件，如分束器和光开关等，也很容易能插入光纤端面间的扩展光束中。

图 3.24 为一些常见的光纤连接器。ST 是多模网络（例如大部分建筑物或园区网络）中最常见的连接设备。它有一个卡口固定架和一个 2.5 mm 长圆柱体的陶瓷或者聚合物卡套以容载整条光纤，外壳为圆形，固定方式为螺丝扣。FC 的全称是 Ferrule Connector，表明其外部加强件采用金属套，紧固方式为螺丝扣，圆形带螺纹接头是金属接头。SC 的全称是 Square Connector，因为 SC 的外形是方形的，外壳为矩形，采用插针与耦合套筒的结构尺寸与 FC 型完全相同。LC 接头是连接 SFP 模块的连接器，它采用操作方便的模块化插孔（RJ）闩锁机理制成。MT-RJ 是 NTT 开发的 MT 连接器，带有与 RJ-45 型 LAN 电连接器相同的闩锁机构，通常安装于小型套管两侧的导向销对准光纤，为便于与光收发信机相连，连接器端面光纤为双芯（间隔 0.75 mm）排列设计，是主要用于数据传输的下一代高密度光纤连接器。

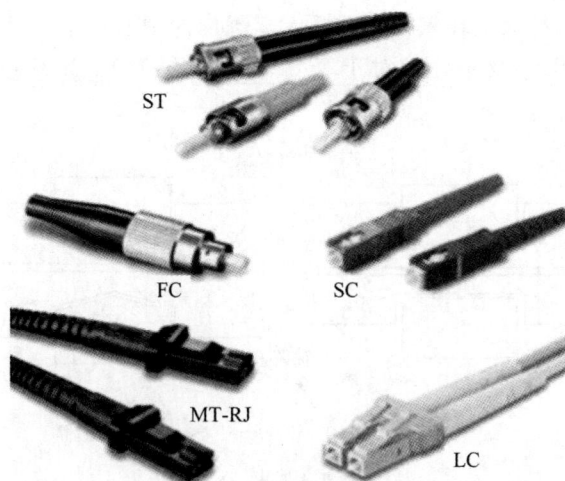

图 3.24　常见的光纤连接器

3.3.2　接头

光纤接头用于实现光纤与光纤之间的永久性（固定）连接，主要采用光纤熔接法。

光纤熔接法是将制备好的光纤端面加热并熔接在一起，如图 3.25 所示。其做法是将光纤端面对齐，利用高压在两极之间放电产生的电弧把光纤熔化而熔接在一起，该过程是在一个槽状光纤固定器里，在带有微型控制器的显微镜下完成的。

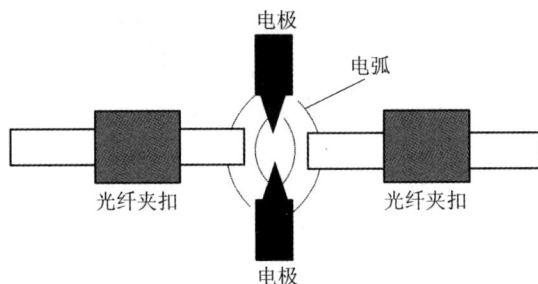

图 3.25　光纤的熔接

3.4　光纤耦合器和波分复用器

3.4.1　光纤耦合器

光纤耦合器的功能是把一个输入的光信号分配给多个或两个输出，或把多个或两个光信号输入组合成一个输出。光纤耦合器大多与波长无关，与波长有关的称为波分复用器/解复用器。

1. 光纤耦合器基本结构

常用的光纤耦合器有 X 状耦合器、Y 状耦合器、星状耦合器、树状耦合器等不同类型，各自具有不同的功能和用途。图 3.26 所示是 X 状耦合器，其功能如表 3.2 所示。

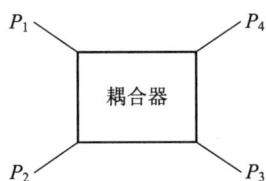

图 3.26　X 状光纤耦合器

表 3.2　X 状光纤耦合器的功能

输　　入	按比例输出	作　　用
P_1	P_4、P_3	分路(P_2 很小)
P_4、P_3	P_1	耦合(P_2 很小)
P_2	P_4、P_3	分路(P_1 很小)

树状和星状光纤耦合器都可用(2×2)耦合器拼接而成，如图 3.27、图 3.28 所示。

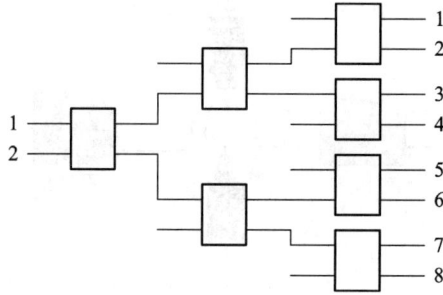

图 3.27 树状光纤耦合器

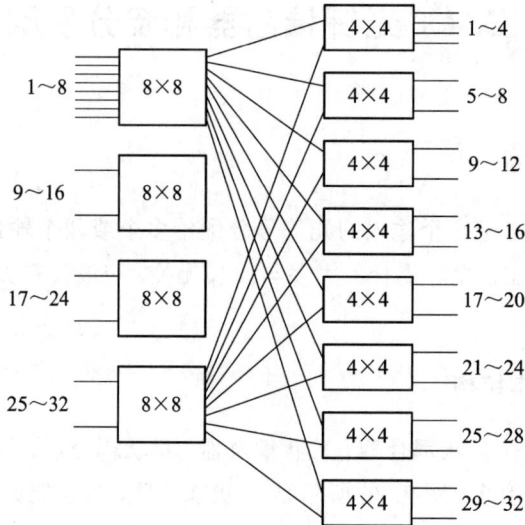

图 3.28 星状光纤耦合器

2. 光纤耦合器的主要性能指标

光纤耦合器的性能指标有插入损耗、附加损耗、分光比和隔离度等。以图 3.26 所示的 X 状光纤耦合器参考模型为例，讨论其主要性能指标。

插入损耗 L_1 是指一个指定输入端的光功率 P_1 与一个指定输出端的光功率 P_4（或 P_3）的比值的对数，用 dB 单位表示为

$$L_1 = 10\lg \frac{P_1}{P_4(\text{或} P_3)} \tag{3.27}$$

附加损耗 L 是全部输入端的光功率总和 P_1 与全部输出端的光功率总和 $(P_4 + P_3)$ 比值的对数，用 dB 单位表示为

$$L = 10\lg \frac{P_1}{P_4 + P_3} \tag{3.28}$$

一般情况下，要求 $L \leqslant 5$ dB。

分光比(或耦合比)CR 是一个指定输出端的光功率 P_3(或 P_4)与全部输出端的光功率总和($P_4 + P_3$)比值的百分比，即

$$CR = \frac{P_3(\text{或} P_4)}{P_4 + P_3} \times 100\% \tag{3.29}$$

隔离度 DIR 用来反映光纤耦合器反向散射信号的大小，是指一个输入端光功率 P_1 与由耦合器反射到其他输入端的光功率 P_2(或 P_r)的比值的对数，用 dB 单位表示为

$$DIR = 10\lg \frac{P_1}{P_2(\text{或} P_r)} \tag{3.30}$$

实际上端口 2 还可能有少量光功率 P_2 输出，其大小表示 1、2 端口隔离程度。一般情况下，要求 DIR>20 dB。

3.4.2 波分复用器和解复用器

波分复用器和解复用器是一种与波长有关的耦合器，是构成多波长光纤通信系统的关键器件。波分复用器也叫合波器，用于发射端。合波器的功能是将多个波长的光信号合并在一起并送入一根光纤传输。将由一根光纤传输来的多个波长的复合光信号按不同光波长分开的是解复用器，也叫分波器，用于接收端。从原理上讲，该器件是互易的，既可以作合波器也可以作分波器。WDM 系统中所用的波分复用器主要有光栅型、多层介质膜型和熔融拉锥全光纤型等。

1. 光栅型波分复用器

光栅是指在一块能够透射或反射的平面上刻画平行且等距的槽痕，形成许多具有相同间隔的狭缝。含有多个波长的光信号在通过光栅时会产生衍射，不同波长成分的光信号将以不同的角度出射。光栅型波分复用器与棱镜的作用一样，属于角色散型器件，其原理如图 3.29 所示。

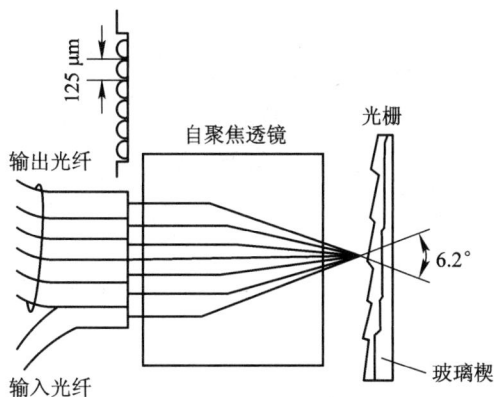

图 3.29 光栅型波分复用器原理图

2. 多层介质膜型(MDTFF)波分复用器

棒透镜(自聚焦棒)是折射率呈渐变分布的玻璃棒,其直径约为 $1 \sim 5$ mm,光波在这种玻璃棒中的传输轨迹呈正弦曲线,一个周期的长度称为节距。1/4 节距的棒透镜既可作为准直光束元件,又可作为聚焦光束元件,两个这样的透镜可构成一个平行光路。在平行光路的两个 1/4 节距的棒透镜之间插入分光介质膜,就可以使某一波长的光信号能量透射,某一波长的光信号能量反射,从而达到分光的目的,多层介质膜型波分复用器的原理如图 3.30 所示。

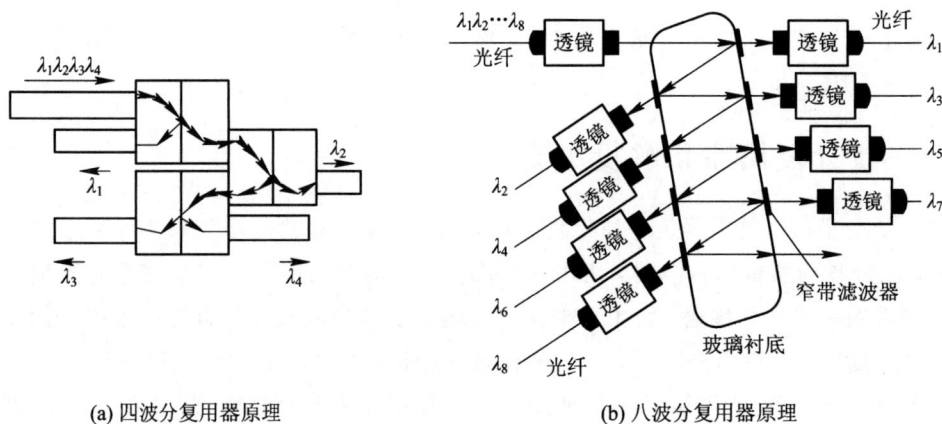

(a) 四波分复用器原理   (b) 八波分复用器原理

图 3.30 多层介质膜型波分复用器原理图

3. 熔融拉锥全光纤型波分复用器

熔融拉锥全光纤型波分复用器是将两根或多根光纤贴在一起,适度熔融而成的一种表面交互式器件,可以通过控制融合段的长度和不同光纤之间的互相靠近程度,实现不同波长的复用或解复用。熔融拉锥全光纤型波分复用器原理如图 3.31 所示。

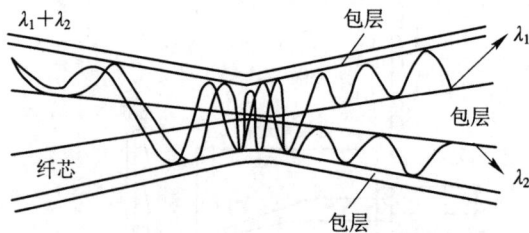

图 3.31 熔融拉锥全光纤型波分复用器原理图

4. 波分复用器的性能指标

光波分复用器是波分复用系统的重要组成部分。为了确保波分复用系统的性能,对波分复用器的基本要求为插入损耗小、隔离度大,带内平坦、带外插入损耗变化陡峭,温度稳定性好,复用通路数多,尺寸小等。

1）插入损耗

插入损耗是指由于增加光波分复用器/解复用器而产生的附加损耗，为该无源器件的输入和输出端口之间的光功率之比，即

$$L_1 = 10 \lg \frac{P_1}{P_{11}} \qquad (3.31)$$

式中：P_1 为波长为 λ_1 的光信号对应的输入的光功率；P_{11} 为波长为 λ_1 的光信号对应的输出的光功率。

2）串扰（或隔离度）

串扰是指其他信道的光信号耦合进某一信道，并使该信道传输质量下降的影响程度，也可用隔离度来表示这种程度。解复用器的隔离度为

$$C_{ij} = 10 \lg \frac{P_i}{P_{ij}} \qquad (3.32)$$

式中：P_i 为波长为 λ_i 的光信号对应的输入的光功率，P_{ij} 为波长为 λ_i 的光信号串入波长为 λ_j 的信道的光功率，串扰大小由一个信道耦合到另一个信道中的信号大小表示。

3）回波损耗

回波损耗是指从无源器件的输入端口返回的光功率与输入光功率之比，即

$$R_L = 10 \lg \frac{P_i}{P_r} \qquad (3.33)$$

式中：P_r 为从同一个输入端口接收到的返回光功率。

其性能指标如图 3.32 所示。

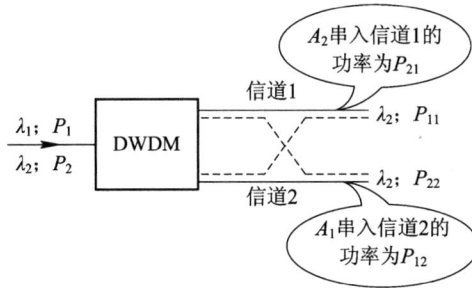

图 3.32　两波分复用器示意图

4）工作波长范围

工作波长范围是指 WDM 器件能够按规定的性能要求工作的波长范围（$\lambda_{\min} \sim \lambda_{\max}$）。

5）信道宽度（信道带宽）

信道宽度是指各光源之间为避免串扰应具有的波长间隔。信道带宽是分配给某一特定光源波长的范围，即 $\lambda_1 + \Delta\lambda$。若 $\Delta\lambda$ 足够宽，则相邻光源 λ_1、λ_2 之间的隔离效果就会很好，从而避免不同光源之间的串扰。

3.5 光隔离器与光环形器

3.5.1 光隔离器

光隔离器是一种只允许单方向传输光波,而阻碍光波往其他方向特别是往反方向传输的器件。对于光隔离器的要求是正向入射光的插入损耗约 1 dB,反向光的隔离度大致为 40~50 dB。

光隔离器由两个线偏振器中间加一个法拉第旋转器制成,法拉第旋转器利用法拉第磁光效应原理使通过它的偏振光的方向发生偏转。当在偏振光的传播方向外加磁场时,其偏振力旋转一个角度 θ,θ 的计算公式为:

$$\theta = \rho H L \tag{3.34}$$

式中:ρ 为材料的 Verdet 常数;H 是外加磁场的感应强度;L 是材料厚度。

线偏振器有一透光轴,对理想的偏振器,沿透光轴平行方向的偏振光能完全通过;而与之垂直的偏振光完全被阻止;中间状态部分通过。

图 3.33 为光隔离器的工作原理图,线偏振器 A 的透光轴为 x 方向,线偏振器 B 的透光轴与 x 方向的夹角为 45°。法拉第旋转器的旋转角 $\theta = 45°$。正向入射的光经偏振器 A(偏振方向沿 x 轴)经法拉第旋转器顺时针旋转过 45°角后,与偏振器 B 的透光轴方向一致,因而能顺利通过。反向由偏振器 B 出来的偏振光经法拉第旋转器后仍沿顺时针方向旋转 45°角,恰与偏振器 A 的透光轴垂直,因而完全被阻止。

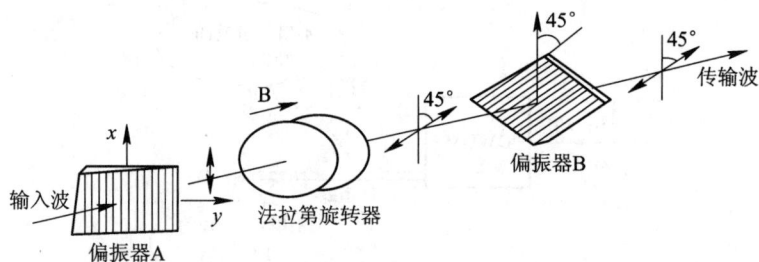

(a) 光正向传输原理

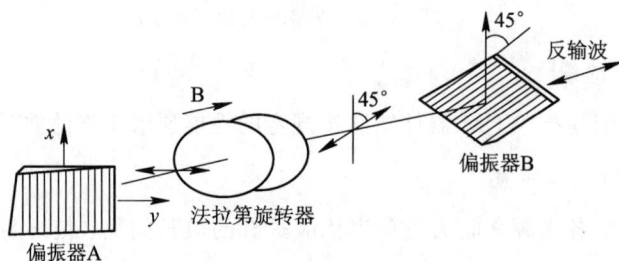

(b) 反向光隔离原理

图 3.33 光隔离器工作原理图

　　光隔离器的特性指标是插入损耗 L 和反向插入损耗 L^*。设 P_{i1}，P_{o1} 分别为正向传输时的输入和输出功率，而 P_{i2}，P_{o2} 分别为反向传输时的输入和输出功率，则插入损耗（指正向插入损耗）为

$$L = 10\lg \frac{P_{i1}}{P_{o1}} \tag{3.35}$$

反向插入损耗为

$$L^* = 10\lg \frac{P_{i2}}{P_{o2}} \tag{3.36}$$

3.5.2　光环形器

　　光环行器除了有多个端口外，其工作原理与光隔离器类似，如图 3.34 所示。典型的光环行器一般有三个或四个端口。在三端口环行器中，端口 1 输入的光信号只在端口 2 输出，端口 2 输入的光信号只在端口 3 输出。端口 3 输入的光信号只在端口 1 输出。光环行器主要用在光分插复用器中。

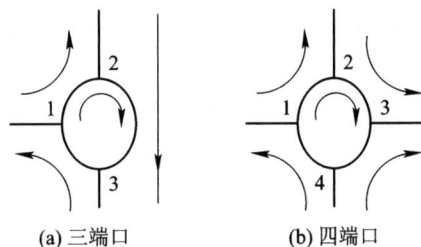

(a) 三端口　　　　　　(b) 四端口

图 3.34　光环行器工作原理图

3.6　光开关和光衰减器

3.6.1　光开关

　　光开关的功能是转换光路，实现光交换，它是光网络的重要器件。常用的光开关有机械式光开关、微机械式光开关、喷墨气泡式光开关、热光效应光开关、液晶光开关、全息光开关、声光开关、液体光栅光开关、SOA 光开关等。

1. 机械式光开关

　　机械式光开关是以机械方式驱动光纤、棱镜或反射镜等光学元件实现不同光纤端口之间的相对连接，完成光路转换，如图 3.35 所示。

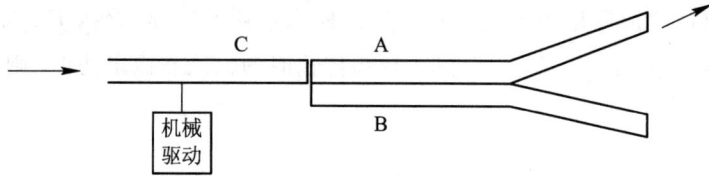

图 3.35　机械式光开关

2. 微机械式光开关

　　微机械式光开关(MEMS)采用了毫微米技术的工艺，如图 3.36 所示，它可以看成机械开关的微小尺寸实现，由于机械部件的尺寸大幅度缩小，质量大幅度降低，这对于提高控制速度、缩小器件体积、增加集成度具有重要意义。

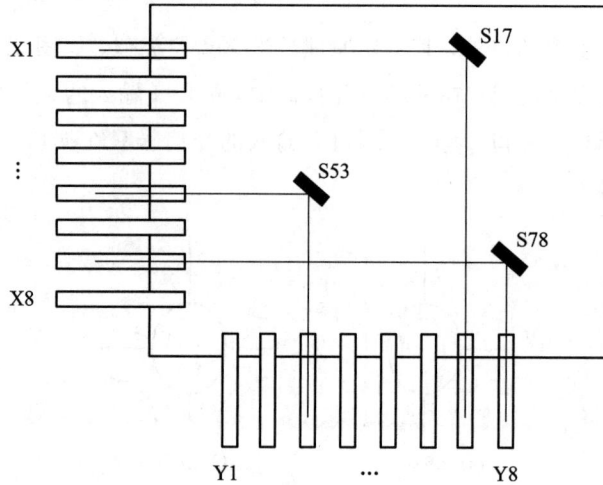

图 3.36　微机械式光开关

3. 喷墨气泡式光开关

　　喷墨气泡式光开关是由许多交叉的硅波导和经过交叉点的沟道组成，沟道中填充特定的折射率匹配液。缺省条件下，入射光可沿着波导无交换地传输。当需要交换时，一个热敏硅片会在液体中波导交叉点处产生一个气泡，利用喷墨技术将气泡插入交叉节点，气泡将入射波导中的光信号全部反射至输出波导，以实现光路的选择、转换，如图 3.37 所示。

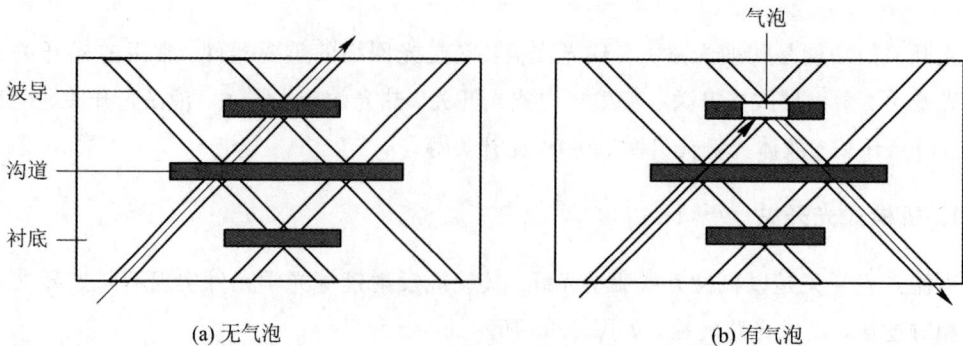

(a) 无气泡　　　　　　　　　　　　(b) 有气泡

图 3.37　喷墨气泡式光开关

3.6.2　光衰减器

光衰减器在光纤通信、光信息处理、光学测量和光计算机中都是不可缺少的一种光无源器件。其功能是在光信息传输过程中对光功率进行预定量的光衰减。光衰减器按其工作原理可分为以下几种。

（1）位移型衰减器：主要利用两纤对接发生一定的横向或轴向位移，使光能量损失。

（2）反射型衰减器：主要利用调整平面镜角度，使两纤对接的光信号发生反射溢出损失光能量。

（3）衰减片型衰减器：主要利用具有吸收特性的衰减片制作成固定衰减器或可变衰减器。

三类光衰减器原理及说明如表 3.3 所示。

表 3.3　三类光衰减器原理及说明

种类	图　示	说　明
位移型光衰减器		L_1，L_2 为微透镜，其轴线位移为 d，通过改变 d 的大小可控制衰减大小
反射型光衰减器		RL 为对 2/4 自聚焦透镜，它可以把处于输入端面点光源发出的光线在输出端面变换成平行光，反之可把平行光线变换成点光源，M 为镀了部分透射膜的平面镜
衰减片型光衰减器		A 为可连续吸收片，B 为阶跃吸收片，其不同位置上的衰减量不等。旋转 A 可以连续衰减入射光，旋转 B 则可阶跃衰减入射光

一个好的光衰减器应具有精度高、衰减量的重复性好、可靠性好、衰减最随波长的变化小、体积小、质量轻等优点。光衰减器可分为固定衰减器和可变衰减器两类，固定衰减器的衰减量是恒定的，具体规格有 3 dB、6 dB、10 dB、20 dB、30 dB、40 dB 的衰减量，典型的反射型光衰减器就属于固定衰减器。可变衰减器的衰减范围为 0～60 dB，衰减片型光衰减器就属于典型的可变衰减器。

3.7　光 滤 波 器

光滤波器是用来进行波长选择的仪器，它可以从众多的波长中挑选出所需的波长，而其他的光将被拒绝通过。它可以用于波长选择、光放大器的噪声滤除、增益均衡、光复用/解复用。光滤波器的理论基础如下。

1. 角色散理论

由光学理论可知，光栅和棱镜是一种典型的角色散元件。当多种波长的混合光通过这些元件时，就会发生衍射，衍射角的不同使混合波发生分离，从而获得单一波长的光。

1) 光栅的分光原理

光栅的分光原理是衍射效应，不同波长的光通过光栅作用产生不同的衍射角，光栅的波长越短，偏向角越小。

2) 棱镜的分光原理

棱镜的分光原理是折射效应。由于不同波长的光有不同的折射率，因此能把不同波长的光分开，通过棱镜的光波长越短，偏向角越大。

2. 干涉膜滤波原理

干涉膜的结构如图 3.38 所示。它由两种折射率不等的介质膜交替叠加而成。通过每层薄膜界面上多次反射和透射光的线性叠加，当光程差等于光波长，或是同相位时，多次透射光就会发生干涉，同相加强，形成强的透射光波，而反相光波相互抵消。通过适当设计多层介质膜系统，就可得到滤波性能良好的滤光片。

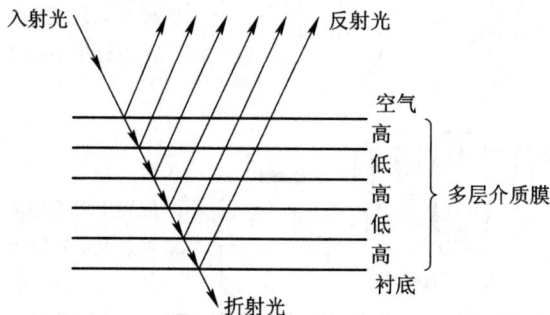

图 3.38 干涉膜的结构图

3. 耦合模滤波原理

当两根单模光纤通过熔融拉锥而使其芯部很接近时，在锥形的腰部，其中一根光纤中传输的多波长信号基模（芯模）将会通过消失场变为耦合模。而耦合比的大小由锥形几何尺寸的分布决定。当某一波长有较大耦合比时，就可从混合波中分离出来，从而达到光滤波的作用。图 3.39 就是利用耦合模滤波原理制作的光滤波器及光的上下复用器（OADM）。当复用光波信号从端口 1 输入时，由于耦合模 λ_3 与微球谐振腔发生共振，而从端口 3 输出（滤波作用）。当 λ_3 从端口 4 输入时，而由于耦合使 λ_3 进入端口 2 的复用光波中，从而实现了 OADM 的功能。

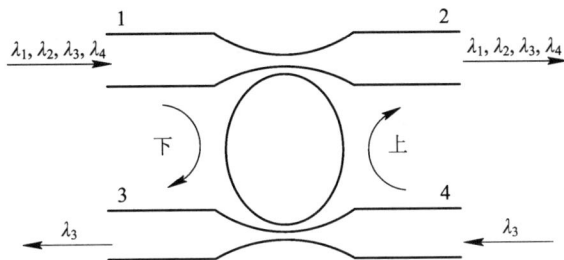

图 3.39 耦合模滤波原理图

常见的光滤波器有法布里-珀罗滤波器、马赫-曾德干涉滤波器、阵列波导光栅和光纤光栅滤波器，这些滤波器的基本原理见相关文献。

3.8 光 调 制 器

把信息加载到光波(载波)上的过程就是调制。光调制器就是实现从电信号到光信号转换的器件。

调制器可以用电光效应、磁光效应或声光效应来实现。最有用的调制器是利用具有强电光效应的铌酸锂($LiNbO_3$)晶体制成的。这种晶体的折射率 n 和外加电场 E 的关系为

$$n = n_0 + \alpha E + \beta E^2 \tag{3.37}$$

式中：n_0 为 $E=0$ 时晶体的折射率；α 和 β 是张量，称为电光系数；E 为外加电场。

根据不同取向，当 $\beta=0$ 时，n 随 E 按比例变化，称为线性电光效应或普克尔(Pockel)效应。调制器是利用线性电光效应实现的，因为折射率 n 随外加电场 E(电压 U)的变化而变化，改变了入射光的相位和输出光功率。图 3.40 是马赫-曾德尔(MZ)干涉型调制器的简图。在 $LiNbO_3$ 晶体衬底上，制作两条光程相同的单模光波导，其中一条波导的两侧施加可变电压。设输入调制信号按余弦变化，则输出信号的光功率为

$$P = 1 + \cos\left(\pi \frac{U_s + U_b}{U_\pi}\right) \tag{3.38}$$

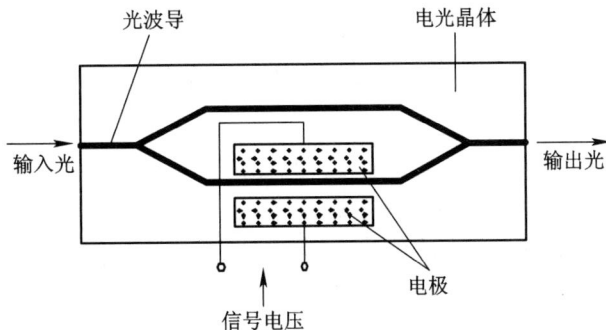

图 3.40 马赫-曾德尔(MZ)干涉型调制器简图

式中：U_s 和 U_b 分别为信号电压和偏置电压，U_π 为光功率变化半个周期（相位为 $0\sim\pi$）所需的外加电压，称为半波电压。

由式（3.38）可以看到，当 $U_s+U_b=0$ 时，$P=2$ mW 为最大；当 $U_s+U_b=U_\pi$ 时，$P=0$ mW。

图 3.41 所示为马赫-曾德尔（MZ）干涉型调制器的工作原理。

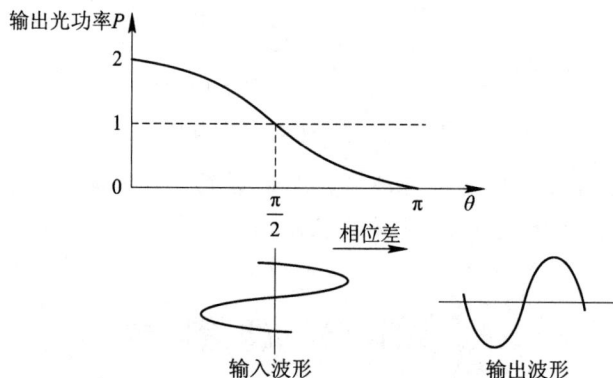

图 3.41　马赫-曾德尔（MZ）干涉型调制器的工作原理

3.9 光放大器

光放大器的出现是光纤通信发展史上的重要里程碑，它可以实现信号光－光的直接放大，而不需要进行光-电-光的转换。特别是随着光纤通信系统传输速率的不断提高和波分复用系统的逐渐应用，光放大器的应用也将越来越多，为全光通信打下了良好的基础。掺铒光纤放大器由于工作波长与光纤低损耗波段一致，在实际工程中得到了广泛的应用。

光放大器是基于受激辐射或受激散射原理实现入射光信号放大的一种器件。光放大器吸收由泵浦系统提供的外界激励，这种激励使有源介质处在粒子数反转状态，产生受激辐射，使光信号得到放大。

一般来说，光放大器由增益介质、泵浦源、输入/输出信号和耦合结构组成。目前，常用的放大工作介质主要是掺稀土光纤、常规石英光纤和半导体材料，从工作介质上分类，光放大器分为以下三种。

（1）掺稀土元素光纤放大器。这类光放大器采用的工作介质主要是掺镧系元素（如铒、钕、镨）的玻璃（硅和氯化锆玻璃）光纤。泵浦源为一般半导体激光器。利用光的受激放大原理对信号进行放大。典型代表有 $1.55~\mu m$ 掺铒光纤放大器（EDFA）和 $1.33~\mu m$ 掺镨光纤放大器（PDFA）。

（2）非线性光学光纤放大器。这类光放大器采用的工作介质是常规石英光纤，泵浦源为高功率的连续或脉冲固体激光器。利用光的受激拉曼放大、受激布里渊放大和四波混频的原理对信号进行放大。典型代表有拉曼光纤放大器(RFA)。

（3）半导体光放大器(LD 光放大器)。这类光放大器的工作介质为半导体材料,其制作工艺大体上与 LD 相同。其泵浦源为电源,依靠注入电流工作。典型代表有法布里-珀罗光放大器(FPA)(谐振式)和行波式光放大器(TWLA)。

在以上三种光放大器中,前两种属于光纤型光放大器,后者属于激光型光放大器。

3.9.1　光放大器的重要指标

1. 光放大器的增益

（1）增益 G。增益 G 是描述光放大器对信号放大能力的参数。放大器的增益为

$$G(\text{dB}) = 10\lg \frac{P_{\text{out}}}{P_{\text{in}}} \tag{3.39}$$

式中：P_{out}、P_{in} 分别为放大器输出端与输入端的信号光功率。

（2）放大器的带宽。人们希望放大器的增益在很宽的频带内与波长无关。这样在应用这些放大器的系统中,便可放宽单信道传输波长的容限,也可在不降低系统性能的情况下,极大地增加 WDM 系统的信道数目。但实际放大器的放大作用有一定的频率范围,定义小信号增益低于峰值小信号增益 $N(\text{dB})$ 的频率间隔为放大器的带宽,通常 $N = 3$ dB。因此,在说明放大器带宽时应该指明 N 值的大小。当取 N 为 3 dB 时,G 降为 G_0(小信号增益)的一半,因而也叫半高全宽带宽。

（3）增益饱和与饱和输出功率。当输入光功率 P_{in} 比较小时,增益 G 是一个常数,用符号 G_0 表示,称为光放大器的。但当 P_{in} 增大到一定值后,光放大器的增益 G 开始下降,这种现象称为增益饱和现象。当光放大器的增益降至 G_0 的一半,也就是用分贝表示为下降 3 dB 时,所对应的输出功率称为饱和输出光功率,是放大器的一个重要参数,饱和输出功率用 P_{out}^s 表示。增益饱和是放大器放大能力的一种限制因素,接近饱和时,增益呈非线性,达到饱和后,信号便无法再放大。增益饱和与饱和输出功率关系如图 3.42 所示。

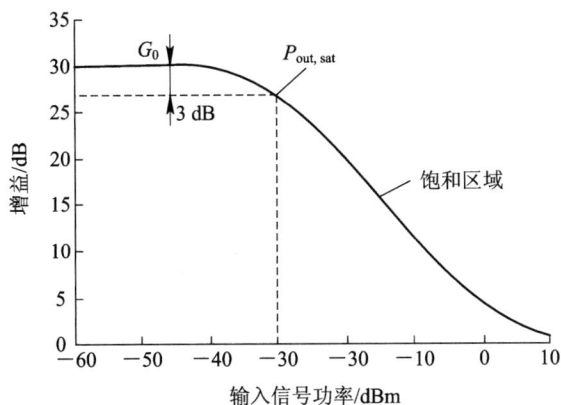

图 3.42　增益饱和与饱和输出功率关系

饱和输出功率 P_{out}^s 为放大器增益降至小信号增益一半时的输出功率,其表达式为

$$P_{out}^s = \frac{G_0 \ln 2}{G_0 - 2} P_s \qquad (3.40)$$

式中：P_s 为饱和功率。

2. 放大器噪声

放大器本身会产生噪声，放大器噪声会使信号的信噪比（SNR）下降，造成对传输距离的限制，放大器噪声是光放大器的另一重要指标。

（1）光纤放大器的噪声来源。光纤放大器的噪声主要来自它的放大自发辐射（Amplified Spontaneous Emission，ASE）。自发辐射源于放大器介质中电子空穴对的自发复合。自发复合导致了与光信号一起放大的光子的频谱展宽。自发辐射的影响是增加一些起伏到放大后的功率上，在光电探测过程中该功率又转变成电流的起伏。

（2）噪声系数。由于放大器中会产生自发辐射噪声，放大后的信噪比下降。任何放大器在放大信号时必然要增加噪声，劣化信噪比。信噪比的劣化程度用噪声系数 F_n 来表示，即输入信噪比与输出信噪比之比：

$$F_n = \frac{(SNR)_{in}}{(SNR)_{out}} \qquad (3.41)$$

式中：$(SNR)_{in}$ 和 $(SNR)_{out}$ 分别代表输入与输出的信噪比，它们都是根据接收机将光信号转换成光电流后的功率来计算的。

3.9.2 掺铒光纤放大器

光纤放大器的实质是把工作物质制作成光纤形状的固体激光器，所以也称为光纤激光器。20 世纪 80 年代末期，波长为 1.55 μm 的掺铒（Er）光纤放大器（Erbium Doped Fiber Amplifier，EDFA）研制成功并投入使用，把光纤通信技术水平推向了新的高度，成为光纤通信发展史上一个重要的里程碑。

1. 掺铒光纤放大器的工作原理

掺铒光纤放大器（EDFA）的工作原理说明了光信号放大的过程，如图 3.43 所示。

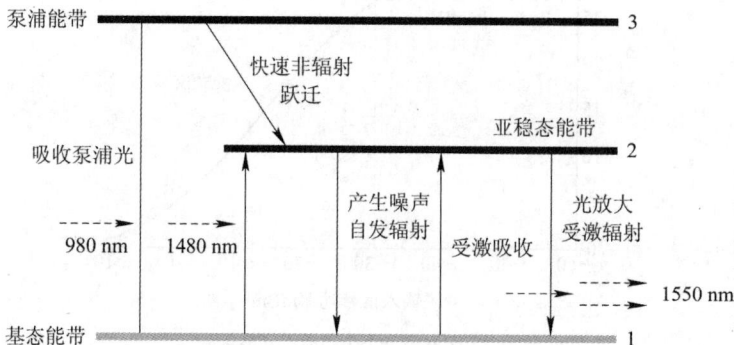

图 3.43 掺铒光纤放大器的工作原理

从图 3.43 可以看到，在掺铒光纤(EDF)中，铒离子($Er3+$)有三个能级。

(1) 能级 1 代表基态，能量最低。

(2) 能级 2 是亚稳态，处于中间能级。

(3) 能级 3 代表激发态，能量最高。

当泵浦光的光子能量等于能级 3 和能级 1 的能量差时，铒离子吸收泵浦光从基态跃迁到激发态(1→3)。但是激发态是不稳定的，$Er3+$ 会很快返回到能级 2。如果输入的信号光的光子能量等于能级 2 和能级 1 的能量差，则处于能级 2 的 $Er3+$ 将跃迁到基态(2→1)，产生受激辐射光，因而信号光得到放大。

EDFA 采用掺铒离子单模光纤为增益介质，在泵浦光的作用下产生粒子数反转，在信号光的诱导下实现受激辐射放大。由此可见，这种放大是泵浦光的能量转换为信号光的结果。

2. 掺铒光纤放大器的构成和特性

掺铒光纤(EDF)和高功率泵浦光源是关键器件，把泵浦光与信号光耦合在一起的波分复用器和置于两端防止光反射的光隔离器也是不可缺少的。

设计高增益掺铒光纤(EDF)是实现光纤放大器的技术关键，EDF 的增益取决于 $Er3+$ 的浓度、光纤长度和直径以及泵浦光功率等多种因素，通常由实验获得最佳增益。

放大器对泵浦光源的基本要求是大功率和长寿命。波长为 1480 μm 的 InGaAsP 多量子阱(MQW)激光器，输出光功率高达 100 mW，泵浦光转换为信号光效率在 6 dB/mW 以上。波长为 980 nm 的泵浦光的转换效率更高，达 10 dB/mW，而且噪声较低，是未来发展的方向。

放大器对波分复用器的基本要求是插入损耗小，熔拉双锥光纤耦合器型和干涉滤波型波分复用器最适用。

光隔离器的作用是防止光反射，保证系统稳定工作和减小噪声。放大器对光隔离器的基本要求是插入损耗小，反射损耗大。

图 3.44 所示为光纤放大器基本原理图和构成框图。

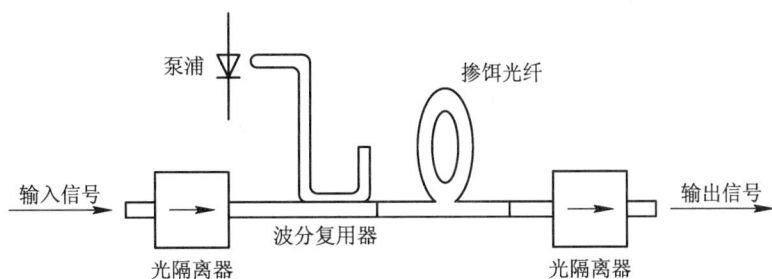

(a) 光纤放大器基本原理图

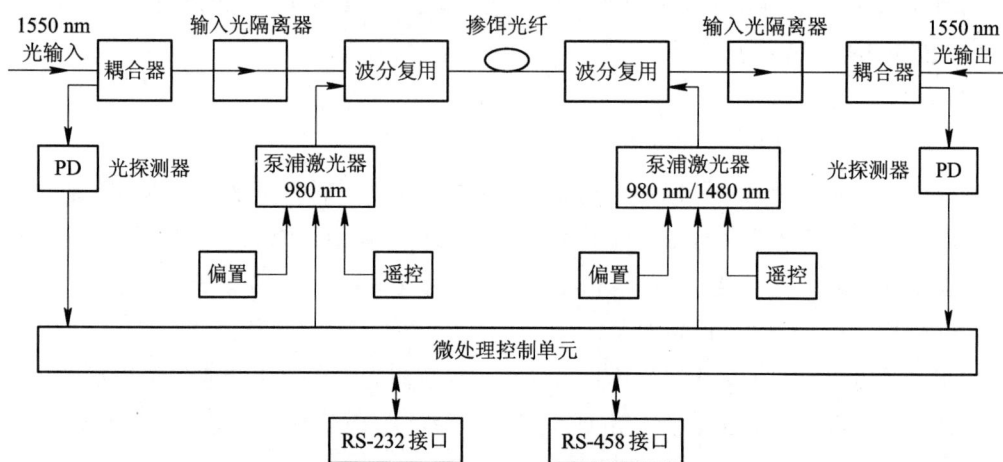

(b) 实际光纤放大器构成框图

图 3.44　光纤放大器基本原理图和构成框图

3. 掺铒光纤放大器的泵浦方式

泵浦激光器为光放大器源源不断地提供能量，在放大过程中将能量转换为信号光的能量，目前商用的光放大器一般都采用如下三种泵浦方式：同向泵浦方式、反向泵浦方式、双向泵浦方式。

（1）同向泵浦方式。同向泵浦的结构框图如图 3.45 所示。在这种方案中，泵浦光与信号光从同一端注入掺铒光纤，在掺铒光纤的输入端，泵浦光较强，其增益系数大，信号一进入光纤即得到较强的放大。但吸收泵浦光将沿光纤长度而衰减，会在一定的光纤长度上达到增益饱和而使噪声增加。

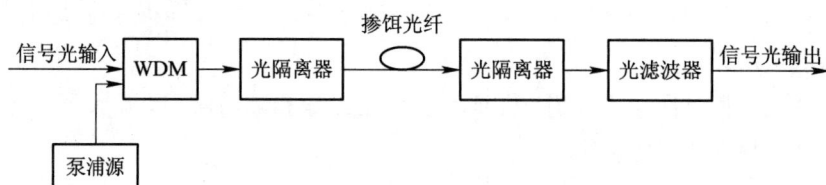

图 3.45　同向泵浦的结构框图

同向泵浦的优点是构成简单、噪声性能较好。

（2）反向泵浦方式。反向泵浦也称后向泵浦，其结构框图如图 3.46 所示。在这种方案中，泵浦光与信号光从不同的方向输入掺铒光纤，两者在光纤中反向传输。

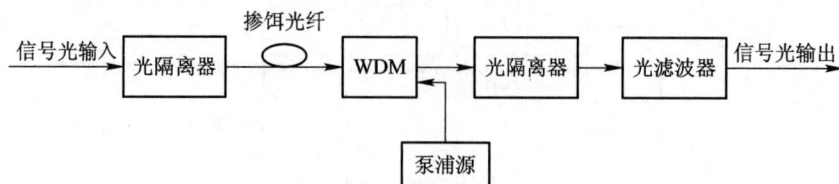

图 3.46　反向泵浦的结构框图

反向泵浦的优点是当光信号放大到很强时，泵浦光也强，不易达到饱和，因而具有较高的输出功率。

（3）双向泵浦方式。为了使 EDFA 中的杂质粒子得到充分激励，必须提高泵浦功率，可用 2 个泵浦源激励掺铒光纤。双向泵浦的结构框图如图 3.47 所示。这种方式结合了同向泵浦和反向泵浦的优点。

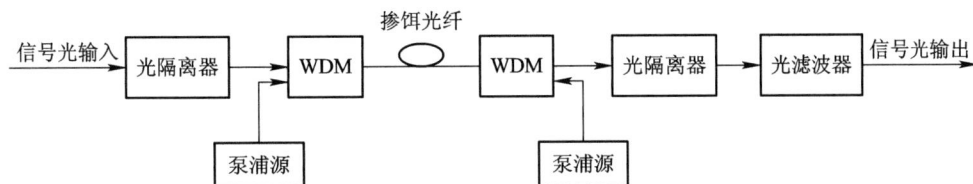

图 3.47　双向泵浦的结构框图

双向泵浦的优点是使泵浦光在光纤中均匀分布，从而使其增益在光纤中也均匀分布。这种配置具有更高的输出信号功率。

4. 掺铒光纤放大器的优缺点

1）掺铒光纤放大器（EDFA）的优点

（1）通常工作在 1530～1556 nm 光纤损耗最低的窗口。

（2）增益高，约为 30～40 dB；饱和输出光功率大，约为 10～15 dBm；增益特性与光偏振状态无关。在较宽的波段内提供平坦的增益，是波分复用（WDM）理想的光纤放大器。

（3）噪声系数低，一般为 4～7 dB；用于多信道传输时，隔离度大，无串扰，适用于波分复用系统，可级联多个放大器。

（4）放大频带宽，在 1550 nm 窗口的频带宽度为 20～40 nm，可进行多信道传输，可同时放大多路波长信号，有利于增加传输容量。如果加上 1310 nm 掺镨光纤放大器（PDFA），频带可以增加一倍。

（5）放大特性与系统比特率和数据格式无关。

（6）输出功率大，对偏振不敏感。

（7）结构简单，易与传输光纤耦合。

2）掺铒光纤放大器的缺点

（1）在第三窗口以上的波长，光纤的弯曲损耗较大，而常规的掺铒光纤放大器（EDFA）不能提供足够的增益，增益带宽只有 35 nm，仅覆盖石英单模光纤低损耗窗口的一部分，制约了光纤能够容纳的波长信道数。

（2）不便于查找故障，泵浦源使用寿命不长。

（3）存在基于泵浦源调制和光时域反射计（OTDR）的监测与控制技术问题，控制内容包括输出功率的控制和不同波长通道的增益均衡，掺铒光纤放大器（EDFA）的增益对 100 kHz 以上的高频调制不敏感，对低于 1 kHz 的调制，掺铒光纤放大器（EDFA）的输出信号会产生失真。

5. 掺铒光纤放大器的应用形式及对系统产生的影响

根据 EDFA 在光纤传输网络中的位置，掺铒光纤放大器的应用形式可以分为中继放大器、前置放大器和后置放大器三种，如图 3.48 所示。

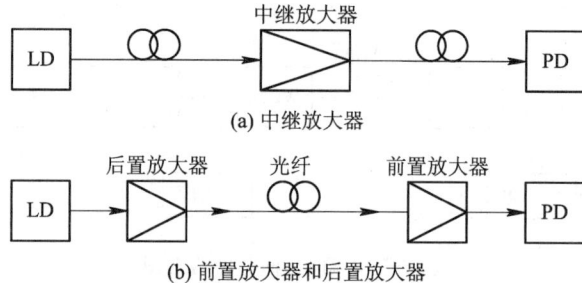

(a) 中继放大器

(b) 前置放大器和后置放大器

图 3.48　掺铒光纤放大器的应用形式

（1）中继放大器(Line Amplifier, LA)：在光纤线路上每隔一定的距离设置一个光纤放大器，周期性地补偿线路传输损耗，延长干线网的传输距离。掺铒光纤放大器作为中继放大器时，要求有比较小的噪声、较大的输出光功率。

（2）前置放大器(Preamplifier, PA)：置于光接收机的前面，用于放大非常微弱的光信号，以改善接收灵敏度。EDFA 作为前置放大器时，对噪声要求非常苛刻。

（3）后置放大器(Booster Amplifier, BA)：置于光发射机的后面，用于提高发射机功率。后置放大器对噪声要求不高，对饱和输出光的功率要求很高，稳定性好。

EDFA 主要用于密集波分复用(DWDM)系统、接入网、光纤电视 CATV 网、军用系统、光孤子通信系统等领域，也可作为功率放大器，以提高发射机的功率；在光纤传输线路中用作全光中继放大器，以补偿光纤传输损耗，延长传输距离；在光接收机前用作前置放大器，以提高光接收机的灵敏度；在光纤电视 CATV 和光纤用户接入网中用作光功率补偿器，以补偿光分配器和传输链路造成的光损耗，提高用户的数量，降低用户网和光纤电视 CATV 系统的建设成本。

EDFA 的出现解决了光纤传输系统中的许多问题，但也产生了一些新的问题。

（1）非线性问题。采用 EDFA 后，提高了注入光纤的光功率，但当大到一定数值时，将产生光纤非线性效应(包括拉曼散射和布里渊散射)，尤其是布里渊散射(SBS)受 EDFA 的影响最为严重，它限制了 EDFA 的放大性能和长距离无中继传输的实现。解决非线性问题的方法有减少光纤的非线性系数，提高 SBS 的功率阈值。

（2）光浪涌问题。采用 EDFA 可使输入光功率迅速增大，但由于 EDFA 的动态增益变化较慢，在输入信号跳变的瞬时将产生浪涌，即输出光功率出现尖峰，尤其是在 EDFA 级联时，光浪涌更为明显，峰值功率可达数瓦，有可能造成光电变换器和光连接器端面的损坏。解决光浪涌问题的方法是在系统中加入光浪涌保护装置，即控制 EDFA 泵浦功率来消除光浪涌。

（3）色散问题。采用 EDFA 后，衰减限制的问题得以解决，传输距离大大增加，但总的色散也随之增加，原来的衰减限制系统变成了色散限制系统。解决色散问题的方法是通过在光纤线路上增加色散补偿光纤(DCF)抵消原光纤的正色散，实现长距离传输。

3.9.3　拉曼光纤放大器

传统的掺铒光纤放大器存在带宽较窄、噪声较高等诸多不足，已不能完全满足实际应用中的需要。拉曼光纤放大器(Raman Fiber Amplifier，RFA)的放大范围更宽、噪声指数更低，是更理想的产品，是实现高速率、大容量、长距离光纤传输的关键器件之一。

1. 拉曼光纤放大器的工作原理

拉曼光纤放大器的工作原理基于石英光纤中的非线性效应——受激拉曼散射(SRS)。在一些非线性光学介质中，高能量(波长短、频率高)的泵浦光散射，将一小部分入射功率转移到另一频率下移的光束，频率下移量由介质的振动模式决定，此过程称为受激拉曼散射效应。

受激拉曼散射可看作是介质中分子振动对入射光(称为泵浦光)的调制，即分子内部粒子间的相对运动导致分子感应电偶极矩随时间的周期性调制，从而对入射光产生散射作用。受激拉曼散射中分子的跃迁示意如图 3.49 所示。设入射光的频率为 ω_L，介质的分子振动频率为 ω_v，散射光的频率为 $\omega_s=\omega_L-\omega_v$ 和 $\omega_{as}=\omega_L+\omega_v$，所产生的频率为 ω_s 的散射光叫作斯托克斯波，频率为 ω_{as} 的散射光叫作反斯托克斯波。斯托克斯波可用物理语言描述为一个入射的光子(pump)消失，产生了一个频率下移的光子(stokes)和一个有适当能量和动量的光子，使能量和动量守恒。

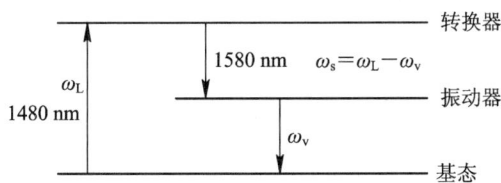

图 3.49　分子完成振动态之间的跃迁示意图

频率为 ω_L 和 $\omega_1(\omega_1=\omega_s)$ 的泵浦光和信号光通过耦合器输入光纤，当这两束光在光纤中一起传输时，泵浦光的能量通过 SRS 效应转移给信号光，使信号光得到放大。

2. 拉曼光纤放大器的结构

拉曼光纤放大器主要由增益介质光纤、泵浦源及一系列辅助功能电路等构成，商用化产品根据光纤类型、泵浦类型和方式、放大方式不同而有多种结构。拉曼光纤放大器可以采用一般的传输光纤，为取得更高的放大效率，实用化产品一般都采用具有高非线性的光纤。

泵浦源有多种选择，常见的有单泵方式、双泵方式或多泵激励方式。对每个泵浦源所给出的泵浦波长和泵浦功率需进行精心设计，以确保整机的最佳性能。具体采用分布放大方式还是集中放大方式，其理论与技术问题的解决方案是显著不同的，从而导致拉曼光纤放大器有不同的结构类型。

拉曼光放大器有两种类型，一种为集总式拉曼光放大器，所用的增益光纤比较短，一般在几千米，主要作用为高增益高功率放大，但对泵浦功率要求较高，一般要几到十几瓦，可产生 40 dB 以上的高增益，可放大 EDFA 无法放大的波段。实验表明，色散补偿型光纤是得到高质量集总式拉曼光纤放大器的最佳选择。

另一种为分布式拉曼光纤放大器，所用的光纤比较长，一般为几十至上百千米，泵浦功率可降低到几百毫瓦，主要用于光纤传输系统中传输光纤损耗的分布式补偿放大，可辅助 EDFA 提高光传输系统的性能，抑制非线性效应，提高信噪比，增大传输距离。由于分布式拉曼光放大器是利用分布式获得增益，其等效噪声比集总式放大器要小，噪声指数在 -2~0 dB。分布式拉曼光放大器由于光传输系统传输容量提升的需要而得到迅速发展。

图 3.50 所示的拉曼光放大器采用了双泵浦结构，其泵浦波长分别为 1366 nm 和 1455 nm，泵浦功率分别为 800 mW 和 200 mW，利用传输光纤作为增益介质，对输入的光信号进行放大。

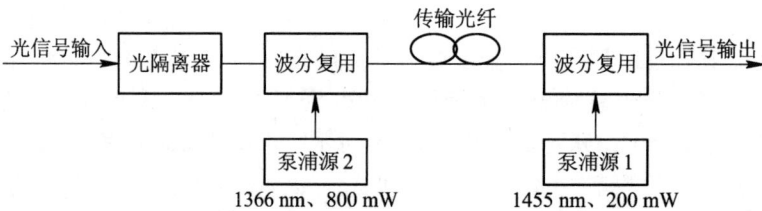

图 3.50 双泵浦拉曼光放大器的结构

3. 拉曼光纤放大器的优缺点

1）拉曼光纤放大器的优点

拉曼光纤放大器是利用光纤的受激拉曼散射效应产生的增益机制对光信号进行放大的，与其他光放大器相比具有明显的优点。

（1）增益介质为传输光纤本身，利用现有的传输光纤即可实现对信号光的放大，不需要其他增益介质，由于放大是沿光纤分布而不是集中作用，光纤中各处的信号光功率都比较小，从而可降低非线性效应尤其是四波混频效应的干扰，与 EDFA 相比优势相当明显。

（2）与光纤线路耦合损耗小，因为增益介质为传输光纤本身，因而连接损耗与普通光纤连接损耗值相当，一般连接损耗小于 0.1 dB。

（3）低噪声是拉曼放大器最优异的性能，其噪声系数可以低到 3 dB 以下，优于 EDFA，因此常与 EDFA 混合使用。二者配合使用可以有效降低系统总噪声，提高系统的信噪比，从而延长中继传输距离及总传输距离。前级用拉曼放大器，可以实现超宽带和低噪声放大，在实际应用中，由于 EDFA 的增益和输出功率比拉曼放大器大，将其放在后级，可以得到大的输出功率。单个的 EDFA 的增益带宽不够大，常采用数个不同波段的 EDFA 并联使用，以适应拉曼放大器的宽带特性。

（4）增益带宽宽，理论上可得到任意波长的信号放大，单波长泵浦时可实现 40 nm 左右的增益带宽，当采用多波长泵浦时，增益带宽可很容易地实现高于 200 nm 的带宽放大，同时获得 20~40 dB 的增益，而 EDFA 由于能级跃迁机制所限，增益带宽最大只有 100 nm 左右。

（5）增益稳定性能好，成本较低。

2）拉曼光纤放大器的缺点

拉曼光纤放大器的主要缺点如下。

（1）所需的泵浦光功率大，集总式要几瓦到几十瓦，分布式要几百毫瓦。

（2）作用距离长，分布式作用距离为几十到上百千米，只适合于长途干线网的低噪声放大。

3.9.4　半导体光放大器

半导体光放大器（SOA）具有较快的动态增益特性，价格低，能耗小，带宽宽，可以工作在 $0.6\sim1.6\,\mu m$ 任意波段，易于与其他器件集成。由于 20 世纪 80 年代末期 EDFA 出现并迅速成为光纤通信的主流，SOA 的研发和应用曾相对处于低谷，直到 20 世纪 90 年代后，人们进一步认识到 SOA 可以用于实现波长转换、WDM 与 TDM 转换等功能，才又对 SOA 进行了广泛的研究和开发。

1. 半导体光放大器的工作原理

SOA 利用半导体材料固有的受激辐射放大机制实现相干光放大，其原理和结构与半导体激光器类似。半导体光放大器利用半导体激活介质能够给通过的光提供增益的机理，使光信号得到放大。

激活介质（有源区）吸收了外部泵浦提供的能量，电子获得了能量跃迁到较高的能级，产生粒子数反转，输入光信号通过受激辐射过程激活这些电子，使其跃迁到较低的能级，从而产生一个放大的光信号。其原理如图 3.51 所示。

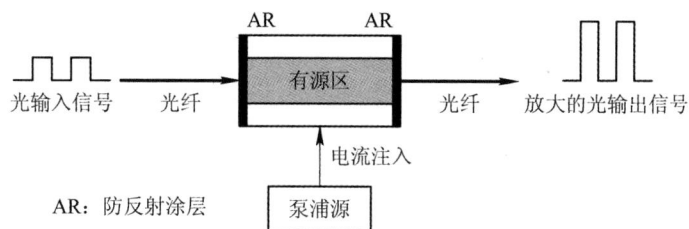

图 3.51　半导体光放大器原理示意图

2. 半导体光放大器的特点及应用

SOA 具有体积小、结构简单、易于同其他光器件和电路集成、适合批量生产、成本低等优点，具有很大的增益带宽（1300～1600 nm），覆盖 1310 nm 与 1550 nm 两处窗口，增益平坦性好，能够动态转换波长，能够接收输入信号光并改变其频率，同时对其进行放大。但是这种器件与光纤耦合时损耗很大，一般大于 5 dB，器件的增益严重受光的偏振状态、工作温度影响，因此工作稳定性差，器件的噪声较大，功率较小，增益恢复时间为皮秒（ps）量级，这对高速传输的光信号将产生不利影响。

半导体光放大器主要用于全光波长变换、光交换、谱反转、时钟提取、解复用等。目前，人们主要关注的是应变补偿的无偏振、单片集成、光横向连接的半导体光放大器，以及自应变量子阱材料的半导体光放大器和小型化、集成化的半导体光放大器的研发。半导体光放大器的主要应用形式如下：

（1）线性放大。半导体光放大器用作线性放大器的优点是可靠、小尺寸和可集成。它提供了中等的性能，饱和增益较快而噪声因素较大。

采用增益机制半导体光放大器可以有效增加器件的饱和功率，采用锥形结构可提高饱和输出。1300～1500 nm 波段的 SOA 放大器具有很大的竞争力。

（2）与半导体光器件的单片集成。SOA 可与其他半导体光器件集成，目前已报道可与半导体激光器、光探测器、光调制器、光开关等器件集成。通过将光放大器集成，可以补偿光装置的插入损耗。特别是吸收型调制器，如果减小插入损耗，就能降低工作电压和线性调频脉冲参数，从而增大元件设计的自由度，可提高装置的综合性能。

（3）在波长变换方面的应用。全光波长转换器（简称波长转换器）将是全光通信系统及未来宽带网络中必不可少的器件，是波分复用光网络中的关键部件。在高速光纤通信系统中，波长转换器作为高速全光器件，能够在通信中进行波长路由选择，在网络中能重复利用波长，提高波长使用率，使得多波长网络管理更加灵活、合理。它在光开关、光交换、波长路由、波长再用等技术中有着广泛的应用。

（4）全光 2R 再生器。传统的光电再生方法把光信号转变为电信号后，在电域对信号进行再生后再转变为光信号，该方法成本高且受到电子处理速度的限制。全光再生技术是最理想的再生方式，它突破了传输速率的电子瓶颈，符合光纤网的要求。利用半导体光放大器中的自相位调制效应所引起的频谱红移现象，通过在半导体光放大器后面放置光带通滤波器可以达到再生目的，并且适用于高速的光纤传输信道。

（5）在噪声抑制和再生中继器方面的应用。波长变换器的非线性输入输出特性可应用于再生中继器方面，采用的信号可以改善消光比。另外，若在饱和区域使用光放大器，与通常的线性放大器相比，会降低噪声指数。

本 章 小 结

光纤通信系统基本器件分为两大类，有源器件和无源器件。有源器件主要是通信用光源和光检测器件及光放大器。光源主要分为两大类，激光器（LD）和发光二极管（LED）。激光器的发光功率大，与光纤的耦合效率较高，单色性好，光源谱宽窄，主要应用在长距离、大容量的传输系统中。发光二极管发光功率小，与光纤的耦合效率较低，光源谱宽较宽，主要应用在短距离、小容量的传输系统中。光检测器主要分为两大类，PIN 管和雪崩光电二极管（APD）。这两种检测器的区别主要是 PIN 管没有放大作用，而 APD 管具有放大作用，同时也增加了附加噪声。光放大器可以实现信号从光-光的直接放大，本章主要介绍了掺铒光纤放大器、拉曼光纤放大器及半导体光放大器的基本原理。

无源器件包括光连接器和接头、光耦合器和波分复用器、光隔离器、光环行器、光开关、光纤光栅、光滤波器、光调制器和波长变换器等器件，本章对这些无源器件的结构、特征及原理作了主要介绍。

习题与思考题

1. 半导体激光器(LD)有哪些特性?

2. 比较半导体激光器与发光二极管(LED)的异同。

3. 发光二极管(LED)有哪些特性?

4. 分析光敏二极管的工作原理。

5. 什么是雪崩增益效应? 试画出 APD 雪崩二极管的结构示意图,并指出高场区及耗尽区的范围。

6. 设 PIN 光电二极管的量子效率为 80%,计算在 $1.3\ \mu m$ 和 $1.55\ \mu m$ 波长时的响应度,说明为什么在 $1.55\ \mu m$ 处光电二极管比较灵敏?

7. 已知 $\lambda = 1.3\ \mu m$,响应度 $R_0 = 0.6\ \mu A/\mu W$,试求 PIN 管的量子效率 η。

8. 光纤连接器在通信线路中的作用是什么?

9. 简述光耦合器的基本原理。

10. 光纤耦合器的功能是什么?

11. 分析波分复用器的基本工作原理。

12. 简述光隔离器的工作原理。

13. 什么是光滤波器? 光滤波器有哪些种类?

14. 简述掺铒光纤放大器的基本原理。

第4章
光纤通信系统及设计

现代高度发达的信息社会要求通信网能提供多种多样的语音、数据、图像等业务,通过通信网传输、交换、处理的信息量将不断增大。光纤通信技术作为信息技术的重要支撑,将在未来信息社会中起到重要作用。传输系统的技术开发一直围绕着超高速、超大容量、超长距离不懈努力。目前 100 Gb/s 技术及其产业链已完全成熟,全球各大运营商已开始 100 Gb/s 系统的规模部署,速率更高的 400 Gb/s 技术逐渐成为业界的热点。

4.1 数字传输体制

传统光纤大容量数字传输都采用同步时分复用(TDM)技术。数字复用又分为若干等级,ITU-T(原 CCITT)先后规定了两种数字传输体系,即准同步数字体系(PDH)和同步数字体系(SDH)。

随着光纤通信技术和网络的发展,PDH 的遇到了许多困难,于是美国提出了同步光纤网(SONET)。1988 年,ITU-T 提出了 SDH 的规范建议。SDH 解决了 PDH 存在的问题,是一种比较完善的传输体系,现已得到大量应用。这种传输体系不仅适用于光纤信道,也适合于微波和卫星干线传输。我国 1995 年以前均采用 PDH 的复用方式。1995 年以后,随着光纤通信网的大量使用,我国开始引入 SDH 的复用方式。原有的 PDH 数字传送网可逐步纳入 SDH 传送网。SDH 网最终将成为宽带综合业务数字网(B-ISDN)的重要组成部分。

4.1.1 准同步数字体系

PDH 是指参与复接的各支路数字信号接近同步,在复接前通常采用码速调整的方式(按位复接方式)来达到同步,再进行复接。准同步数字体系有两种基础速率,一种是以 1.544 Mb/s 为基础速率的 24 路制,采用的国家有北美各国和日本;另一种是以 2.048 Mb/s 为基群(一次群)的基础速率的 30 路制,采用的国家有西欧各国和中国。两种基本速率的相关参数如表 4.1 所示。

表 4.1　两种基本速率的相关参数

(a) 以 1.544 Mb/s 为基础速率的 24 路制

数字系列等级	码速率/(kb/s)	复用话路数
0	64	1
1(基群)T_1	1544	24
2	6312	96
3	32 064	480
4	97 728	1440

(b) 以 2.408 Mb/s 为基础速率的 30 路制

数字系列等级	码速率/(kb/s)	复用话路数
0	64	1
1(基群)E_1	2048	30
2	8448	120
3	34 368	480
4	139 264	1920

　　PDH 主要适用于中、低速率点对点的传输。传统 PDH 体制组建的传输网，由于其复用的方式不能满足信号大容量传输的要求，且 PDH 体制的地区性规范也使网络互联增加了难度，因此在通信网向大容量、数字化、综合化、智能化和个人化方向发展的今天，已经成为现代通信网的瓶颈，制约了传输网向更高的速率发展。

　　传统的 PDH 传输体制的缺陷主要体现在以下几个方面。

　　(1) 接口不统一。PDH 数字信号序列有三种信号速率等级，分别为欧洲系列、北美系列和日本系列，如表 4.2 所示。各种信号系列的电接口速率等级、信号的帧结构以及复用方式均不相同，导致光接口码型和速率也不一样，致使不同厂家的设备无法实现横向兼容。因为没有统一的世界性标准的光接口规范，因此组网、管理及网络互通也很困难。

表 4.2　PDH 数字信号速率等级表

国家或地区	基群/(Mb·s⁻¹)	二次群/(Mb·s⁻¹)	三次群/(Mb·s⁻¹)	四次群/(Mb·s⁻¹)	五次群/(Mb·s⁻¹)	六次群/(Mb·s⁻¹)
中国西欧	$\dfrac{2.048}{30 \text{ ch}}$	$\times 4 \dfrac{8.448}{120 \text{ ch}}$	$\times 4 \dfrac{34.368}{480 \text{ ch}}$	$\times 4 \dfrac{139.264}{1920 \text{ ch}}$	$\times 4 \dfrac{564.992}{7680 \text{ ch}}$	$\times 2 \dfrac{1.13}{15360 \text{ ch}}$　$\times 4 \dfrac{2.4}{30720 \text{ ch}}$
日本	$\dfrac{1.544}{24 \text{ ch}}$	$\times 4 \dfrac{6.312}{96 \text{ ch}}$	$\times 5 \dfrac{32.064}{480 \text{ ch}}$	$\times 3 \dfrac{97.728}{1440 \text{ ch}}$	$\times 4 \dfrac{397.20}{5760 \text{ ch}}$	$\times 4 \dfrac{1.5888}{23040 \text{ ch}}$
北美	$\dfrac{1.544}{24 \text{ ch}}$	$\times 4 \dfrac{6.312}{96 \text{ ch}}$	$\times 7 \dfrac{44.736}{672 \text{ ch}}$	$\times 6 \dfrac{274.176}{4032 \text{ ch}}$　$\times 12 \dfrac{564.992}{8064 \text{ ch}}$　$\times 9 \dfrac{432}{6048 \text{ ch}}$	$\times 2 \dfrac{1.13 \text{ GB/s}}{16128}$　$\times 4 \dfrac{2.4 \text{ GB/s}}{32256 \text{ ch}}$	

　　(2) 上下支路信号复杂。现在的 PDH 体制中，只有 1.544 Mb/s 和 2.048 Mb/s 速率的信号是同步的，其他速率的信号都是异步的，需要通过码速的调整来匹配和容纳时钟的差异，即 PDH 数字复接靠外界插入附加比特码，使各支路信号同步后再复接到高次群信号。反之，从高次群信号中直接提取低速率信号是很困难的(原因是低速信号复用到高速信号时，其在高速信号的帧结构中的位置没有规律性和固定性)。所以，从高速信号中分/插出低速信号

要一级一级地进行，这导致了系统结构复杂，上下支路成本高，降低了设备的可靠性等。在 PDH 中，从 140 Mb/s 的信号中分/插出 2 Mb/s 支路信号要经过如下过程，如图 4.1 所示。

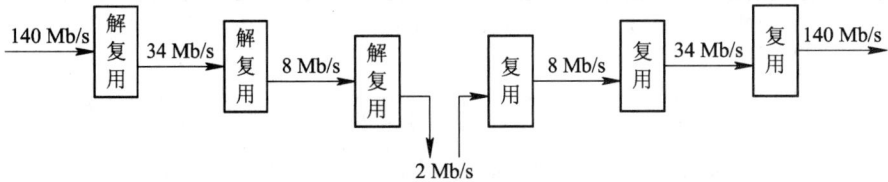

图 4.1　从 140 Mb/s 信号分/插出 2 Mb/s 信号过程示意图

（3）运行管理维护的开销比特少。PDH 信号的帧结构里用于运行维护工作（OAM）的开销字节不多，因此对完成传输网的分层管理、性能监控、业务的实时调度、传输带宽的控制、告警的分析定位等缺乏灵活性，使网络的运行、管理和维护变得复杂和困难。

（4）没有统一的网管接口。由于没有统一的网管接口，用户购买一套某厂家的设备后，还需购买一套该厂家的网管系统。这样容易形成网络的七国八制的局面，不利于形成统一的电信管理网。

PDH 体制存在的上述种种缺陷已越来越不适应现代通信传输网发展的需求，现今高度发达的信息社会要求现代化的通信网向着宽带化、大容量、数字化、综合化、智能化和个人化方向发展，因此产生了新的传输体制——同步光网络（Synchronous Optical Network，SONET）。

4.1.2　同步数字体系

1. SDH 的产生及特点

最初提出同步光网络（SONET）概念的是美国贝尔通信研究所。SONET 于 1986 年成为美国新的数字体系标准。1988 年，CCITT 接受了 SONET 的概念并重新命名为同步数字体系（Synchronous Digital Hierarchy，SDH）。

SDH 后来又经过修改和完善，成为涉及比特率、网络节点接口、复用结构、复用设备、网络管理、线路系统、光接口、信息模型、网络结构等的一系列标准，成为不仅适用于光纤，也适用于微波和卫星传输的通信技术体制。

SDH 传输体制具有 PDH 体制无可比拟的优点，它是一代全新的传输体制。与 PDH 相比，SDH 在技术体制上进行了根本的变革。

1）SDH 的优点

与 PDH 相比较，SDH 的主要优点如下。

（1）SDH 体制具有统一的网络节点接口（NNI）。SDH 体制严格规范了数字信号速率等级、帧结构、复接方法、线路接口、监控管理等，从而使得不同厂家的设备，只要应用类别相同，即可实现光路上的互通。

（2）SDH 采用一套标准的信息等级结构，即同步传送模块 STM-N，其中第一级为 STM-1，速率为 155.520 Mb/s。PDH 互不兼容的三套体系可以在 SDH 的 STM-1 上进行兼容，实现了高速数字传输的世界统一标准。

(3) SDH 的帧结构是矩形块状结构,低速率支路的分布规律性极强,可以利用指针(PTR)指出其位置,一次性直接从高速信号中取出,不必逐级分接,这使得上下话路变得极为简单,如图 4.2(a)所示。由于低速 SDH 信号是以字节间插方式复用进高速 SDH 信号的帧结构中的,因此低速 SDH 信号在高速 SDH 信号的帧中的位置是固定、有规律、可预见的。这样就能从高速 SDH 信号(如 2.5 Gb/s(STM-16))中直接分/插出低速 SDH 信号(如 155 Mb/s(STM-1)),如图 4.2(b)所示,从而简化了信号的复接和分接,使 SDH 体制特别适合于高速大容量的光纤通信系统。

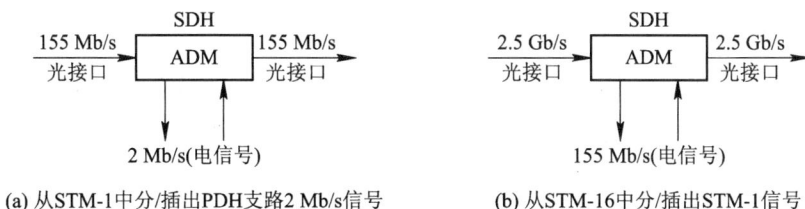

(a) 从STM-1中分/插出PDH支路2 Mb/s信号　　　　(b) 从STM-16中分/插出STM-1信号

图 4.2　从高速 STM 信号分/插出低速 STM 信号(或 PDH 支路信号)示意图

(4) SDH 采用同步方式和灵活的映射结构,可将 PDH 低速支路信号(如 2 Mb/s)复用进 SDH 信号的 STM-N 帧中,这样低速支路信号在 STM-N 帧中的位置是可预见的,可以从 STM-N 信号中直接分/插出低速支路信号。注意:不同于前面所说的从高速 SDH 信号中直接分插出低速 SDH 信号,此处是指从 SDH 信号中直接分/插出低速支路信号,例如 2 Mb/s、8 Mb/s、34 Mb/s 与 140 Mb/s 等低速信号。节省了大量的复接/分接设备(背靠背设备),增强了可靠性,减少了信号损伤、设备成本、功耗,降低了复杂性等,使业务更加简便。

SDH 的复用方式使数字交叉连接(DXC)功能更易于实现,使网络具有了很强的自愈功能,便于用户按需进行动态组网,可实现灵活的业务调配。

(5) SDH 帧结构中拥有丰富的开销比特,使得网络的运行、管理、维护(OAM&P)能力大大增强,通过远程控制,可实现对各网络单元/节点设备的分布式管理,同时也便于新功能和新特性的及时开发和升级,而且促进了更完善的网络管理和智能化设备的发展。

(6) SDH 不但实现了 PDH 向 SDH 的过渡,还支持异步转移模式(ATM)和宽带综合业务数字网(ISDN)业务。

2) SDH 的缺点

与 PDH 相比,SDH 也有一些不足之处,SDH 的缺点主要体现在以下几方面。

(1) SDH 的频带利用率比 PDH 有所下降。有效性和可靠性是一对矛盾,提升了有效性必将降低可靠性,提升可靠性也会相应地使有效性降低。由于在 SDH 的 STM-N 帧中加入了大量的用于 OAM 功能的开销字节,SDH 系统的可靠性大大增强,这样必然会使在传输同样多有效信息的情况下,SDH 信号所占用的频带(传输速率)要比 PDH 信号所占用的频带宽,即 STM-1 所占用的频带(155 Mb/s)要大于 PDH 的四次群信号的频带(140 Mb/s),使得系统的有效性下降。

(2) 指针调整机理复杂。SDH 网络采用指针调整技术来完成不同 SDH 网之间的同步,但是指针功能的实现增强了系统的复杂性,并使系统产生了一种特有的抖动——由指针调整引起的结合抖动。这种抖动多发于网络边界处（SDH/PDH），其频率低、幅度大，会导致低速信号在拆出后性能劣化，想要滤除这种抖动相当困难。

（3）软件的大量使用会对系统安全性造成影响。由于 SDH 的 OAM 管理功能强大，软件在系统中占用相当大的比重，软件控制并支配了网络中的交叉连接和复用设备，一旦软件操作错误或出现病毒，容易造成网络全面故障。

SDH 是一种在发展中不断成熟的体制，尽管还存在一些缺陷，但传输网从 PDH 过渡到 SDH，已成为传输网发展的主流。

2. SDH 帧结构

SDH 帧结构是实现数字同步时分复用、保证网络可靠有效运行的关键。它是以字节为基础的矩形块状帧结构，这种结构便于实现支路的同步复用、交叉连接和上下话路。图 4.3 所示为 SDH 帧的一般结构。一个 STM-N 帧有 9 行，每行由 $270 \times N$ 字节组成。这样每帧共有 $9 \times 270 \times N$ 字节，每字为 8 b。帧周期为 125 μs，即每秒传输 8000 帧。对于 STM-1 而言，传输速率为 $9 \times 270 \times 8 \times 8000 = 155.520$ Mb/s。字节发送顺序为由上往下逐行发送，每行先左后右。

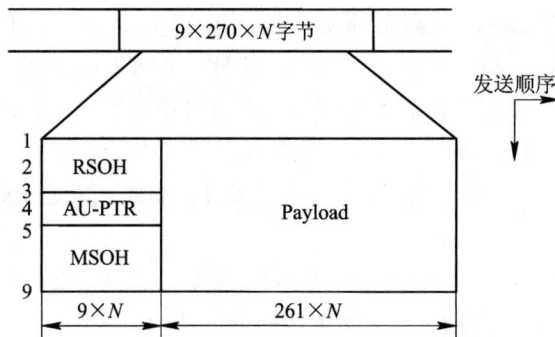

图 4.3　SDH 帧的一般结构

SDH 帧由信息载荷（Payload）、段开销（SOH）和管理单元指针（AU-PTR）三个主要区域组成。

（1）信息载荷。信息载荷域是 SDH 帧内用于承载各种业务信息的部分，包含少量字节用于通道的运行、维护和管理，这些字节称为通道开销（POH）。POH 通常作为净负荷的一部分与信息码块一起在网络中传输。对于 STM-1 而言，Payload 有 $9 \times 261 = 2349$ 字节 (Byte)，相当于 $2349 \times 8 \times 8000 = 150.336$ Mb/s 的容量。

（2）段开销。段开销是在 SDH 帧中为保证信息正常传输所必需的附加字节（每字节含 64 kb/s 的容量），主要用于运行、维护和管理，如帧定位、误码检测、公务通信、自动保护倒换以及网管信息传输。对于 STM-1 而言，SOH 共使用 9×8（第 4 行除外）$= 72$ Byte 相当于 576 b。由于每秒传输 8000 帧，因此 SOH 的容量为 $576 \times 8000 = 4.608$ Mb/s。

段开销又细分为再生段开销（RSOH）和复接段开销（MSOH）。再生段开销在 STM-N 帧中的位置是第一到第三行的第一到第 $9 \times N$ 列，共 $3 \times 9 \times N$ 字节；复用段开销在 STM-N 帧中的位置是第 5 到第 9 行的第一到第 $9 \times N$ 列，共 $5 \times 9 \times N$ 字节。与 PDH 信号的帧结构相比较，段开销丰富是 SDH 信号帧结构一个重要的特点。

（3）管理单元指针。管理单元指针是用来指示信息载荷第一字节在 STM-*N* 帧内准确位置的指示符，以便在收信端正确分离信息载荷。对于 STM-1 而言，AU-PTR 有 9 字节（第 4 行），相应于 $9 \times 8 \times 8000 = 0.576$ Mb/s 的容量。

采用指针技术是 SDH 的创新，结合虚容器（VC）的概念，解决了低速信号复接成高速信号时，由于小的频率误差所造成的载荷相对位置漂移的问题。

3. SDH 的复用原理

1）SDH 的复用分类

SDH 的复用包括两种情况，一种是低阶的 SDH 信号复用成高阶 SDH 信号；另一种是低速支路信号（如 2 Mb/s、34 Mb/s、140 Mb/s）复用成 SDH 信号 STM-*N*。

（1）低阶 SDH 信号复用成高阶 SDH 信号。此种复用主要通过字节间插复用的方式来完成同步复用，复用的个数是 4 合 1，即 $4 \times$ STM-1→STM-4，$4 \times$ STM-4→STM-16。在复用过程中保持帧频不变（8000 帧/s），这就意味着高一级的 STM-*N* 信号速率是低一级的 STM-*N* 信号速率的 4 倍即同步复用。低阶 STM-1 到高阶 STM-*N* 复用采用字节间插复用的方式，如图 4.4 所示。

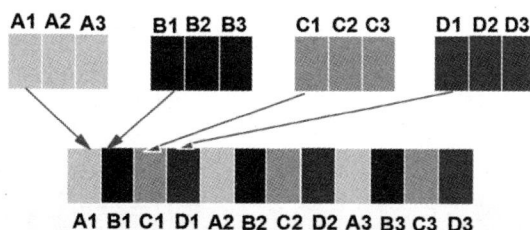

图 4.4　低阶 STM-1 到高阶 STM-*N* 复用：字节间插复用方式

（2）低速支路信号复用成 SDH 信号 STM-*N*。用得最多的就是将 PDH 信号复用进 STM-*N* 信号中。传统的将低速信号复用成高速信号的方法有两种，分别是码速调整法和固定位置映射法。

① 码速调整法：又叫作比特塞入法，利用固定位置的比特塞入指示显示塞入的比特是否载有信号数据，允许被复用的净负荷有较大的频率差异（异步复用）。它的缺点是因为存在一个比特塞入和去塞入的过程（码速调整），不能将支路信号直接接入高速复用信号或从高速信号中分出低速支路信号，也就是说不能直接从高速信号中上/下低速支路信号，要一级一级进行。这种比特塞入法就是 PDH 的异步复用方式。

② 固定位置映射法：利用低速信号在高速信号中相对固定的位置来携带低速同步信号，要求低速信号与高速信号同步，也就是说要帧频相一致。它的特点在于可方便地从高速信号中直接上/下低速支路信号，但当高速信号和低速信号间出现频差和相差（不同步）时，要用125 μs（8000 帧/s）缓存器来进行频率校正和相位对准，导致信号存在较大时延和滑动损伤。

上述两种复用方式都存在一些缺陷，码速调整法无法直接从高速信号中上/下低速支路信号；固定位置映射法引入的信号时延过大。

SDH 网的兼容性要求 SDH 的复用方式既能满足异步复用(例如,将 PDH 信号复用进 STM-N),又能满足同步复用(例如 STM-1→STM-4),而且能方便地由高速 STM-N 信号分/插出低速信号,同时不造成较大的信号时延和滑动损伤,这就要求 SDH 须采用自己独特的一套复用步骤和复用结构。在这种复用结构中,通过指针调整定位技术来取代 125 μs 缓存器用以校正支路信号频差和实现相位对准,各种业务信号复用进 STM-N 帧的过程都要经历映射(相当于信号打包)、定位(相当于指针调整)、复用(相当于字节间插复用)三个步骤。

ITU-T 规定了 SDH 的一般复用映射结构。映射结构是指把支路信号适配装入虚容器的过程,其实质是使支路信号与传送的载荷同步。这种结构可以把目前 PDH 的绝大多数标准速率信号装入 SDH 帧。图 4.5 所示为 SDH 的一般复用映射结构,SDH 的复用结构由一系列的基本复用单元组成,而复用单元实际上是一种信息结构,不同的复用单元在复用过程中所起到的作用各不相同。

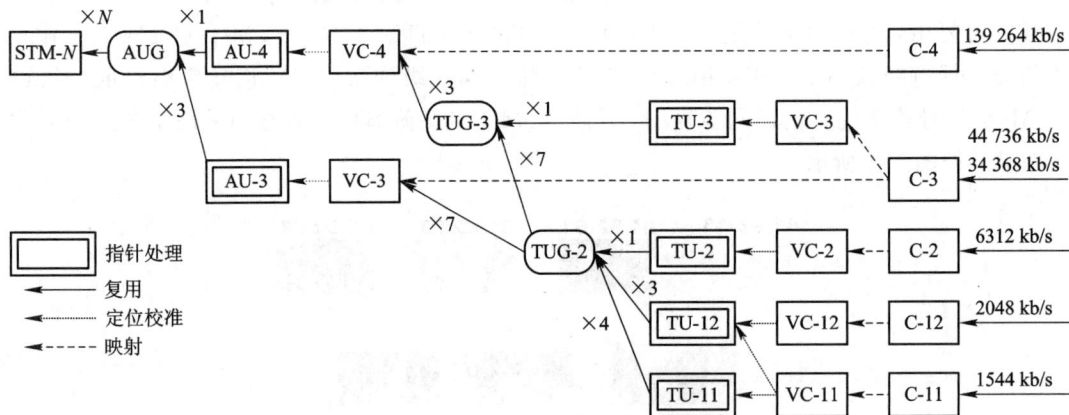

图 4.5　SDH 的一般复用映射结构

2) SDH 的基本复用单元

SDH 复用单元包括容器 C、虚容器 VC、支路单元 TU、支路单元组 TUG、管理单元 AU、管理单元组 AUG、同步转移模块 STM-N。

(1) 容器 C:用来装载各种速率业务信号的信息结构。现有 PDH 的各支路信号,如 C_{12}、C_3 和 C_4 分别装载速率为 2.048 Mb/s、34.368 Mb/s 和 139.264 Mb/s 的支路信号,并完成 PDH 信号与 VC 之间的适配功能。

(2) 虚容器 VC:用来支持 SDH 的通道层连接的信息结构,由容器的输出和通道的开销 POH 组成。能容纳高阶容器的 VC 称为高阶虚容器,容纳低阶容器的 VC 称为低阶虚容器。VC 的包络与网络同步,但其内部则可装载各种不同容量和不同格式的支路信号。引入虚容器的概念后,不必了解支路信号的内容,便可以对装载不同支路信号的 VC 进行同步复用、交叉连接和交换处理,实现大容量传输。由于在传输过程中,不能绝对保证所有虚容器的起始相位始终都能同步,因此要在 VC 的前面加上管理单元指针(AU-PTR),以进行定位校准。

(3) 支路单元 TU:提供低阶通道层与高阶通道层之间适配功能的一种信息结构,由一个低阶 VC 和指示高阶 VC 中初始字节位置的支路单元指针(TU-PTR)组成。

(4) 支路单元组 TUG:在高阶 VC 净负荷中占有固定位置的一个或多个 TU 的集合。

（5）管理单元 AU：提供高阶通道层与复用段层之间适配的一种信息结构，由高阶 VC 和指示高阶 VC 在 STM-N 中起始字节位置的管理单元指针（AU-PTR）构成。同样，高阶 VC 在 STM-N 中的位置也是浮动的，但 AU 指针在 STM-N 中的位置是确定的。

（6）管理单元组 AUG：在 STM 帧中占有固定位置的一个或多个 AU 的集合。

（7）同步转移模块 STM-N：在 N 个 AUG 的基础上，加上用来运行、维护和管理的段开销，便形成了 STM-N 信号。

3）SDH 复用映射原理

映射结构是指把支路信号适配装入虚容器的过程，其实质是使支路信号与传送的载荷同步。STM-N 的复用映射都要经过三个过程，即映射、定位和复用。

（1）映射。各种不同速率的业务信号首先进入相应的不同接口容器 C 中，在其中完成码速调整等适配功能。由容器出来的数字流加上通道开销（POH）后就构成了虚容器 VC，这个过程称为映射。VC 在 SDH 网中传输时可以作为一个独立的实体在通道的任意位置取出或插入，以便进行同步复接和交叉连接处理。由 VC 出来的数字流进入管理单元（AU）或支路单元（TU），并在 AU 或 TU 中进行速率调整。

（2）定位。在调整过程中，低一级的数字流在高一级的数字流中的起始点是不定的，因此设置指针（AU-PTR 和 TU-PTR）来指出相应帧中净负荷的位置，这个过程称为定位。

（3）复用。在 N 个 AUG 的基础上，再附加段开销 SOH，便形成了 STM-N 的帧结构，从 TU 到高阶 VC 或从 AU 到 STM-N 的过程称为复用。

SDH 复用映射原理示意图如图 4.6 所示。

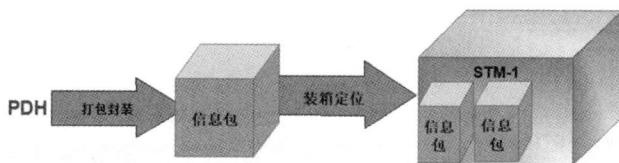

图 4.6　SDH 复用映射原理示意图

【例 4-1】　实现由 PDH 的 4 次群信号到 SDH 的 STM-N 的复接过程。

把速率为 139.264 Mb/s 的信号装入容器 C-4，经速率适配处理后输出速率为 149.760 Mb/s 的信号；在虚容器 VC-4 内加上通道开销 POH（每帧 9 Byte，相应于 0.576 Mb/s）后，输出速率为 150.336 Mb/s 的信号。

在管理单元 AU-4 内，加上管理单元指针 AU-PTR（每帧 9 Byte，相应于 0.576 Mb/s），输出速率为 150.912 Mb/s 的信号；由 1 个 AUG 加上段开销 SOH（每帧 72 Byte，相应于 4.608 Mb/s），输出速率为 155.520 Mb/s 的信号，即为 STM-1。

从 STM-1 到 STM-N 采用字节间插复用原理，则 STM-N 的速率为 $155.520 \times N$ Mb/s。

4. SDH 网元设备

SDH 不仅适合点对点传输，也适合多点之间的网络传输。图 4.7 所示为 SDH 传输网的典型拓扑结构，它由 SDH 终端设备 TM、分插复用设备 ADM、数字交叉连接设备 DXC 等网络单元以及连接它们的（光纤）物理链路构成。

SDH 终端设备 TM 的主要功能是复接/分接和提供业务适配，例如将多路 E_1 信号复接成 STM-1 信号及完成其逆过程，或者实现与非 SDH 网络业务的适配。

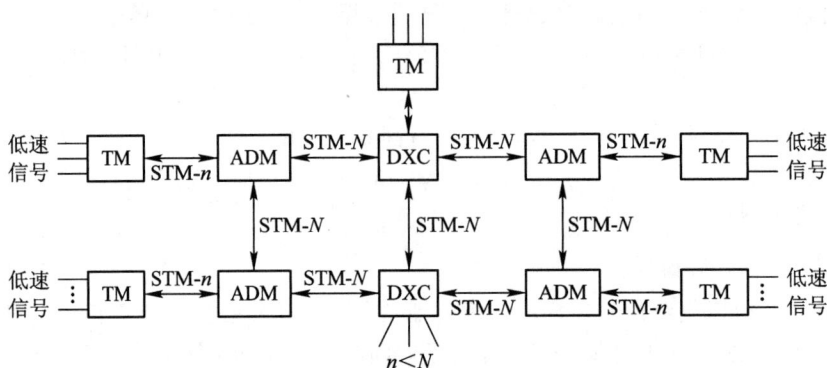

图 4.7　SDH 传输网的典型拓扑结构

ADM 是一种特殊的复用器，它利用分接功能将输入信号所承载的信息分成两部分，一部分直接转发，另一部分卸下给本地用户。然后信息又通过复接功能将转发部分和本地上送的部分合成输出。分插复用器可灵活地完成上下话路功能。

TM、ADM 和 DXC 的功能框图分别如图 4.8(a)、(b)、(c)所示。

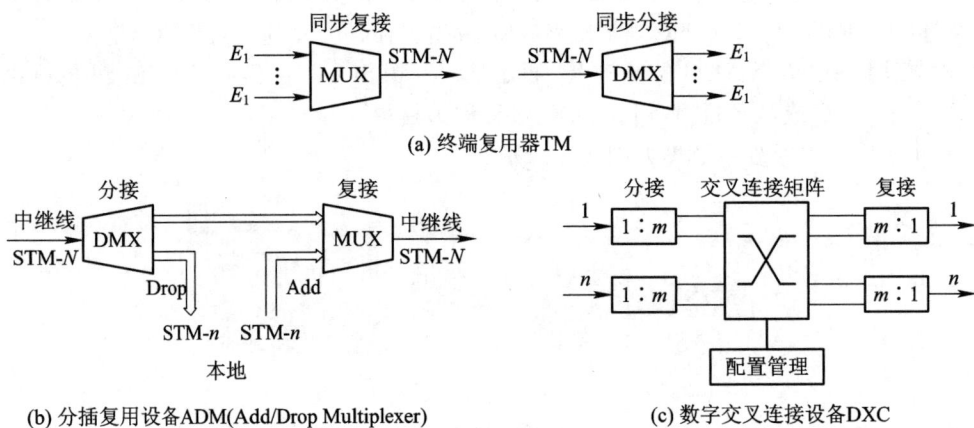

(a) 终端复用器TM

(b) 分插复用设备ADM(Add/Drop Multiplexer)　　　(c) 数字交叉连接设备DXC

图 4.8　SDH 传输网络单元

DXC 类似交换机，它一般有多个输入和多个输出，通过适当配置可提供不同的端到端连接。其核心部分是可控的交叉连接开关(空分或时分)矩阵。参与交叉连接的基本电路速率可以等于或低于端口速率，它取决于信道容量分配的基本单位。一般每个输入信号被分接为 m 个并行支路信号，然后通过时分(或空分)交换网络，按照预先存放的交叉连接图或动态计算的交叉连接图对这些电路进行重新编排，最后将重新编排后的信号复接成高速信号输出。

5. SDH 网络的物理拓扑结构

SDH 网络是由 SDH 网元设备通过光缆互连而成的，网络节点(网元)和传输线路的几何排列就构成了网络的拓扑结构。网络的有效性(信道的利用率)、可靠性和经济性在很大程度上与其拓扑结构有关。

网络拓扑的基本结构有链型网、星型网、树型网、环型网和网孔型网，如图 4.9 所示。

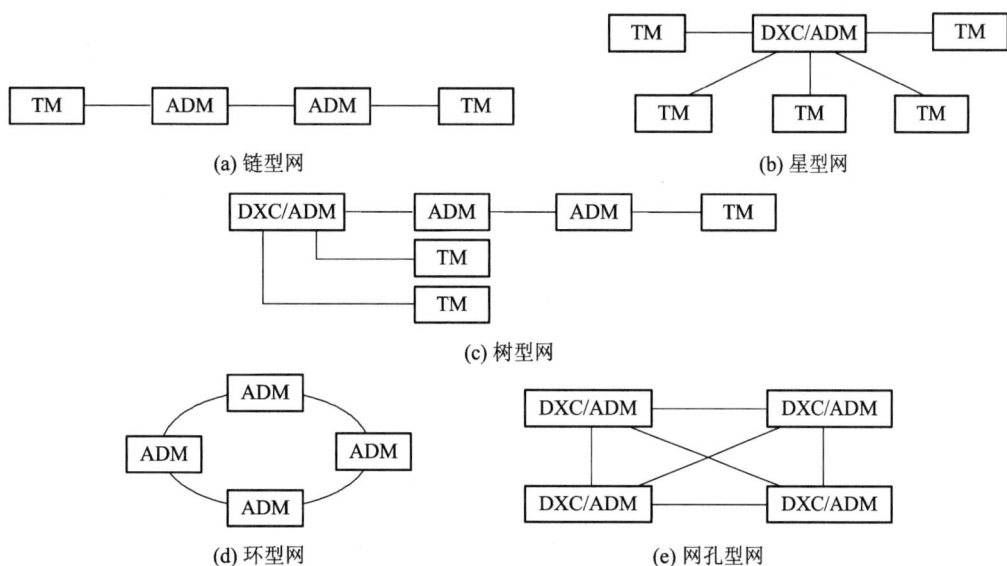

图 4.9　网络拓扑的基本结构

（1）链型网：链型网络拓扑是将网中的所有节点一一串联，而首尾两端开放。这种拓扑结构的特点是较经济，在 SDH 网的早期用得较多，主要用于专网（如铁路网）中。

（2）星型网：星型网络拓扑是将网中一网元作为特殊节点与其他各网元节点相连，其他各网元节点互不相连，网元节点的业务都要经过这个特殊节点转接。这种网络拓扑的特点是可通过特殊节点来统一管理其他网络节点，利于分配带宽，节约成本，但存在特殊节点的安全保障和处理能力的潜在瓶颈问题。特殊节点的作用类似交换网的汇接局，星型网络拓扑多用于本地网（接入网和用户网）。

（3）树型网：树型网络拓扑可看成链型拓扑和星型拓扑的结合，也存在特殊节点的安全保障和处理能力的潜在瓶颈问题。

（4）环型网：环型拓扑实际上是指将链型拓扑首尾相连，从而使网上任何一个网元节点都不对外开放的网络拓扑形式。它具有很强的生存性，即自愈功能较强，常用于本地网（接入网和用户网）、局间中继网。

（5）网孔型网：将所有网元节点两两相连，就形成了网孔型网络拓扑。这种网络拓扑为两网元节点间提供多个传输路由，使网络的可靠更强，不存在瓶颈问题和失效问题。但是系统的冗余度高，会导致系统有效性降低，成本高且结构复杂。网孔型网主要用于长途网中，以提供网络的高可靠性。

6. 自愈网

随着科学技术的发展，社会对通信的依赖性越来越大，一旦通信网络出错甚至中断，将会给社会带来巨大的损失。所以通信网络的生存性已经成为至关重要的设计考虑因素。因此自愈网（Self-healing Network）的概念应运而生，它无需人为干预，就能在极短的时间内从失效故障中自动恢复所承载的业务，用户甚至感觉不到网络出了故障。

PDH 系统采用的线路保护倒换方式是最简单的自愈网形式。但是当光缆被切断时，往往是同一光缆内的所有光纤(包括主用和备用)都被切断,在这种情况下线路保护倒换方式就无能为力了。

改善网络生存性的最好办法是将网络结点连成一个环形,形成所谓的自愈环。环型网的结点可以是 ADM,也可以是 DXC(通常由 ADM 构成)。SDH 的特色之一便是能够利用 ADM 的分插复用能力构成自愈网。

自愈网的具体实施手段多种多样,各种自愈网都需要考虑一些共同因素,如初始成本、要求恢复的业务量的比例、用于恢复任务所需的额外容量、业务恢复的速率、节点的灵活性、操作运行和维护的灵活性等。

自愈网的基本原理是使网络具备发现替代传输路由并重新确立通信的能力。自愈网的概念只涉及重新确立通信,而对失效元部件的修复或更换无能为力,仍需人工干预才能完成。

确保网络生存性的方法有两种,分别是网络保护和网络恢复。

1) 网络保护

网络保护一般是指利用节点间预先分配的容量实施网络保护,即当一个工作通路失效时,利用备用设备的倒换动作,使信号通过保护通路保持有效,如 1∶1 保护、1+1 保护等,保护倒换的时间很短。

网络保护的分类及具体实现方法如下。

(1) 按网络的功能结构,网络保护可分为路径保护和子网连接保护两大类。

① 路径保护包括线性复用段(MS)保护、MS 共享保护环、MS 专用保护环以及线性 VC 路径保护。

② 子网连接保护包括固有监测的子网连接保护以及利用非介入监测的子网连接保护。

(2) 按网络的物理拓扑,网络保护可分为线路保护倒换、环型网保护倒换等。

① 线路保护倒换。线路保护倒换是最简单的自愈网形式,其工作原理是当工作通道传输中断或性能劣化到一定程度后,系统倒换设备将主信号自动倒换到备用传输通道,从而使业务继续进行。这种保护方式的业务恢复时间很快,可以短于 50 ms。但是如果主用和备用系统属于同缆复用,当光缆被意外切断时,这种保护方式就无能为力了。

改进的方法是采用地理上的路由备用(也称多径保护),即主用设备和备用设备采用不同的光缆,当一根中断时,另一根不受影响。这种配置比较容易,但成本相对较高。此外,该保护方法只能提供传输链路的保护,无法对网络节点的失效进行保护,因此主要适合点到点的保护。

② 环型网保护倒换。将网络节点连成一个环型可以进一步改善网络的生存性和成本。网络节点可以是 DXC,也可以是 ADM,但一般采用 ADM。利用 ADM 的分插能力和智能化构成的自愈环是 SDH 的特色之一。

(3) 按自愈环的结构,网络保护可分为通道保护环和复用段保护环。

① 通道保护环是指业务量的保护是以通道为基础的,倒换与否由离开环的每一个通道的信号质量优劣而定,通常利用简单的通道告警指示 AIS 信号来决定是否应倒换。

② 复用段保护环是指业务量的保护是以复用段为基础的,倒换与否由每一对节点间的复用段信号质量的优劣而定。当复用段出问题时,整个节点间的复用段业务信号都转向保护环。

通道保护环和复用段保护环的重要区别是：前者往往使用专用保护，正常情况下保护段也传业务信号，保护时隙为整个环专用；后者往往使用公用保护，正常情况下保护段是空的，保护时隙由每对节点共享。

2）网络恢复

网络恢复一般是指利用节点间可用的任何容量实施网络中业务的恢复，它在大大节省网络资源的同时，又能保证所需的网络资源，其实质是在网络中寻找失效路由的替代路由，但具有较长的计算时间。

4.2 数字光纤通信系统的性能指标

4.2.1　参考模型

光纤通信系统主要是数字系统，因此光纤传输系统的各种性能指标应满足数字传输系统的要求。而任何两个用户之间的通信都涉及建立端到端的连接，这种实际的端到端连接在传输中会遇到各种各样的干扰，情况十分复杂。为了便于研究和指标分配，通常找出通信距离最长、结构最复杂、传输质量最差的连接作为传输质量的研究对象。只要这种连接的传输质量能满足需求，那么其他情况均可满足。因而，ITU-T 提出了系统参考模型的概念，并规定了系统参考模型的性能参数和指标，光纤通信系统的性能指标就应遵循该规定。ITU-T（原 CCITT）在建议中提出了一个数字传输参考模型，称为假设参考连接（HRX）。最长的 HRX 是根据综合业务数字网（ISDN）的性能要求和 64 kb/s 信号的全数字连接来考虑的。假设在两个用户之间的通信可能要经过全部线路和各种串联设备组成的数字网，而且任何参数的总性能逐级分配后应符合用户的要求。

图 4.10 所示为标准数字假设参考连接 HRX 示意图，最长标准数字 HRX 为 27 500 km，它由各级交换中心和许多假设参考数字链路（HRDL）组成。标准数字 HRX 的总性能指标按比例分配给 HRDL，使系统设计大大简化。

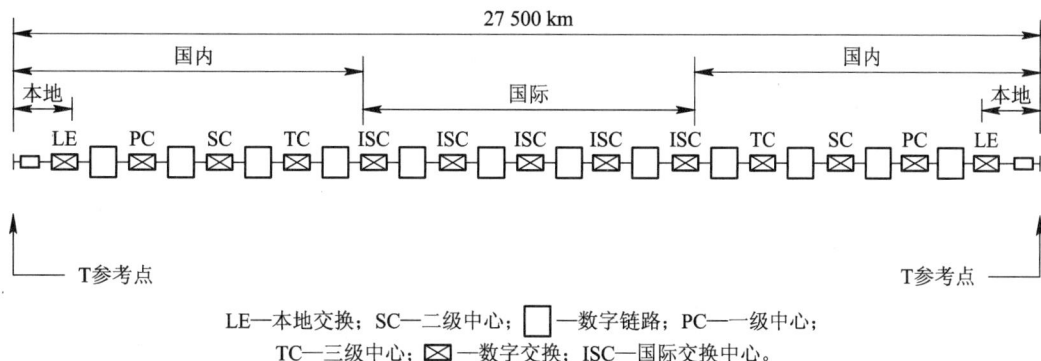

LE—本地交换；SC—二级中心；□—数字链路；PC—一级中心；
TC—三级中心；⊠—数字交换；ISC—国际交换中心。

图 4.10　标准数字假设参考连接 HRX 示意图

ITU-T 建议的 HRDL 长度为 2500 km，由于各国国土面积不同，采用的 HRDL 长度也不同。例如我国采用 5000 km，美国和加拿大采用 6400 km，而日本采用 2500 km。HRDL 由许多假设参考数字段（HRDS）组成，如图 4.11 所示。在建议中用于长途传输的 HRDS 长度为280 km，用于市话中继的 HRDS 长度为 50 km。我国用于长途传输的 HRDS 长度为 420 km（一级干线）和 280 km（二级干线）两种。假设参考数字段的性能指标从假设参考数字链路的指标分配中得到，并再度分配给线路和设备。

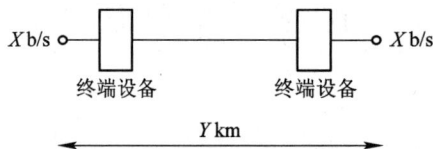

注：Y 的合适值取决于网的应用，目前50 km和280 km被认定是必需的。

图 4.11　假设参考数字段 HRDS

4.2.2　系统的主要性能指标

目前，ITU-T 已经对光纤通信系统的各个速率、各个光接口和电接口的各种性能给出了具体建议，系统的性能参数也有很多，但对于数字传输系统来说，最重要的性能指标是误码性能、抖动和漂移性能。

1. 误码性能

误码是指经光接收机的接收与判决再生后，数字码流中的某些比特发生了差错，使传输的信息质量产生损伤。误码对传输系统的影响很大，轻则使系统稳定性下降，重则导致传输中断。

1）误码的分类

从网络性能的角度出发，可将误码分成两大类，分别是内部机理产生的误码和脉冲干扰产生的误码。

（1）内部机理产生的误码：包括由各种噪声源产生的误码，定位抖动产生的误码，复用器、交叉连接设备和交换机产生的误码以及由光纤色散产生的码间干扰引起的误码。此类误码会由系统长时间的误码性能反应出来。

（2）脉冲干扰产生的误码：包括由突发脉冲诸如电磁干扰、设备故障、电源瞬态干扰等原因产生的误码。此类误码具有突发性和大量性，往往系统在突然间出现大量误码，可通过系统的短期误码性能反映出来。

2）误码的衡量标准

传统上常用平均误码率 BER 来衡量系统的误码性能，即在某一规定的观测时间内发生差错的比特数与传输比特总数之比。但平均误码率是一个长期效应，它只能给出一个平均统计结果。有些误码呈突发性质，因此除了平均误码率之外还应该有一些短期度量误码的参数。现在对速率等于或高于基群的数字通道误码性能的度量是以块为基础的。块是指一系列与通道有关的连续比特，每比特属于且仅属于一个块。以块为基础的度量便于进行在线误码性能监测。ITU-T G.826 和 G.828 规范了误块秒比（ESR）、严重误块秒比（SESR）、背景误块比（BBER）和严重误块期强度（SEPI）四个性能参数的目标要求。

以块为基础的误码事件和误码性能参数有以下几种。

(1) 误块、误块秒和误块秒比。当块内的任意比特发生错误时，称为误块(EB)。当某一秒中发现一个或多个误码块时称该秒为误块秒(ES)。在规定测量时间段内出现的误块秒总数与总的可用时间的比值称为误块秒比(ESR)。

(2) 严重误块秒和严重误块秒比。某一秒内包含有不少于 30％的误块或者至少出现一个严重扰动期(SDP)时认为该秒为严重误块秒(SES)。

在测量时间段内出现的 SES 总数与总的可用时间之比称为严重误块秒比(SESR)。

严重误块秒一般是由脉冲干扰产生的突发误块，所以 SESR 往往反映出设备抗干扰的能力。

(3) 背景误块和背景误块比。扣除不可用时间和 SES 期间出现的误块以后剩下的误块称为背景误块(BBE)。BBE 数与在一段测量时间内扣除不可用时间和 SES 期间内所有块数后的总块数之比称为背景误块比(BBER)。

如果测量时间较长，那么 BBER 往往反映的是设备内部产生的误码情况，与设备采用器件的性能稳定性有关。

(4) 严重误码期和严重误码期强度。3～9 个连续严重误块秒的时间段为严重误码期(SEP)。可用时间内严重误码事件数与总可用时间秒之比称为严重误码期强度(SEPI)，单位为 s^{-1}。

上述误码事件(EB、ES、SES、BBE、SEP)和误码性能参数(ESR、SESR、BBER、SEPI)如图 4.12 所示，它们都涉及可用时间和不可用时间。可用时间的含义是连续 10 秒内每秒均为非 SES(即当数字信号连续 10 秒期间内每秒的误码率均优于 10^{-3})，那么从这 10 秒中的第一秒起就认为进入了可用时间。不可用时间的含义是连续 10 秒内每秒均为 SES，从这10 秒中的第一秒起就认为进入了不可用时间。

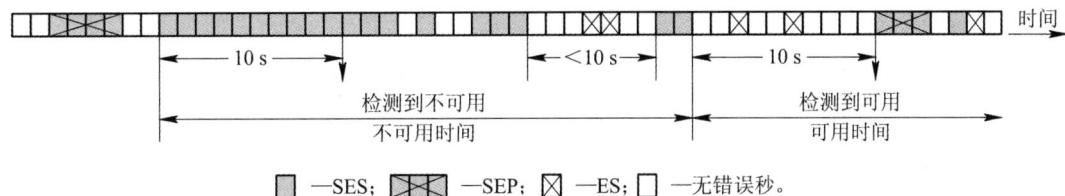

■ —SES；▧ —SEP；▨ —ES；□ —无错误秒。

图 4.12　误码性能参数

例如，ITU-T 将数字链路等效为全长 27 500 km 的假设数字参考链路，并为链路的每一段分配最高误码性能指标，使主链路各段的误码情况在不高于该标准的条件下连成串之后，能满足数字信号端到端(27 500 km)正常传输的误码性能指标要求，如表 4.3 所示。

表 4.3　全程 27 500 km HRX 的误码性能指标

速率 /(kb/s)	2.048 基群	8.448 二次群	34.368 三次群	155.520 STM-1	622.080 STM-4	2448.320 STM-16	9953.280 STM-64	39813.120 STM-256
ESR	0.04	0.05	0.075	0.16	注			
SESR	0.002							
BBER	2×10^{-4}	2×10^{-4}	2×10^{-4}	2×10^{-4}	2×10^{-4}	10^{-4}	10^{-5}	2.5×10^{-6}

注：考虑到 ESR 指标对于高比特率系统已失去重要性，因此对于 160 Mb/s 以上速率通道不做规范。

3）减少误码的策略

误码减少有以下两种策略。

（1）减少内部误码。改善收信机的信噪比是降低系统内部误码的主要途径。另外，适当选择发送机的消光比，改善接收机的均衡特性，减少定位抖动都有助于改善内部误码性能。在再生段的平均误码率低于 10^{-14} 数量级以下，可认为处于无误码运行状态。

（2）减少外部干扰误码。加强所有设备的抗电磁干扰和静电放电能力，例如加强接地。在系统设计规划时预留充足的冗度也是一种简单可行的对策。

2. 抖动和漂移性能

抖动和漂移与系统的定时特性有关。定时抖动（抖动）是指数字信号的特定时刻（例如最佳抽样时刻）相对其理想时间位置的短时间偏离，抖动示意图如图 4.13 所示。

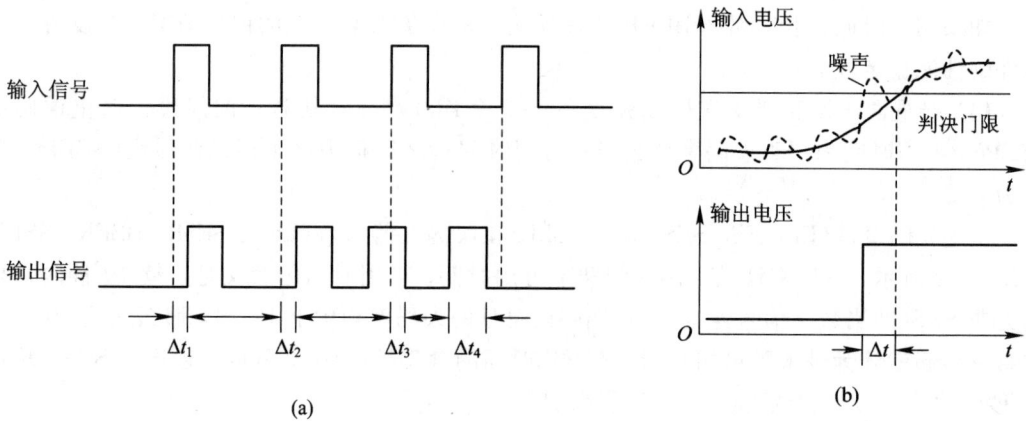

图 4.13　抖动示意图

短时间偏离是指变化频率高于 10 Hz 的相位变化，抖动单位为 UI，表示单位时隙。当脉冲信号为二电平 NRZ 时，1UI 等于 1 b 信息所占时间，数值上等于传输速率 f_b 的倒数。漂移是指数字信号的特定时刻相对其理想时间位置的长时间的偏离，长时间是指变化频率低于 10 Hz 的相位变化。

1）抖动和漂移的产生机理

抖动来源于系统线路与设备。一般光缆线路引入的总抖动量仅为 0.002～0.011UI，可忽略不计，因此设备是主要抖动来源，包括指针调整抖动、映射/去映射抖动和复用/解复用抖动。引起 SDH 网漂移的普遍原因是环境温度的变化，它使光缆传输特性发生变化，导致信号漂移，另外时钟系统受温度变化的影响也会出现漂移。SDH 网络单元中指针调整和网络同步的结合也会产生很低频率的抖动和漂移。总体说来 SDH 网络的漂移主要来自各级时钟和传输系统。

2）抖动和漂移的性能指标

抖动和漂移难以完全消除，为了保证系统正常工作，根据 ITU-T 的建议和我国通信行业标准 YD/T 1299—2004 的规定，抖动/漂移特性包括三项性能指标，即输入抖动/漂移容限、输出抖动/漂移容限和抖动/漂移转移特性。

（1）输入抖动/漂移容限：数字段能够允许的输入信号的最低抖动和漂移限值，即加大输入信号的抖动和漂移值，直到由不误码到开始误码的分界点。

（2）输出抖动/漂移容限：在数字段输入信号无抖动和漂移时，由于数字段内的中继器产生抖动和漂移，并按一定规律进行累计，于是在数字段输出端产生抖动和漂移。ITU-T 提出了数字段无输入抖动和漂移时的输出抖动和漂移上限，即为输出抖动/漂移容限。

（3）抖动/漂移转移特性：设备输出抖动/漂移容限与设备输入抖动/漂移容限的比值随频率的变化关系，此频率指抖动的频率。对于系统的抖动、漂移性能分析，具体参数请参见 G.825 技术标准。

3）减少抖动和漂移的策略

减少抖动和漂移主要从以下两方面来考虑。

（1）减少线路系统的抖动。线路系统抖动是 SDH 网的主要抖动源，设法减少线路系统产生的抖动是保证整个网络性能的关键之一。减少线路系统抖动的基本对策是减少单个再生器的抖动(输出抖动)、控制抖动转移特性(加大输出信号对输入信号的抖动抑制能力)、改善抖动积累的方式(采用扰码器，使传输信息随机化，各个再生器产生的系统抖动分量相关性减弱，改善抖动积累特性)。

（2）减少 PDH 支路口输出抖动。SDH 采用的指针调整可能会引起很大的相位跃变(因为指针调整是以字节为单位的)，伴随产生抖动和漂移，因此可在 SDH/PDH 网边界处支路口采用解同步器(解同步器有缓存和相位平滑作用)来减少其抖动和漂移幅度。

4.2.3　可靠性

要衡量通信系统质量的优劣，可靠性也是一个重要指标，它直接影响通信系统的使用、维护和经济效益。对光纤通信系统而言，可靠性包括光端机、中继器、光缆线路、辅助设备和备用系统等的可靠性。

确定可靠性一般采用故障统计分析法，即根据现场实际调查结果，统计足够长时间内的故障次数，确定每两次故障的时间间隔和每次故障的修复时间。

1）可靠性表示方法

（1）可靠性 R 和故障率 ϕ。可靠性是指在规定的条件和时间内系统无故障工作的概率，它反映了系统完成规定功能的能力。可靠性 R 通常用故障率 ϕ 表示，两者的关系为

$$R = \mathrm{e}^{-\phi t} \tag{4.1}$$

故障率 ϕ 是系统工作一段时间 t，在单位时间内发生故障(功能失效)的概率。ϕ 的单位为 $10^{-9}/\mathrm{h}$，称为菲特(fit)，1 fit 等于在 10^9 h 内发生一次故障的概率。

如果通信系统由 n 个部件组成，且故障率是与统计无关的，则系统的可靠性 R 可表示为

$$R = R_1 \times R_2 \times \cdots \times R_n = \prod_{i=1}^{n} R_i = \mathrm{e}^{-\phi t}$$

故障率 ϕ 可表示为

$$\phi = \sum_{i=1}^{n} \phi_i \tag{4.2}$$

式中：R_i 和 ϕ_i 分别为系统第 i 个部件的可靠性和故障率。

（2）故障率 ϕ 和平均故障间隔时间 MTBF 之间的关系为

$$\phi = \frac{1}{\text{MTBF}} \tag{4.3}$$

（3）可用率 A 和失效率 P_F。可用率 A 是在规定时间内，系统处于良好工作状态的概率，可以表示为

$$A = \frac{\text{可用时间}}{\text{总工作时间}} \times 100\% = \frac{\text{MTBF}}{\text{MTBF} + \text{MTTR}} \times 100\% \tag{4.4}$$

式中：MTTR 为平均故障修复时间（不可用时间）。

失效率 P_F 可以表示为

$$P_F = \frac{\text{不可用时间}}{\text{总工作时间}} \times 100\% = \frac{\text{MTTR}}{\text{MTBF} + \text{MTTR}} \times 100\% \tag{4.5}$$

由式（4.4）和式（4.5）得到

$$P_F = (1 - A) \times 100\% \tag{4.6}$$

在有备用系统的情况下，失效率为

$$P_F = \frac{(m+n)!}{m!\,(1+n)!} p^{(n+1)} \tag{4.7}$$

式中：m 和 n 分别为主用系统数和备用系统数，$p = \text{MTTR}/\text{MTBF}$。

2）可靠性指标

根据国家标准的规定，具有主备用系统自动倒换功能的数字光缆通信系统，容许 5000 km 双向全程每年 4 次全阻故障，对应于 420 km 和 280 km 数字段双向全程分别约为每 3 年 1 次和每 5 年 1 次全阻故障。市内数字光缆通信系统的假设参考数字链路长为 100 km，容许双向全程每年 4 次全阻故障，对应于 50 km 数字段双向全程每半年 1 次全阻故障。此外，要求 LD 光源寿命大于 10×10^4 h，PIN-FET 寿命大于 50×10^4 h，APD 寿命大于 50×10^4 h。

根据上述标准，以 5000 km 为基准，按长度平均分配给各种数字段长度，相应的全年指标如表 4.4 所示，假设平均故障修复时间 MTTR＝6 h。

表 4.4 数字光缆通信系统可靠性指标

链路长度/km	5000	3000	420	280
双向全程故障次数	4	2.4	0.336	0.224
MTBF/h	2190	3650	26 070	39 107
ϕ/fit	456 620	373 970	38 358	25 570
MTTR/h	24	14.4	2.016	1.344
P_F/%	0.274	0.164	0.023	0.015
A/%	99.726	99.836	99.977	99.985

4.3　系统的总体考虑与设计

4.3.1　系统总体设计考虑

　　数字光纤通信系统是根据用户对传输距离和传输容量及其分布的要求总体设计的，按照国家相关的技术标准和当前设备的技术水平，经过综合考虑和反复计算，选择最佳路由和局站设置、传输体制和传输速率以及光纤光缆和光端机的基本参数和性能指标，使系统实施达到最佳的性能价格比。

　　任何复杂的通信系统，其基本单元都是点到点的传输链路。它包括三大部分，即光发送机、光接收机和光纤线路。每一部分都涉及许多光电器件。链路设计是一个复杂的工作，每个元器件的选择都要反复若干次，设计电路时需要综合考虑很多问题。

1. 光纤通信系统工程的设计原则

　　(1) 遵守国家的基本建设方针和经济技术政策，遵从投资少见效快以及将来避免重复投资的原则。

　　(2) 从国家传输线路的长远规划以及中、远期通信容量的发展考虑。

　　(3) 在技术要求和产品配置方面应按照 ITU-T 建议和国家有关技术标准进行。

　　(4) 应贯彻通信建设的有关规范，并考虑各种通信之间的关系。我国常用通信行业法律法规及标准有(部分)：

　　① 《中华人民共和国电信条例》。

　　② 《通信建设工程质量监督管理规定》工信部令第 47 号。

　　③ GB/T 14733.12—2008/IEC 60050(731)：1991《电信术语　光纤通信》。

　　④ GB/T 9771.1《通信用单模光纤 第 1 部分：非色散位移单模光纤特性》(G. 652A、G. 652B)。

　　⑤ GB/T 9771.3《通信用单模光纤 第 3 部分：波长段扩展的非色散位移单模光纤特性》(G. 652C)。

　　⑥ GB/T 9771.4《通信用单模光纤 第 4 部分：色散位移单模光纤特性》(G. 653)。

　　⑦ GB/T 9771.2《通信用单模光纤 第 2 部分：截止波长位移单模光纤特性》(G. 654)。

　　⑧ GB/T 9771.5《通信用单模光纤 第 5 部分：非零色散位移单模光纤特性》(G. 655A、G. 655B)。

　　⑨ 中华人民共和国通信行业标准 YD 5205—2014《通信建设工程节能与环境保护监理暂行规定》。

　　⑩ 中华人民共和国通信行业标准 YD 5095—2014《同步数字体系(SDH)光纤传输系统工程设计规范》。

　　⑪ 中华人民共和国通信行业标准 YD 5092—2014《波分复用(WDM)光纤传输系统工程设计规范》。

　　⑫ 中华人民共和国通信行业标准 YD 5206—2014《宽带光纤接入工程设计规范》。

2．设计总体考虑

光纤通信系统设计的步骤一般包括初步设计方案的制定与确立、实施勘查与施工设计、工程的投资概算以及工程的鉴定和验收。以初步设计方案为例，应考虑如下内容：

（1）网络拓扑和线路路由选择。网络拓扑和线路路由选择通常与网络/系统在通信网中的位置、功能和作用，以及所承载的业务的生存性要求等因素有关。在骨干网中，网络生存性要求较高的适合采用网状网络结构；在城域网中，网络生存性要求较高的适合采用环型网络结构；在接入网中，网络生存性要求不高且成本要求低廉的适合采用星型网、无源树型和链型网络结构。同时，要考虑节点之间的光缆线路路由，选择应该符合通信网络发展的整体规划，而且要兼顾当前业务承载方案和未来新业务增长的需求，以及考虑到施工和维护的便利性。

（2）网络/系统容量的确定。网络/系统容量一般分为近期、中期和远期规划设计，考虑到网络技术突飞猛进的发展速度，通常不仅要考虑网络/系统运行后几年里所需承载容量，而且要考虑网络/系统便于系统扩容以满足未来容量需求。目前城域网中系统的单波长速率常为 2.5 Gb/s 或 10 Gb/s、骨干网单波长速率通常采用 10 Gb/s 或根据容量的需求采用 WDM。对于新建的骨干网和城域网一般都应选择能够承载多业务量的设备。

（3）光纤/光缆选型。光纤的类型分为单模光纤和多模光纤，需要根据实际需求选用相应的光纤/光缆。对于短距离传输和短波长应用，可以用多模光纤。长距离大容量的光通信系统长波长传输一般使用单模光纤。目前可选择的单模光纤有 G.652、G.653、G.654、G.655 等。G.652 常规单模光纤对于 1310 nm 波段是最佳选择；G.653 色散位移光纤只适合于 1550 nm 波段的单波长光纤通信系统；G.654 光纤是工作在 1550 nm 波段衰减最小的单模光纤，一般用于长距离海底光缆通信系统；G.655 非零色散位移单模光纤克服了 G.652 光纤在 1550 nm 波长色散大和 G.653 光纤在 1550 nm 波长产生的非线性效应不支持波分复用系统的缺点。G.655 光纤又可分为 G.655A、G.655B、G.655C 三种。它们可支持速率大于 10 Gb/s、有光放大器的单波长信道系统以及光传送网系统，支持速率大于 2.5 Gb/s、有光放大器的多波长信道系统和 10 Gb/s 局间应用系统以及光传送网系统。对于 WDM 系统，G.655 和大有效面积光纤是最适合的。在确定光纤/光缆的选择之后，还需要考虑的设计参数有纤芯分布、光纤的带宽或色散特性、衰耗特性。

（4）光器件的选择。光器件的选择主要包括光源和光检测器。

① 光源器件的选择需要考虑一系列系统参数，比如色散、码速率、传输距离和成本等。LED 输出频谱的谱宽比起 LD 来宽得多，这样引起的色散较大，使得 LED 的传输容量（码速距离积）较低，限制在 2500(Mb/s)·km 以下(1310 nm)；而 LD 的谱线较窄，传输容量可达 500(Gb/s)·km(1550 nm)。典型情况下，LD 耦合进光纤中的光功率比 LED 高出 10～15 dB，因此会有更大的无中继传输距离。但是 LD 的价格比较昂贵，发送电路复杂，并且需要自动功率和温度控制电路。而 LED 价格便宜，线性好，对温度不敏感，线路简单。

② 光检测器的选择需要看系统在满足特定误码率的情况下所需的最小接收光功率，即接收机的灵敏度，此外还要考虑检测器的可靠性、成本和复杂程度。PIN 比 APD 结构简单，温度特性更加稳定，成本低廉。正常情况下，PIN 的偏置电压低于 5 V。但是若要检测极其微弱的信号，还需要灵敏度较高的 APD 或 PIN-FET 等。光检测器的主要参数有工作

波长、响应度、接收灵敏度、响应时间等。

3．设计任务

对数字光纤通信系统而言，系统设计的主要任务有以下几点。

（1）根据用户对传输距离和传输容量（话路数或比特率）及其分布的要求，按照国家相关的技术标准和当前设备的技术水平，进行综合考虑和反复计算。

（2）选择最佳路由和局站设置、传输体制和传输速率以及光纤光缆和光端机的基本参数和性能指标，以使系统的实施达到最佳的性能价格比。

（3）在技术上，系统设计的主要问题是确定中继距离，尤其对长途光纤通信系统，中继距离设计是否合理，对系统的性能和经济效益影响很大。

中继距离的设计有三种方法，分别是最坏情况法（参数完全已知，即所有参数包括光功率、光谱范围、光谱宽度、接收机灵敏度、光纤衰减系数、接头与活动连接器插入损耗等参数均采用寿命期中允许的最坏值，而不管其具体的分布如何）、统计法（所有参数都是统计定义，利用光参数分布的统计特性有效地设计中继距离）和半统计法（只有某些参数是统计定义）。这里采用最坏情况法，所有考虑在内的参数都以最坏的情况考虑，设计的可靠性为100%，但要牺牲可能达到的最大长度。

中继距离受光纤线路损耗和色散（带宽）的限制，明显随传输速率的增加而减小。中继距离和传输速率反映着光纤通信系统的技术水平。一个光纤链路，如果损耗是限制光中继距离的主要因素，则这个系统就是损耗受限的系统；如果光信号的色散展宽最终成为限制系统中继距离的主要因素，则这个系统就是色散受限的系统。

4.3.2　SDH 传输系统中继段距离设计

1．中继距离受损耗的限制

图 4.14 所示为无中继器和中间有一个中继器的数字光纤线路系统，图中符号意义如下：

T'，T：光端机和数字复接分接设备的接口。

T_x：光发射机或中继器发射端。

R_x：光接收机或中继器接收端。

C_1，C_2：光纤连接器。

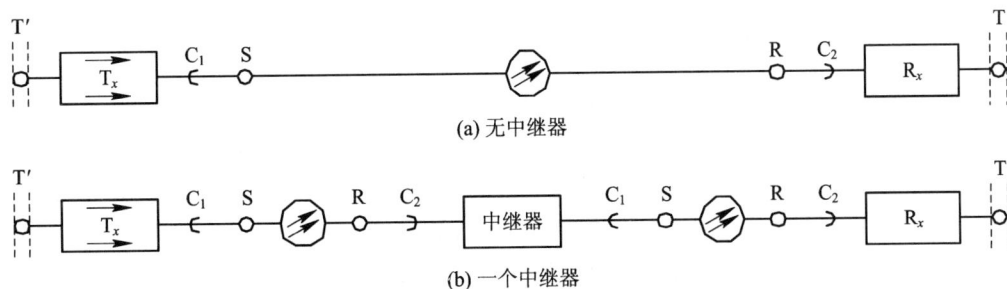

(a) 无中继器

(b) 一个中继器

图 4.14　数字光纤线路系统

S：靠近 T_x 的连接器 C_1 的接收端。

R：靠近 R_x 的连接器 C_2 的发射端。

S-R：光纤线路，包括接头。

如果系统传输速率较低，光纤损耗系数较大，中继距离主要受光纤线路损耗的限制。在这种情况下，要求 S 和 R 两点之间光纤线路总损耗必须不超过系统的总功率衰减，即

$$L(\alpha_f + \alpha_s + \alpha_m) \leqslant P_t - P_r - 2\alpha_c - M_e$$

或

$$L \leqslant \frac{P_t - P_r - 2\alpha_c - M_e}{\alpha_f + \alpha_s + \alpha_m} \tag{4.8}$$

式中：P_t 为平均发射光功率(dBm)，P_r 为接收灵敏度(dBm)，α_c 为连接器损耗(dB/对)，M_e 为系统余量(dB)，α_f 为光纤损耗系数(dB/km)，α_s 为每千米光纤平均接头损耗(dB/km)，α_m 为每千米光纤线路损耗余量(dB/km)，L 为中继距离(km)。

其中，光缆线路损耗余量 α_m 包括：

(1) 考虑将来光缆线路配置的修改，例如附加的光纤接头、光缆长度的增加等，一般长途通信按 0.05～0.1 dB/km 考虑。

(2) 由于环境因素造成的光缆性能变化，例如低温引起光缆衰减的增加，直埋方式可按 0.05 dB/km 考虑，架空方式随具体环境和光缆设计而异。

(3) S、R 点之间光缆线路所包含的活动连接器和其他无源光器件的性能恶化。

α_m 一般为 0.1～0.2 dB/km，但一个中继段总余量不超过 5 dB。平均接头损耗可取 0.05 dB/个，每千米光纤平均接头损耗 α_s 可根据光缆生产长度计算得到。

系统余量 M_e 为设备受环境变化和器件老化引起性能变化而预留的量。设备余量 M_e 包括由于时间和环境的变化而引起的发射光功率和接收灵敏度下降，以及设备内光纤连接器性能劣化，M_e 一般不小于 3 dB。

平均发射光功率 P_t 取决于所用光源，对单模光纤通信系统，LD 的平均发射光功率一般为 -9～-3 dBm，LED 平均发射光功率一般为 -25～-20 dBm。

光接收机灵敏度 P_r 取决于光检测器和前置放大器的类型，受误码率的限制，随传输速率而变化。

连接器损耗 α_c 一般为 0.3～1 dB/对。

光纤损耗系数 α_f 取决于光纤类型和工作波长，例如单模光纤在 1310 nm，α_f 为 0.4～0.45 dB/km；在 1550 nm，α_f 为 0.22～0.25 dB/km。

2. 中继距离受色散(带宽)的限制

如果系统的传输速率较高，光纤线路色散较大，那么中继距离主要受色散(带宽)的限制。为使光接收机灵敏度不受损耗，保证系统正常工作，必须对光纤线路总色散(总带宽)进行规范。

对于数字光纤线路系统而言，色散增大意味着数字脉冲展宽增加，因而在接收端会发生码间干扰，使接收灵敏度降低或误码率增大，严重时甚至无法通过均衡来补偿，使系统失去设计的性能。

根据原 CCITT 建议，对于实际的单模光纤通信系统，受色散限制的中继距离 L 可估

算为

$$L = \frac{\varepsilon \times 10^6}{F_b \times D \times \sigma_\lambda} \tag{4.9}$$

式中：F_b 是线路码速率（Mb/s），与系统比特速率不同，它要随线路码型的不同而有所变化。D 是光纤的色散系数[ps/(nm·km)]，它取决于工作波长附近的光纤色散特性。σ_λ 为光源谱线宽度（nm），对多纵模激光器（MLM-LD），为 rms 宽度；对单纵模激光器（SLM-LD），为峰值下降 20 dB 的宽度。ε 是与功率代价和光源特性有关的参数，对于 MLM-LD，$\varepsilon = 0.115$；对于 SLM-LD，$\varepsilon = 0.306$。

【例 4.2】　设计一个 STM-4 长途光纤通信系统，使用 G.652 光纤，工作波长选定 1310 nm，相关系统参数：平均发射功率 $P_t = -3$ dBm，接收灵敏度 $P_r = -28$ dBm，系统余量 $M_e = 2$ dB，活动连接器损耗 $\alpha_c = 0.8$ dB/对，光纤损耗系数 $\alpha_f = 0.4$ dB/km，光纤余量 $\alpha_m = 0.04$ dB/km，每千米光缆光纤固定接头平均损耗 $\alpha_s = 0.06$ dB/km。

把这些数据代入式（4.8）中，得到中继距离为

$$L = \frac{P_t - P_r - 2\alpha_c - M_e}{\alpha_f + \alpha_s + \alpha_m} = \frac{-3 - (-28) - 2 \times 0.8 - 2}{0.4 + 0.06 + 0.04} = 42.8 \text{ km}$$

又设线路码型为 5B6B，线路码速率 $F_b = 622.080 \times (6/5) = 746.496$ Mb/s，$D = 3.0$ ps/(nm·km)，$\sigma_\lambda = 2.5$ nm。

把这些数据代入式（4.9）中，得到中继距离为

$$L = \frac{\varepsilon \times 10^6}{F_b \times D \times \sigma_\lambda} = \frac{0.306 \times 10^6}{746.496 \times 3 \times 2.5} = 54.7 \text{ km}$$

即此时中继距离主要受损耗限制，实际最大中继距离应确定为 42.8 km。

但是，如果假设 $D = 3.5$ ps/(nm·km)，$\sigma_\lambda = 3$ nm，上述其他参数不变，根据式（4.9）计算得到的中继距离 $L \approx 39$ km，则此时中继距离主要受色散限制，中继距离应确定为 39 km。

故从损耗限制和色散限制两个计算结果中，选取较短的距离作为中继距离计算的最终结果。

本 章 小 结

本章主要以 IM-DD 系统为主线阐述了 PDH、SDH 两种数字传输体制，数字光纤通信系统性能指标及从工程性考虑系统设计时的总体考虑和中继距离设计。

准同步数字系列（PDH）有两种基础速率：一种是以 1.544 Mb/s（T_1）为第一级（一次群，或称基群）基础速率，采用的国家有北美各国和日本；另一种是以 2.048 Mb/s（E_1）为第一级（一次群）基础速率，采用的国家有西欧各国和中国。SDH 不仅适合于点对点传输，而且适合于多点之间的网络传输。它由 SDH 终接设备（或称 SDH 终端复用器 TM）、分插复用设备 ADM、数字交叉连接设备 DXC 等网络单元以及连接它们的（光纤）物理链路构成。SDH 具有下列特点。

（1）SDH 采用世界上统一的标准传输速率等级。

（2）SDH 各网络单元的光接口有严格的标准规范。

（3）在 SDH 帧结构中，丰富的开销比特用于网络的运行、维护和管理，便于实现性能监测、故障检测和定位、故障报告等管理功能。

（4）采用数字同步复用技术，简化了复接分接的实现设备。

（5）增强了网络的抗毁性和可靠性。

数字光纤通信系统的性能指标主要有误码性能、抖动性能、可靠性。设计者要利用 ITU-T 建议中提到的数字传输参考模型，确定光纤在参考模型中的位置与作用，提出对系统性能指标的要求。

数字光纤通信系统设计的主要任务是确定中继距离。一般采用最坏情况设计法来确定中继距离。考虑到光纤传输特性，系统设计中继距离时要综合考虑损耗和色散限制。当设计高速率光纤系统时，光纤链路偏振模色散 PMD 将直接限制系统传输速率或系统传输中继距离。所以，数字光纤通信系统设计目标是建设超高速、超大容量、超长距离和高质量的信息传输系统。

习题与思考题

1. 为什么引入 SDH？
2. 简述 SDH 的主要优缺点。
3. 说明 SDH 的帧结构及其特点。
4. 举例说明 SDH 复用过程（PDH→STM-1→STM-N）。
5. SDH 传输系统有哪些主要设备？其主要功能是什么？
6. 简述自愈网的工作原理。
7. 数字光纤通信系统的主要性能指标有哪些？
8. 抖动和漂移的异同是什么？
9. 已知某 SDH 传输系统速率为 622 Mb/s，其系统总体要求如下：

（1）光纤通信系统光源的入纤功率为 -3 dBm，接收机灵敏度为 -37 dBm，活动连接器损耗为 0.2 dB/对，系统余量为 3 dB，光纤余量为 0.05 dB/km，光纤损耗系数为 0.35 dB/km，平均接头损耗为 0.05 dB/km。试计算中继距离 L。

（2）若该系统的线路码型是 5B6B，光纤的色度色散系数为 3 ps/(km·nm)，系统采用谱线宽度 δ_λ 为 2.7 nm 的单纵模激光器作光源。试计算中继距离 L。（$\varepsilon = 0.306$）

（3）确定该系统的中继距离。根据以上两个结果，判断该系统中继距离受限的原因。

第5章
光纤通信新技术

20世纪90年代以来，光纤通信技术的更新越来越频繁，新技术不断涌现。本章主要介绍一些已经实用化或者有重要应用前景的光纤通信现代新技术，如波分复用技术、相干光通信技术、光孤子通信技术、光量子通信技术、光纤传感器等，这些研究的最终方向是实现全光通信。

5.1 波分复用技术

波分复用技术从光纤通信出现伊始就出现了，两波长 WDM(1310/1550 nm)系统于20世纪80年代就在美国 AT&T 网中使用，速率为 2×1.7 Gb/s。20世纪90年代中后期，WDM 技术的发展进入了快车道，特别是基于掺铒光纤放大器 EDFA 的 1550 nm 窗口密集波分复用(DWDM)系统。Lucent 公司率先推出了 8×2.5 Gb/s 系统，Ciena 公司推出了 16×2.5 Gb/s 系统，实验室目前已达 Tb/s 速率，世界上各大设备生产厂商和运营公司都对这一技术的商用化表现出极大的兴趣。WDM 系统在全球范围内已有了较广泛的应用。WDM 发展迅速的主要原因在于：

(1) 光电器件的迅速发展，特别是 EDFA 的成熟和商用化，使在光放大器(1530~1565 nm)区域采用 WDM 技术成为可能。

(2) 超高速 TDM 面临着电子元器件的瓶颈，传输设备的价格很高。

(3) 已大量敷设的 G.652 光纤在 1550 nm 窗口随着速率的增加，光纤色度色散和极化模色散的影响日益加重。

5.1.1 WDM 概述

光波分复用的基本原理是在发送端将不同波长的光信号组合起来(复用)，耦合到同一根光纤中进行传输，在接收端又将组合波长的光信号分开（解复用），恢复出原信号后送入相应的终端。

1. WDM 的分类

波分复用的常规分类如下。

（1）光频分复用（OFDM）：光频信道间距很小的频分复用。

（2）密集波分复用（DWDM）：光频信道间距小于 10 nm 的波分复用。

（3）稀疏波分复用（CWDM）：光频信道间距大于 10 nm 的波分复用。

DWDM(1550 nm 波段)的标准信道间距有 1.6 nm、0.8 nm、0.4 nm($\Delta f = 200$ GHz、100 GHz、50 GHz)。ITU-T 建议 193.1 THz(即 1552.52 nm 值)作为 WDM 的参考频率，从而为 WDM 光信号提供较高的频率精度和频率稳定度。如果全部利用石英光纤的 S、C、L 三个波段，总共约有 30 THz 的带宽，若以信道间隔 10 GHz 计算，一根光纤可以容纳至少 3000 个波长信道。

2. WDM 的特点

WDM 技术具有如下特点。

（1）可以充分利用光纤的巨大带宽资源，使一根光纤的传输容量比单波长传输大幅增加。

（2）将 N 个波长复用起来在单模光纤中传输，在大容量长途传输时可以大量节约光纤。

（3）同一光纤中传输的信号波长彼此独立。

（4）波分复用通道对数据格式是透明的，与信号速率及电调制方式无关。

（5）在网络扩充和发展中，该技术是理想的扩容手段，也是引入宽带新业务的手段。

（6）利用 WDM 技术选路来实现网络交换和恢复，从而可能实现未来数据格式透明、具有高度生存性的光网络。

（7）在国家骨干网的传输中，光放大器的使用可以大大减少长途干线系统 SDH 中继器的数目。

5.1.2 WDM 关键技术

WDM 最关键的技术是实现合波和分波的复用解复用技术。WDM 复用解复用器大都基于光滤波器和色散元件构成。

一般而言，波分复用器件的主要性能要求有插入损耗小、隔离度大、串扰小，带内平坦、带外插入损耗变化陡峭，温度稳定性好，工作稳定、可靠，复用通道各路插入损耗差别小。

下面介绍 WDM 复用解复用器涉及的光学知识。

由光干涉原理可知，发生干涉的光束需要三个基本条件：一定的相位差、功率相差不大、振动面相同或至少接近。后面两个条件可以通过分割振幅或者波面来实现；相位差条件与工作波长相关，实现的方法有很多，可以通过调节相位差来控制器件的干涉，实现与工作波长谐振。无论如何，相干光的相位差可以表述成两部分，分别是光程差带来的相位差和器件本身带来的相位变化 $\Delta\varphi$（如界面反射出现的半波损失等）。所以干涉可表达为

$$\frac{2\pi}{\lambda}n\Delta L + \Delta\varphi = m \times 2\pi \tag{5.1}$$

式中：n 为折射率（假定光路通过的折射率都相同）；ΔL 为几何光程差；m 为干涉级数。

忽略器件本身带来的相位差，式(5.1)可以变形为

$$n\Delta L = m\lambda \tag{5.2}$$

这些是非常实用的基础知识，很多光学器件的原理都基于此，下文将结合实例做一些简单的分析。

1. 光纤耦合器

光纤耦合器可以分为熔融拉锥型耦合器和平面波导型耦合器两种，熔融拉锥型光耦合器是将两根或多根光纤进行侧面熔接而成的；平面波导型光耦合器是微光学元件型产品，采用光刻技术，在介质或半导体基板上形成光波导，实现分支分配功能。这两种形式的分光原理类似，都是通过改变光纤间的消逝场相互耦合以及光纤半径来实现不同大小分支量，即作分波器；反之也可以将多路光信号合为一路信号，即合成器。

熔融拉锥型光纤耦合器的制作方法简单，价格便宜，容易与外部光纤连接成为一个整体，多用于分路（分路不一定分波长，大多只是分配功率）和合波，光纤耦合器如图 5.1 所示。

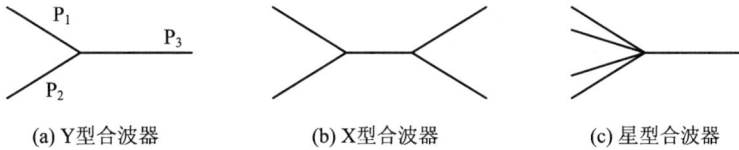

(a) Y型合波器　　　　(b) X型合波器　　　　(c) 星型合波器

图 5.1　光纤耦合器

光纤耦合器的一个重要参数是耦合比，耦合比是指每个端口的光波耦合进合波端口的比例。对 WDM 系统而言，常用 C 波段 3 dB 光纤耦合器作为合波器，以图 5.1(a)为例，P_1 和 P_2 端口分别只有 50% 的功率耦合进 P_3 端口，另外的一半功率损失掉了。所以选用光纤耦合器用作光波复用器，一定要在成本和功率损耗这两个方面进行权衡。

2. 多层膜滤波器

多层膜滤波器是在基片上周期性镀上折射率高低不同的金属氧化物薄膜层，每层介质膜都有反射光，可以形成多光束干涉。反射型多层膜滤波器滤出的波长可以用式(5.2)计算，要注意的是接近正入射的光波产生的相邻两束反射光之间的几何波程差应该是所在夹层厚度 a 的两倍，即

$$2na = m\lambda \tag{5.3}$$

高、低折射率薄膜层还应满足 $n_H a_H = n_L a_L$。此时反射光是干涉加强，多层膜为增反膜。如果光程差比式(5.3)多出半个波长，反射光将干涉相消，此时多层膜就变成了增透膜。

图 5.2 为增透多层膜滤波器型解复用器的示意图。增透多层膜滤波器只对符合中心波长的光进行透射，而对其他光进行反射。从输入端口进来的光有多个波长，它们在不同中心波长的多层膜滤波器（图中黑色小方块）的作用下被相继选出，实现解复用。实际上，利用光路的可逆性，图 5.2 所示的结构也可以用于光复用器。

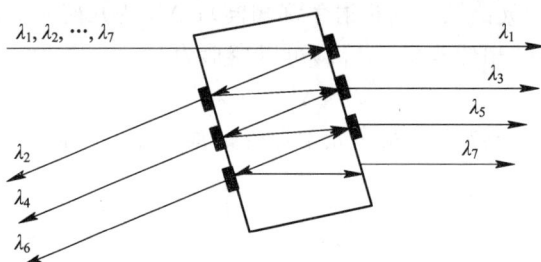

图 5.2 增透多层膜滤波器型解复用器示意图

3. 光纤光栅

光纤光栅是指利用紫外光刻的方法在光敏光纤上写入折射率周期性变化的结构(有周期性相位变化的结构即是光栅,折射率周期性变化必然使相位发生周期性变化),类似多层膜或者晶格层,是一种布拉格反射现象,所以光纤光栅也称光纤布拉格光栅(Fiber Bragg Grating,FBG),式(5.3)也适用于光纤光栅,不过其中的 a 值是光栅的周期,FBG 结构示意图如图 5.3 所示。

图 5.3 FBG 结构示意图

FBG 与多层膜不同的是光波几乎是正入射,所以反射光和入射光的分离需要结合环形器来实现,如图 5.4 所示。FBG 适于用作解复用器。

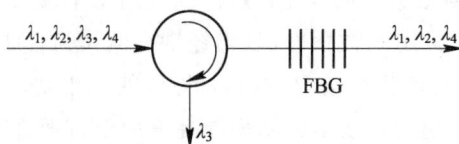

图 5.4 FBG 和环行器构成的解复用器

4. 干涉仪

最简单、最易实现的全光纤干涉仪(MZI)由两个光纤耦合器构成,其基本原理是分振幅双光束干涉,如图 5.5(a)所示。利用式(5.1)有

$$\frac{2\pi}{\lambda}n\Delta L = m2\pi - \Delta\varphi_i \tag{5.4}$$

这里的 $\Delta\varphi$ 对于 MZI 的 P_2 和 P_3 两个输出端口是不一样的,而 ΔL 是一样的。根据光纤耦合器的原理,$\Delta\varphi_2 - \Delta\varphi_3$ 约是 π 的奇数倍,如果某个波长的光在 P_2 端口相消,则在 P_3 端口就应加强,就会出现如图 5.5(b)所示的 P_2 和 P_3 两个端口的波长输出结果。这实际上是一个 Interleaver(间插复用器)。对于 Interleaver 来说,需要确定它的波长(或频率 Δv)间隔。由式(5.4)可得:

对 P_2 输出的 λ_1,有

$$\frac{2\pi}{\lambda_1} n \Delta L = m 2\pi - \Delta\varphi_1 \tag{5.5}$$

对 P_3 输出的 λ_2，有

$$\frac{2\pi}{\lambda_2} n \Delta L = m 2\pi - \Delta\varphi_2 \tag{5.6}$$

λ_1 和 λ_2 相邻的条件是上面两式右边的差刚好是 π，即

$$\frac{2\pi}{\lambda_1} n \Delta L - \frac{2\pi}{\lambda_2} n \Delta L = \pi \Rightarrow \Delta v = \frac{c}{2n\Delta L} \tag{5.7}$$

式中，c 为光速常数。

显然，全光纤 MZI 型 Interleaver 两臂输出的频率间隔由 MZI 的臂长差决定。

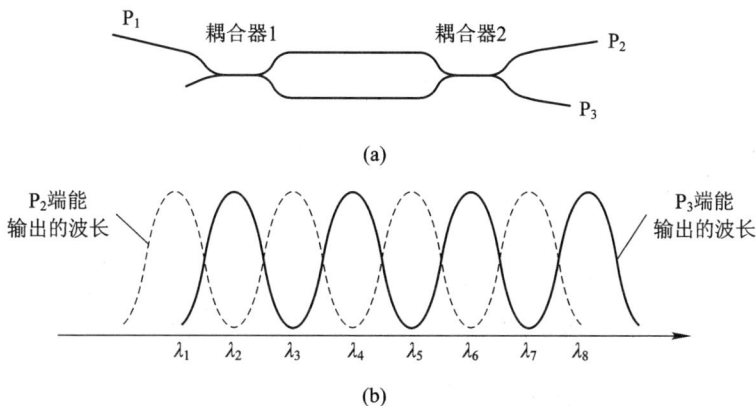

(a)

(b)

图 5.5　MZI 及其两个输出端口能输出的波长

通过不同频率间隔的 Interleaver 级联，也可以做成窄带滤波器用于波分解复用器，如图 5.6 所示。这种类似的结构可以在平面波导中集成。

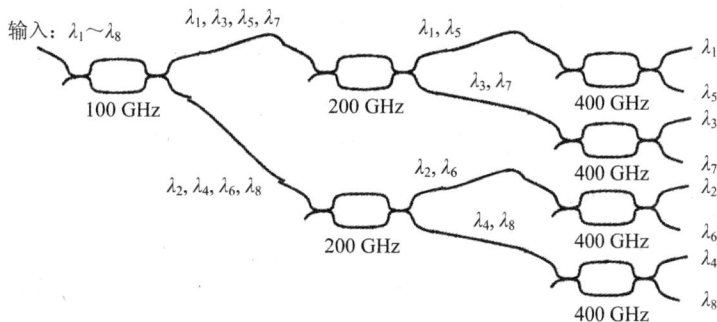

图 5.6　由 MZI 构成的多波长解复用器

5. 光学体光栅

利用光学体光栅进行波长的分解和复用，分解出的光波通过透镜耦合到光纤中。体光栅的基本原理还是干涉，但与前几种技术不同。图 5.7 所示的体光栅是通过衍射角度的不同获得光程差，是角度色散器，体积相对较大。图 5.7(a) 所示为利用闪耀光栅配合传统透镜聚焦准直，图 5.7(b) 所示为利用自聚焦透镜(取代普通透镜)聚焦准直，从而让系统更精确稳定，利于器件集成；图 5.8 所示为弧形闪耀光栅解复用器，它舍弃了透镜，采用弧形的

光栅，同时具有分光和聚焦的功能，结构更易实现。体光栅也能用于光波长复用器。

(a) 利用闪耀光栅配合传统透镜聚焦准直

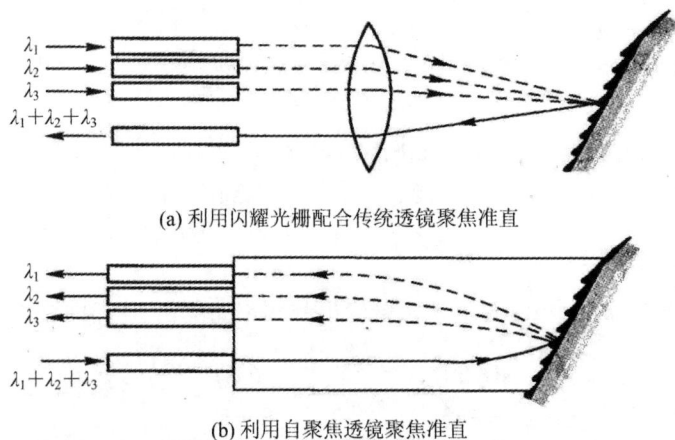

(b) 利用自聚焦透镜聚焦准直

图 5.7 透镜型光学体光栅

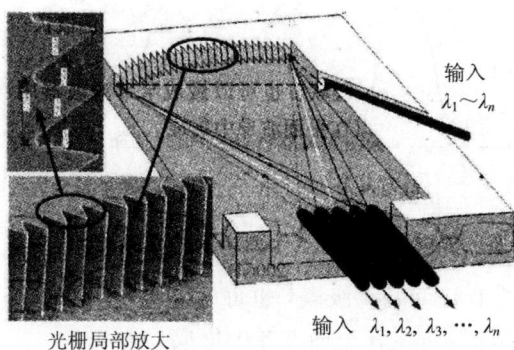

光栅局部放大

图 5.8 弧形闪耀光栅解复用器

5.2 相干光通信技术

目前已投入使用的光纤通信系统基本都采用强度调制直接检波（IM-DD）的方式。这种系统的主要优点是调制、解调简单，成本低。但由于没有利用光的相干性，所以从本质上讲，它还是一种噪声载波通信系统，传输容量和中继距离都受到限制。随着各种多媒体业务和互联网的普及，通信业务量激增，对光通信系统来说，提升有限带宽内的传输容量、提升信号接收灵敏度以及实现更远的距离传输有了更高的要求，而相干检测可以更充分地利用光纤的传输带宽，有效提高系统的传输容量和接收机灵敏度极限。

5.2.1 数字相干光通信系统基本原理

相干光通信像传统的无线电和微波通信一样，在发送端对光载波进行幅度、频率或相位的调制，在接收端采用零差检测或外差检测，这种检测方法称为相干检测。相干检测的

接收灵敏度比 IM-DD 方式高 20 dB。采用相干检测可以更充分地利用光纤带宽，从而大大
提高传输容量。相干检测原理如图 5.9 所示。

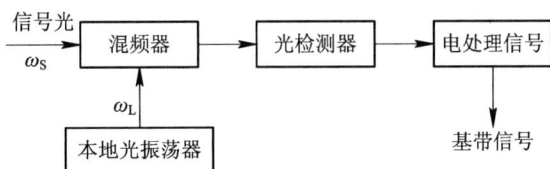

图 5.9　相干检测原理框图

图 5.9 中的光信号是以调幅、调频或调相的方式被调制（设调制频率是 ω_S）到光载波上
的，当该信号传输到接收端时，首先与频率为 ω_L 的本振光信号进行相干混合，然后由光电
检测器进行检测，这样获得了中频频率为 $\omega_{IF}=\omega_S-\omega_L$ 的输出电信号。如果 $\omega_{IF}\neq0$，则称
该检测为外差检测；如果 $\omega_{IF}=0$（即 $\omega_S=\omega_L$），则称该检测为零差检测，此时在接收端可以
直接产生基带信号。

根据平面波的传播理论，可以写出接收光信号 $E_S(t)$ 和本振光信号 $E_L(t)$ 的复数电场
分布表达式：

$$E_S(t)=E_S\exp[-\mathrm{j}(\omega_S t+\phi_S)] \tag{5.8}$$

$$E_L(t)=E_L\exp[-\mathrm{j}(\omega_L t+\phi_L)] \tag{5.9}$$

式中：E_S 为接收光信号的电场幅度值，是接收光信号的相位调制信息；E_L 为本振光信号
电场幅度值，是本振光信号的相位调制信息。

当 $E_S(t)$ 和 $E_L(t)$ 彼此相互平行、均匀入射到光电检测器的表面上时，发生光的干涉，
由于总入射光强正比于 $[E_S(t)+E_L(t)]^2$，则输出电流为

$$I(t)=R(P_S+P_L)+2R\sqrt{P_SP_L}\cos(\omega_{IF}t+\phi_S-\phi_L) \tag{5.10}$$

式中：R 为光电检测器的响应度，P_S、P_L 分别为接收光信号和本振光信号的强度。

一般情况下，$P_L\gg P_S$，从式（5.10）中可以看出，等式右边第一项近似为与传输信息无
关的直流项，第二项为经外差检测后的输出信号电流，很明显其中包含发射端传送信息：

$$i(t)=2R\sqrt{P_SP_L}\cos(\omega_{IF}t+\phi_S-\phi_L) \tag{5.11}$$

对零差检测，$\omega_{IF}=0$，输出信号电流为

$$i(t)=2R\sqrt{P_SP_L}\cos(\phi_S-\phi_L) \tag{5.12}$$

从式（5.11）和式（5.12）可以看到：

（1）即使接收光信号功率很小，但由于输出电流与 $\sqrt{P_L}$ 成正比，仍能通过增大 P_L 获
取足够大的输出电流。这样，本振光在相干检测中还起到了光放大的作用，从而提高了信
号的接收灵敏度。

（2）由于在相干检测中，要求 $\omega_S-\omega_L$ 随时保持常数（ω_{IF} 或者 0），因此要求系统中所
使用的光源具备非常高的频率稳定性、非常窄的光谱宽度以及一定的频率调谐范围。

（3）无论是外差检测还是零差检测，其检测根据都是接收光信号与本振光信号之间的
干涉，因而在系统中，必须保持它们之间的相位锁定，或者说具有一致的偏振方向。

5.2.2 相干光通信系统结构

相干光通信系统结构如图 5.10 所示。该结构模型主要由光发射机、光纤链路和光接收机三部分组成。相干光通信系统与强度调制-直接检测系统相比，其主要差别在于光接收机中增加了外差接收所需要的本地振荡器(简称本振)和光混频器。

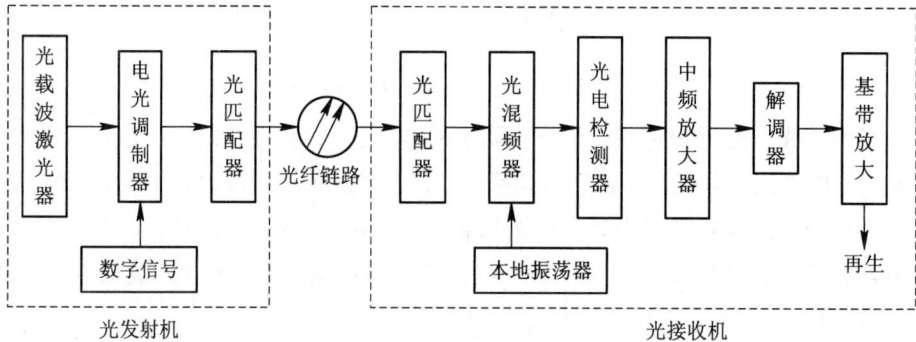

图 5.10 相干光通信系统结构

在调制发送端，电信号通过各类电光调制器将幅度、相位、频率等不同信息加载到信号上，即通过幅移键控(ASK)、频移键控(FSK)、相移键控(PSK)变成受数字信号控制的已调光波，并经光匹配器后输出。

在相干光通信系统中，只有信号光和本振光混频时满足严格的匹配条件，才能获得高混频效率，所以光匹配器一方面可以使调制器输出已调光的空间复数振幅分布和单模光纤的基模之间有最好的匹配，另一方面保证已调光波的偏振态与单模光纤的本征偏振态相匹配。

光纤链路部分主要由传输光纤和放大设备组成，常见的组合一般为 C 波段单模光纤和 EDFA，在部分系统中也会选择多模/多芯光纤或者利用拉曼放大器实现线上放大的作用。

在光接收机部分，接收到的光波首先进入光匹配器，它的作用与发射机的匹配器相同，也是使接收光波的空间分布和偏振状态与本地振荡器输出的本振光波相匹配。光混频器是将本振光波(频率为 ω_L)和接收光波(频率为 ω_S)相混合，并由后面的光电检测器进行检测，然后由中频放大器检出其差频信号(频率为 $\omega_S - \omega_L$)进行放大。再经过适当处理，即根据发射端调制形式进行解调，就可以获得基带信号。

5.2.3 相干光通信系统的特点和应用

1. 相干光通信系统的特点

相较于传统的直接检测系统，相干光通信系统具有以下优势。

(1) 灵敏度高，通信距离长。接收机中信号光与本振光进行混频，信号功率是直接检测功率的 $4P_L/P_S$ 倍(零差检测)，由于本振光功率 P_L 远大于信号光功率 P_S，因此相干接收的灵敏度要远高于直接检测，实际系统一般有 $10 \sim 20$ dB 的增益。灵敏度的提高意味着无中继传输距离的增加，降低了光纤通信成本，对卫星光通信等无法在线放大的系统来说更是意义非凡。

(2) 波长选择性强,传输容量大。接收机通过混频后处理的是基带或中频信号,信道间隔从 IM-DD 系统的 200 GHz 降低到 1～10 GHz,更加密集的波分复用使得系统容量大幅提升。

(3) 调制方式多样,选择灵活。IM-DD 采用的是直接强度调制,而相干光通信不仅可以对光载波进行幅度调制,还可以进行频率或相位调制,有利于工程上的灵活运用,特别是高阶调制格式还能提高单载波的传输容量——多进制相移键控(Multiple Phase Shift Keying, MPSK)和 M 进制的正交幅度调制(M-Quadrature Amplitude Modulation, M-QAM)的理论频谱效率是二进制系统的 lb$M$ 倍。

2. 相干光通信系统的应用

正是由于具有上述优势,再加上很多关键技术(如窄线宽和高稳定度的光源技术、光锁相环技术、匹配技术等)也取得了突破,相干光通信在近些年得到了极大发展。下面介绍相干光通信取得的一些最新的应用成果。

1) 100G 系统

2008 年,加拿大的 Nortel 公司基于偏振复用-相移键控(Dual Polarization-Quadrature Phase Shift Keying, DP-QPSK)实现了 40 Gb/s 的通信速率。40G 技术很快在中国得到了商业应用,中国电信和中国联通大规模部署了 40 Gb/s 的波分复用系统。但 40G 技术并不能满足急速增长的网络带宽需求,人们很快提出了 100G 系统。该系统在发送侧采用偏振复用-正交相位调制(Polarization Division Multiplexed-Quadrature Phase Shift Keying, PDM-QPSK)方式,调制信号存在正交的两个偏振态且每符号包含 2 比特,所以 100G(实际速率为 112 Gb/s)信号的实际波特率为 112/2/2=28G,降低了器件要求和信号处理难度,频谱带宽相对非偏振复用系统降低了一半。接收端采用数字相干接收技术,并结合高速模数转换、高性能数字信号处理和软判决前向纠错码等技术提高传输性能。2010 年,美国 AT&T 公司实现了首个单波 100 Gb/s 相干光通信实验系统,并完成了 1800 km 的现场传输。中国移动在 2013 年选择跨过 40 Gb/s 而直接进入 100 Gb/s 速率阶段,同时 2013 年也称作中国 100 Gb/s 元年。随着近几年的大力建设,各大运营商全面转向 100G 网络,目前 100G 设备已经承载大多数的网络流量,成为了我国骨干有线网的主力。

2) 400G 系统

虽然 100G 容量已经很大,但用户的流量需求仍然在高速增长,特别是随着万物互联的移动 5G/6G 时代到来,网络带宽的需求呈现出激增的态势。为了缓解数据传输压力,目前超 100G 技术正逐渐走向成熟,虽然未来究竟是选择 400G 还是 1T 还未完全确定,但业界普遍认为 400G 将会是未来骨干网的主流,特别是以单载波 200G/400G 为代表的超 100G 相干传输成为研究焦点。目前各大厂商,如华为、中兴、烽火、诺基亚等都在加紧研制 400G 相关设备,各大运营商也在进行相关测试和建设。中国移动在 2017 年启动单载波 400G 系统测试,积极推动 400G 从实验室到规模商用的进程,并率先在国内实现了双载波 400G 商用。中国联通和中国电信也在积极跟进,目前主要在地方网络中进行 400G 系统的升级改造，未来将全面转向 400G 网络部署。随着 400G 技术的逐渐成熟，相关的国际标准也在加紧制定之中，主要由 ITU-T、IEEE 和 OIF 三大国际标准组织负责。

3) 空间系统

美国宇航局(NASA)早期就开展了空间激光通信技术研究，如激光通信演示系统(Optical Communication Demonstrator，OCD)和转型卫星通信系统等，为后期发展奠定了良好的技术基础。2013 年 9 月美国发射了月球激光通信演示验证(Lunar Laser Communication Demonstration，LLCD)项目的探测器，并在同年 10 月与地面通信设备成功建立了双向激光链路，实现了地月之间的激光通信，成为目前为止世界上通信距离最远的激光通信系统(约 38 万公里)。该系统采用脉冲位置调制(Pulse Position Modulation，PPM)，分别在下行和上行链路中实现了 622 Mb/s 和 20 Mb/s 的数据传输。2017 年 4 月 NASA 又启动了一项名为"激光 增强型任务与导航服务"(LEMNOS)的计划，旨在为下一代"猎户座"(Orion)宇宙飞船研发激光通信系统，为宇航员提供最优的快速通信服务。

欧洲航空局(ESA)于 20 世纪 80 年代启动了半导体激光星间链路试验(SILEX)等项目，首次验证了低地球轨道(LEO)至地球静止轨道(GEO)的星间激光通信。德国 TESAT 公司在 SILEX 的基础上研制了两个基于 BPSK/零差检测的通信终端，分别搭载在德国地球观测卫星 TerraSAR-X 和美国的近场红外试验卫星 NFIRE 上，2008 年两颗卫星成功进行了世界上首次星间相干激光链路实验，链路距离最长达到 4900 km，链路通信传输速率为 5.625 Gb/s。

相对欧美发达国家，中国的空间激光通信起步较晚，但也取得了比较瞩目的成绩。目前中国已经先后发射了 3 颗光学实验卫星，分别是海洋二号卫星(2011 年 8 月 16 日发射)、墨子号量子科学实验卫星(2016 年 8 月 16 日发射)和实践十三号卫星(2017 年 4 月 12 日发射)。其中墨子号搭载了中科院上海光机所牵头研制的空间高速相干激光通信载荷，2017 年初进行了在轨测试并成功完成了世界首次 1550 nm 波段相干激光通信在轨试验，实现了相干激光通信载荷与光学地面站之间下行 5.12 Gb/s 和上行 20 Mb/s 的数据传输。

4) 军事应用前景

由于具备良好的性能，相干光通信拥有非常广阔的军事应用前景。军事通信业务是依靠覆盖全球的卫星通信系统来传递的，但随着需要传递的信息量越来越大，传统的微波频段已不能满足需求。相干光通信的容量能够达到微波频段的数十甚至数百倍，因此是一种理想的革新技术，而且相关技术已经在很多实验系统和商业系统得到了验证和应用，相信不远的将来就会出现实用的相干光军事卫星通信系统。

5.3 光孤子通信技术

光纤通信系统是以线性光学原理为基础的，相比同轴电缆通信虽有很多优点，但也存在两大缺陷。

(1) 光纤自身的色散问题。色散使得光纤线性通信系统的脉冲展宽，随传输距离增加，这种现象越发明显，最终会造成脉冲间干扰，大大增加误码率，因此色散会提高光纤通信的传输误码率，限制传输距离。

（2）损耗问题。光纤损耗会造成脉冲幅度衰减，限制脉冲无中继传输的上限距离。在线性光纤通信系统中，中继站是由检测器、激光器以及调制器构成的光电系统，电信号响应速度有限，所以中继站的电子设备成了实现超高码率传输的"瓶颈"。同时昂贵的中继站也限制了传输速率的提高。

随着波分复用技术（WDM）＋掺铒光纤放大器（EDFA）的运用，光纤的损耗问题得以解决，传输距离大大增加，但是光纤中的色散和各种非线性效应也随之增加，严重影响了通信质量。研究显示，在一定的条件下，光纤中的色散与非线性效应可达到相对平衡，可以使光孤子脉冲进行稳定传输。

光孤子通信是一种非线性全光长距离通信，是高速长距离通信的优选方案，其主要原理是使用强脉冲在光纤中产生的非线性压缩来补偿脉冲的色散展宽，使高速孤子脉冲进行稳定传输。光纤通信系统的传输损耗可以用 EDFA 进行增益放大补偿，传统中继站的光电转换器被取代，使用 EDFA 直接对脉冲进行光放大，克服了光纤通信的缺陷。光脉冲可以长距离传输并且保持幅度和波形不变，从而产生光孤子。使用光孤子通信的传输速率可以高达 1000 Gb/s。其速率比线性光纤通信高出了 2～3 个数量级，通信距离可达数万公里，并适合 WDM、TDM 长距离通信，是目前提高通信容量最佳的通信方式，其研究已获得极大进展。

5.3.1　光孤子的基本概念及特点

1. 光孤子的定义

孤子（Soliton）又称孤立子、孤立波，是一种特殊形式的超短脉冲，或者说是一种在传播过程中形状、幅度和速度都维持不变的脉冲状波。因此也可以形象地把孤子定义为与其他同类孤立波相遇后，能维持其幅度、形状和速度不变的孤立波。

1973 年，孤立波的观点开始引入光纤传输中。在频移时，由于折射率的非线性变化与群色散效应相平衡，光脉冲会形成一种基本孤子，在反常色散区稳定传输。由此，逐渐产生了新的电磁理论——光孤子理论，从而把通信引向非线性光纤孤子传输系统这一新领域。光孤子就是这种能在光纤中传播的长时间保持形态、幅度和速度不变的光脉冲。利用光孤子特性可以实现超长距离、超大容量的光通信。

在当今的信息社会中，信息量以指数级增长，而传统的通信技术已不能满足需要，所以发展新一代的高速率、大传输容量的高速光纤通信技术已迫在眉睫。因此光孤子传输技术便成为高速长距离全光通信的理想方案。

2. 光孤子的特点

（1）光孤子的脉冲较窄，只有几皮秒，这使得其脉冲间隔是其脉宽的 10 倍，而传输速率则可达 10～100 Gb/s。

（2）每个光孤子脉冲都含大量光子，由于其信号能量高，因此允许适当降低检测器灵敏度来提高响应速度，以达到高速传输检测。此外，在系统分支处只需损耗少量能量就能提供易于检测的低误码信号，还可以排除在传统系统接收检测中由于光子数较少所引起的统计误码问题。

（3）可实现全光传输，成本低，稳定性好，分辨率高，可大大提高传输质量。

3. 光孤子的传输原理

在光强较弱的情况下，光纤介质的折射率是常数，即 n 不随光强变化。但是在强光作用下，由物理晶体光学克尔效应可知，光纤介质的折射率不再是常数，折射率增量 $\Delta n(t)$ 正比于光场 $[E(t)]^2$。折射率与相位存在一定的关系，相位与频率存在一定的关系，则光强的变化将造成光信号的频率变化，从而使光的传播速度发生变化。

由光纤的非线性产生的脉冲压缩可抵消光纤色散的作用，因此，利用光纤色散导致的脉冲展宽和光纤非线性导致的脉冲压缩的相互作用所产生的光孤子脉冲进行通信，可以很好地解决大容量和长距离传输问题。

光纤的群速度色散和光纤的非线性的共同作用使得孤子在光纤中能够稳定存在。光孤子传输原理如图 5.11 所示。当工作波长大于 $1.31~\mu m$ 时，光纤呈现负的群速度色散，即脉冲中的高频分量传播速度快，低频分量传播速度慢。在强输入光场的作用下，光纤中会产生较强的非线性克尔效应，即光纤的折射率与光场强度成正比，进而使得脉冲相位正比于光场强度，即自相位调制，这就造成了脉冲前沿频率低，后沿频率高，因此脉冲后沿比脉冲前沿运动得快，引起脉冲压缩效应。当这种压缩效应与色散单独作用引起的脉冲展宽效应平衡时，即产生了束缚光脉冲——光孤子，它可以传播得很远而不改变形状与速度。

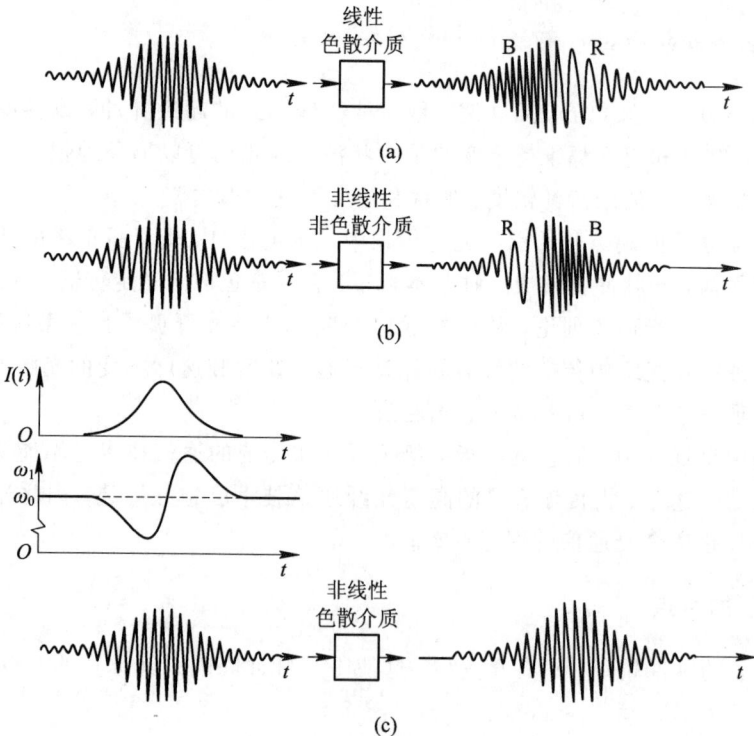

图 5.11　光孤子传输原理图

光孤子的存在是群速度色散（GVD）和自相位调制（SPM）间相互作用时表现出来的一种特殊形式的包络脉冲，具有保形稳幅的传输特征。群速度色散使波形展宽，而自相位调制则使波形中的较高频率分量不断积累，使波形变陡。若将这两种对立因素结合在一起，则相互平衡就有可能保持波形稳定不变。光孤子现象就是利用随光强而变化的自相位调制特性来补偿光纤中的群速度色散，从而使光脉冲波形在传输过程中维持不变，形成稳定的光孤子。

5.3.2　光孤子通信系统

由于光孤子波在光纤中传输时的波形、幅度、速度不变，当利用光孤子传输信息时，能够达成真正意义上的全光通信，全程无须光电转换，可实现超长距离与超大容量的传输，故光孤子通信是光通信技术上的一场革命，是目前单信道速率最高的通信方案。光孤子不仅能够克服群速度色散的限制，而且具有抵抗偏振模色散（PMD）的能力。同时适用于波分复用（WDM）和时分复用（TDM）长距离高速的光纤通信，光孤子通信系统被公认为是下一代最具发展潜力的传输方案之一。

1. 光孤子通信系统的基本组成

光孤子通信系统是由光孤子源（激光器）、光外调制器、GHz 综合器、脉冲信号发生器、光放大器、光孤子传输光纤、光检测器、误码检测器等组成的一体化通信系统。图 5.12 所示为光孤子通信系统基本组成框图。

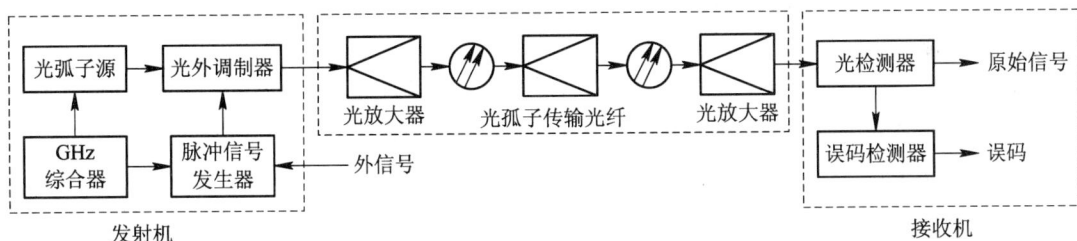

图 5.12　光孤子通信系统基本组成框图

在发送端，由光孤子源产生一系列脉冲宽度很窄的光脉冲（光孤子流）作为要发送信息的载体，将要传输的信号通过光外调制器对光孤子流进行调制，再将信号加载于光孤子流上，然后经功率放大器放大后耦合到光纤中进行传输。为了补偿光脉冲在传输过程中的能量损失，同时平衡色散效应与非线性效应，在光纤传输沿途放置有若干光放大器，从而保证了光孤子脉冲的形状和幅度保持稳定不变。接收端通过放大、整形和解调后，将得到的光孤子载波进行还原，从而得到原始信号。

（1）光孤子源。光孤子源是实现超高速光孤子通信的关键。目前，研究和开发出的光孤子源种类繁多，有拉曼孤子激光器、参量孤子激光器、掺铒光纤孤子激光器、增益开关半导体孤子激光器和锁模半导体孤子激光器等。现在的光孤子通信试验系统大多采用体积小、重复频率高的增益开关分布反馈半导体激光器或锁模半导体激光器作光孤子源。它们的输出光脉冲是高斯型的，且功率较小，但经光放大器放大后，可获得足以形成光孤子传输的峰值功率。

（2）光放大器。在光孤子通信系统中要考虑光纤损耗导致光孤子在传输过程中的能量损耗，目前使用较多的掺铒光纤放大器（EDFA）及拉曼光纤激光放大器（FRA）。

（3）光孤子传输光纤。用于光孤子传输的光纤主要有两种：常规 $1.3\ \mu m$ 和 $1.5\ \mu m$ 的单模光纤以及色散移位光纤。它们不仅处于低损耗窗口，而且对应的群色散均处于负值范围。具有正啁啾的光脉冲通过光纤时，脉冲可变窄。光纤的非线性引起脉冲压缩与光纤色散引起的光脉冲展宽恰好相抵消，因而可保持光脉冲形状不变，保持脉冲不变形，实现长距离传输。

（4）光外调制器。光外调制器用以大幅度提高速率，并且可避免光源直接调制时所产生的啁啾。目前多采用 $LiNbO_3$ 光调制器，其调制速率可达几十 Gb/s。

（5）光检测器。光孤子通信系统适用于超高速、大容量的通信系统，与常用光纤通信系统相比，对光检测器则要求具有较高的响应速度及宽带宽的特性。

此外光孤子通信系统中其他部件的要求均与一般光纤通信系统中相应器件的要求相似。

2. 光孤子通信的特点

（1）高容量。线性光纤系统传输码率平均为 $565\ Mb/s$，最高可以达到几个 Gb/s，而光孤子通信系统的传输码率平均为 $20\ Gb/s$，最高能够达到 $1000\ Gb/s$ 上。

（2）抗干扰能力强、误码率低。因为孤子的绝热特性以及基阶孤子波在传输过程保持不变，所以光孤子通信的误码率远远低于线性光纤通信。一般将误码率低于 10^{-12} 的通信系统称为无差错光纤通信系统。

（3）中继放大设施简单、传输距离长。在实验光孤子通信系统中，因为光纤损耗的存在，孤子峰值会减小，脉冲变宽，此时需要中继放大以补偿孤子能量。根据孤子绝热的特性，当光增益效应存在时，孤子的峰值增加，脉冲恢复原状态。这样就可免去线性光纤通信系统中继站复杂的再生过程：脉冲的光电转换、放大整形、误码检查、电光转换、重新发送。光孤子通信系统可实现 $50\sim80\ km$ 无中继传输，若设立若干中继器进行增益放大，孤子的传输距离可以更长。

（4）同根光纤中，可同时传输频率很接近的多路信息。

（5）可用光开关替代电子编码技术进行光信息编码，实现全光通信。光孤子通信系统因为没有使用任何电子元件，因此能够在 $1000℃$ 的高温环境下工作，这对在高温条件下进行测量或自动控制具有极大的意义。

光孤子是理想的光脉冲，例如，仅需要 100 秒就可以全部传送美国国会图书馆中的所有藏书。由此可见，光孤子通信的能力何等巨大。

但目前光孤子通信仍然面临着一些挑战，光孤子技术在电信领域的实际应用中必须要有精密的控制技术：把光孤子的间隔距离扩大到脉冲宽度的好几倍的技术；控制光弧子振幅的细微变化的技术；为了驾驭光弧子极高的传输速率，必须利用光滤波获得同步的振幅和相位调制的技术；等等。这些特定的问题被解决后，基于光弧子波的传输将真正迎来一个新的开端。

5.4　光量子通信技术

光量子通信是利用量子纠缠效应进行信息交流的一种全新的通信技术。光量子纠缠是指在微观世界里，有共同来源的两个微观粒子之间存在着纠缠关系，不管相距多远，只要一个粒子的状态发生变化，另一个粒子的状态立即发生相应变化。

1. 量子

量子是构成物质最基本的单元，是能量、动量等物理量的最小单位，不可分割。如电子、光子等构成物质的基本粒子统称为量子。除了不可分割性，量子还具有不可克隆（复制）性。因为克隆一种东西首先要测量其状态，但是量子通常处于极其脆弱的叠加态，一旦被测量就会马上改变状态，不再是原来那个量子了。量子的不可克隆性是量子通信安全性的根本来源。因为窃听信息等于复制这个信息，量子的不可克隆性保证了量子信息本身（或者由它生成的量子密码）不会被复制，因此断绝了一切窃听的可能性。

2. 量子比特

任一孤立物理系统都有一个系统状态空间，该状态空间用线性代数的语言描述就是一个定义了内积的复向量空间——Hilbert 空间。量子比特也称为量子位，是量子信息中重要的量子系统。它是经典比特的量子对应，但不同于经典比特。一个量子比特是一个二维 Hilbert 空间，或者说是一个双态量子系统。

3. 量子的测不准性

为了预言一个粒子未来的位置和速度，必须先准确测量它现在的位置和速度。显而易见的办法是将光照到这个粒子上，一部分光波被此粒子散射开来，由此指明它的位置。但不可能将粒子的位置确定到比光的两个波峰间距更小的程度，所以必须用短波长的光来测量粒子的位置。由普朗克的量子假设理论可知，不能用任意少的光的数量（至少要用一个光量子）进行测量。光量子会扰动待测粒子，并以一种不能预见的方式改变粒子的速度。而且，位置测量得越准确，所需的波长就越短，单独光量子的能量就越大，这样粒子的速度就被扰动得越厉害。换言之，对粒子的位置测量越准确，则对速度的测量就越不准确，反之亦然。

因此，总是不能很精确地测量量子比特的信息，即量子具有测不准性。

4. 量子叠加性和相干性

量子比特满足可以叠加的原理。因此，可以同时处理 N 个量子比特的叠加态。量子叠加性是量子比特的基本属性，在量子通信中起着重要的作用。相干性是叠加态的一个基本属性，也是量子比特的基本属性之一。量子比特的相干性是指量子比特保持其原始叠加态的能力。任何量子比特都不是孤立存在的。任何环境中的量子比特都必定会受到环境的影响，这种影响会导致量子比特相干性的破坏，这个过程称为量子比特的退相干。

5. 非正交量子态的不可区分性

对经典信息而言,原则上可以区分信息的不同项。对量子力学而言,在任意状态之间作出区分不总是可能的,非正交量子状态是具有不可区分性的。根据量子力学理论,不可能同时精确测量两个非正交量子态。即非正交量子态具有不可区分性,无论采用任何测量方法,测量结果都会有错误。

6. 量子纠缠

量子纠缠是两个量子形成的叠加态。一对具有量子纠缠态的粒子,即使相隔极远,当其中一个状态改变时,另一个状态也会即刻发生相应改变。

量子纠缠可以用薛定谔的猫的理论来帮助理解:把一只猫放到一个放有毒物的盒子中,将盒子盖上,过了一会这只猫是死了还是活着呢?量子物理学的答案是:它既是死的也是活的。有人会说,打开盒子看一下不就知道了。但是按量子物理的解释,这种"死"或者"活"的状态是人为观察的结果,也就是人的宏观干扰使得猫变成了"死"的或者"活"的,并不是盒子盖着时的真实状态,同样,微观粒子在不被干扰之前就一直处于"死"和"活"两种状态的叠加,也可以说它既是"0"也是"1"。

7. 量子隐形传态

量子隐形传态是在发送和接收方甚至没有量子通信信道连接的情况下,移动量子状态的一项技术。通常指的量子隐形传态,是利用量子纠缠态的特性,通过将某个粒子的未知量子态传送到另一个地方来实现信息传递。通信过程中传输的只是表达量子信息的状态,并不是传输作为信息载体的量子本身。即把另一个粒子制备到该量子态上,而原来的粒子仍留在原处。根据量子力学的不确定原理和量子态不可克隆原理,原量子态的所有信息不能精确地全部提取出来。因此必须将原量子态的所有信息分为经典信息和量子信息两部分,分别由经典通道和量子通道送到异地。根据这些信息,在异地构造出原量子态的全貌。

8. 光量子通信原理

光量子通信主要基于量子纠缠态的理论,使用量子隐形传态(传输)的方式实现信息传递。根据实验验证,具有纠缠态的两个粒子无论相距多远,只要一个发生变化,另外一个也会瞬间发生变化,利用这种特性实现光量子通信的过程如下:事先构建一对具有纠缠态的粒子,将这两个粒子分别放在通信双方的位置,将具有未知量子态的粒子与发送方的粒子进行联合测量(一种操作),则接收方的粒子瞬间发生坍塌(变化),坍塌(变化)为某种状态,这种状态与发送方的粒子坍塌(变化)后的状态是对称的,然后将联合测量的信息通过经典信道传送给接收方,接收方根据接收到的信息对坍塌的粒子进行幺正变换(相当于逆转变换),即可得到与发送方完全相同的未知量子态。

光量子通信是从光作为具有能量为 $h\nu$ 的光量子的光子流观点出发的概念研究光纤通信的。因此量子光纤通信是以光子作为信息载体,以光导纤维作为传输介质的一种通信手段。因而光量子通信应服从量子信息论,信息的载体是光量子微粒,它们的运动、传输以及相互作用要遵守量子电动力学原理。

光量子通信传输方案有两种。

（1）量子密钥分发。量子密钥分发有两个信道，一个是经典信道，使用普通的有线或无线方法发送密文；另一个是量子信道，专门产生密钥。每发送一次信息，通信双方都要重新生成新的密钥，即每次加密的密钥都不一样，实现了报文发送的"一次一密"，如果中间有人窃听，收发双方的测量错误会瞬间增加，马上就会察觉有窃听的存在。所以一组成功生成的量子密钥一定是排除了一切窃听的绝对安全的密钥，用它加密的信息也是不可破译的。所以它可以在原理上实现绝对安全可靠的通信。目前所谓的量子通信一般采用的是通过量子信道分发密钥的方案，量子通信过程如图 5.13 所示。

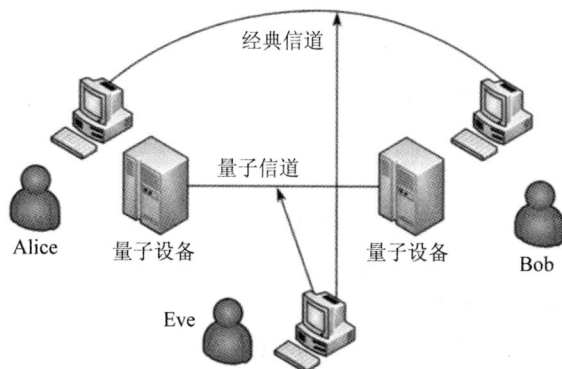

图 5.13　量子通信过程示意图

（2）量子隐形传态。量子隐形传态是一种传递量子状态的重要通信方式，通俗来讲就是将甲地某一粒子的未知量子态，在乙地的另一粒子上还原出来，其示意图如图 5.14 所示。

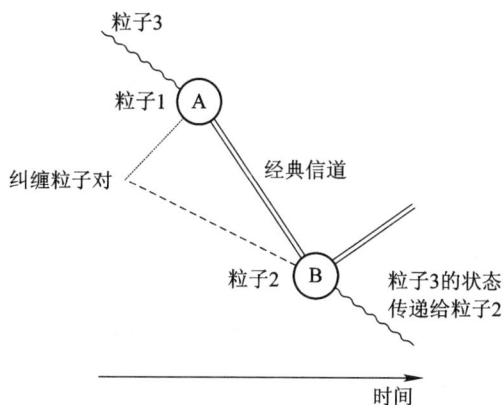

图 5.14　量子隐形传态示意图

量子隐形传态的过程（即传输协议）一般分为以下几步。

① 制备一个纠缠粒子对。将粒子 1 发送到 A 点，粒子 2 发送至 B 点。

② 在 A 点的另一个粒子 3 携带一个想要传输的量子比特 Q。于是 A 点的粒子 1 和 B 点的粒子 2 对于粒子 3 一起会形成一个总的态。在 A 点同时测量粒子 1 和粒子 3，得到一个测量结果。这个测量会使粒子 1 和粒子 2 的纠缠态坍塌，同时粒子 1 和粒子 3 纠缠到了一起。

③ A 点的一方利用经典信道（就是经典通信方式，如电话或短信等）把自己的测量结果告诉 B 点一方。

④ B 点的一方收到 A 点的测量结果后，就知道了 B 点的粒子 2 处于哪个态。只要对粒子 2 稍做一个简单的操作，它就会变成粒子 3 在测量前的状态。也就是粒子 3 携带的量子比特无损地从 A 点传输到了 B 点，而粒子 3 本身还留在 A 点，并没有到 B 点。

以上就是通过量子纠缠实现量子隐形传态的方法，即通过量子纠缠把一个量子比特无损地从一个地点传到另一个地点，这也是量子通信目前最主要的方式。

9. 光量子通信系统

与光纤通信系统类似，光量子通信系统由发射端、信息传输通道和接收端组成。光量子通信系统的简单原理图如图 5.15 所示，主要由三部分组成，包括量子信源、量子信宿、量子信道。

（1）量子信源：产生消息并将其发送出去；量子编码器将原始消息编码为量子比特；量子译码器将量子态的消息转换成原始消息。

（2）量子信宿：对消息进行接收。

（3）量子信道：由量子传输信道和辅助信道构成，量子信号由量子传输信道传输，除了传输信道和测量信道，其他信道称为辅助信道，如经典信道。

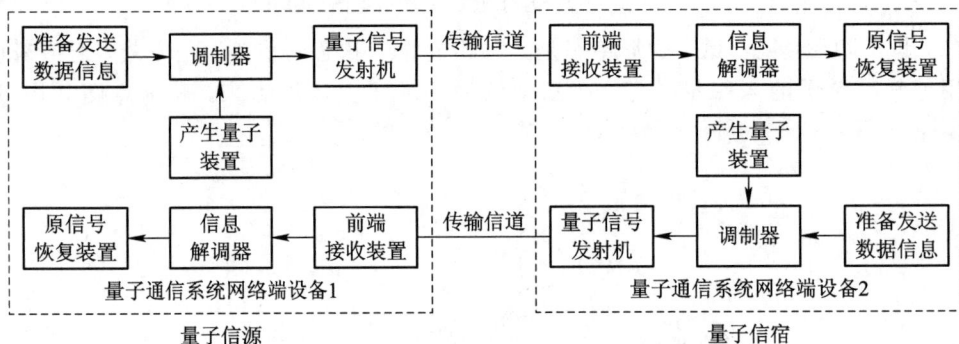

图 5.15　光量子通信系统的简单原理图

5.5　光纤传感器

光纤传感技术是 20 世纪 70 年代中期发展起来的一门新技术。随着光纤通信和光电技术的迅速发展，光纤传感技术也得到了比较全面的发展。光纤传感器是以光导纤维作为信息的传输介质，以光作为信息载体的一种传感器。光纤传感技术利用外界物理量引起的光纤中传播光的特性参数（如强度、相位、波长、偏振、散射等）的变化，对外界物理量进行测量和数据传输。由于光纤优良的物理、化学、机械和传输性能，光纤传感器具有传统传感器无法比拟的优点，如体积小、质量轻、抗电磁干扰、抗腐蚀性强、可弯曲扭曲及进行点式和分布式测量、安全性高（无电火花，可在易燃、易爆等恶劣环境下工作），能实时、在线、测量几十种物理量，以及便于组成传感器网络、融合进物联网等优点，在极端环境下能完成传统传感器很难甚至不能完成的任务，扩展了传统传感器的功能，因此光纤传感器在建筑工程、电力工业、航天航海、医学和化学等领域得到了广泛的应用。美国最早研制出了光纤陀螺仪、水声器、磁强计等光纤传感系统和用于核辐射监测的光纤传感器。日本、英国、法国和德国等许多国家也纷纷积极参与了光纤传感器的研究竞争中。目前，光纤传感器无论是在军事上还是民用上都得到了广泛应用。

5.5.1　光纤传感器的原理、组成及分类

1. 光纤传感器的基本工作原理

光纤传感器的工作原理是光在调制区内时，外界信号(温度、压力、应变、位移、振动、电场等)与光的相互作用。外界信号可能引起光的强度、波长、频率、相位、偏振态等光学性质的变化，从而形成不同的调制。

光纤传感器是把被测量的状态转变为可测的光信号的装置。光受到被测量信号的调制，已调光经光纤耦合到光接收器，使光信号变为电信号，经信号处理系统处理后得到被测量信号。

2. 光纤传感器系统的基本组成

光纤传感器系统的结构如图 5.16 所示。

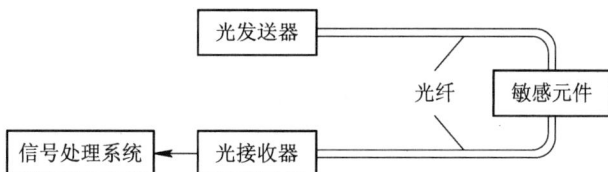

图 5.16　光纤传感器系统的结构示意图

光纤传感器系统由光发送器、敏感元件、光接收器、信号处理系统以及光纤等组成。来自光源的光经过光纤送入敏感元件(感知外界信息，相当于调制器)，待测量参数与进入调制区的光相互作用后，光的光学性质(如光的强度、波长、频率、相位和偏振态等)发生变化，成为被调制的信号光，再经过光纤送入光接收器，光信号转化为电信号，最后经过信号处理后还原出被测物理量。

光纤传感器种类繁多，所用到的光发送器、光纤、光接收器的种类也很多。光发送器包括白炽灯、He-Ne 激光器、LD/LED、氩离子激光器等。所用光纤除通信用光纤外，还会用到各种特种光纤，如特殊材料光纤(包括硫化物光纤、重金属氧化物光纤、晶体光纤、塑料光纤、树脂光纤等)，特殊涂覆层光纤(如碳涂层光纤、金属涂层光纤、陶瓷涂层光纤)，特殊结构光纤(如熊猫光纤、蝴蝶结光纤、椭圆芯光纤等)。光接收器会用到 PIN、APD、PIN-FET 以及光电三极管和 CCD 阵列器等。

3. 光纤传感器的分类

(1) 按被调制的光波参数，光纤传感器可分为强度调制光纤传感器、偏振调制光纤传感器、相位调制光纤传感器、频率调制光纤传感器。

① 强度调制光纤传感器。强度调制光纤传感器的基本原理是待测物理量引起光纤中的传输光光强变化。通过检测光强的变化实现对待测量的测量,强度调制光纤传感器原理如图 5.17 所示。

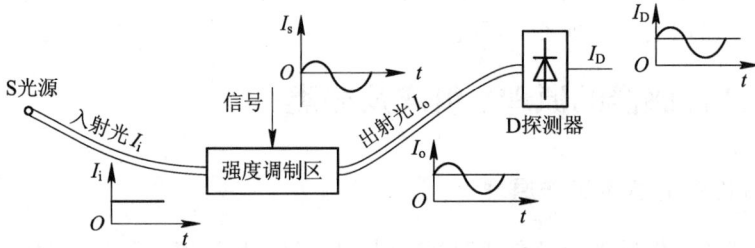

图 5.17 强度调制光纤传感器原理图

强度调制的方式有很多,大致可分为以下几种:反射式强度调制、透射式强度调制、光模式强度调制以及折射率和吸收系数强度调制等。一般反射式、透射式和折射率强度调制称为外调制式,光模式强度调制称为内调制式。

a. 反射式强度调制:输入光纤将光源的光射向被测物体表面,再从被测面反射到另一根输出光纤中,其光强的大小随被测表面与光纤间的距离而变化。反射式强度调制原理如图 5.18 所示,可用于测量液位、位移等物理量。

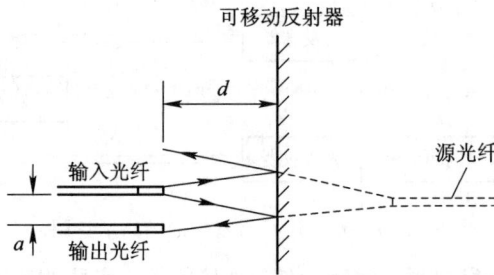

图 5.18 反射式强度调制原理图

b. 透射式强度调制:发射光纤与接收光纤对准,光强调制信号加在移动的遮光屏上,或直接移动接收光纤,使接收光纤只能收到发射光纤发出的部分光,实现输入、输出光纤之间耦合效率的调制,从而改变光电探测器接收到的光强度。透射式强度调制可用来测量位移、压力、温度等物理量,其原理如图 5.19 所示。

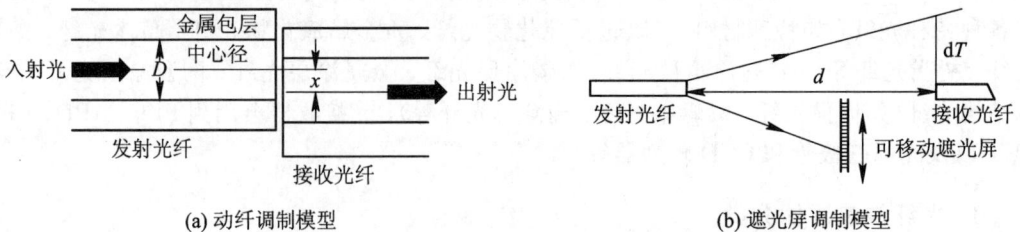

(a) 动纤调制模型   (b) 遮光屏调制模型

图 5.19 透射式强度调制原理图

c. 光模式强度调制：利用光在微弯光纤中强度的衰减原理，将光纤夹在两块具有周期性波纹的微弯板组成的变形器中构成调制器。从波导理论的观点来看，当光纤发生弯曲时，传输光会有一部分泄漏到包层中，这种泄漏是光纤内发生模式耦合的结果，这些耦合模变为辐射模，造成传播光能量的损耗。光模式强度调制原理如图 5.20 所示。

若采取适当的方式探测光强的变化，则可知道位移变化量，据此可以制作出温度、压力、振动、位移、应变等光纤传感器。

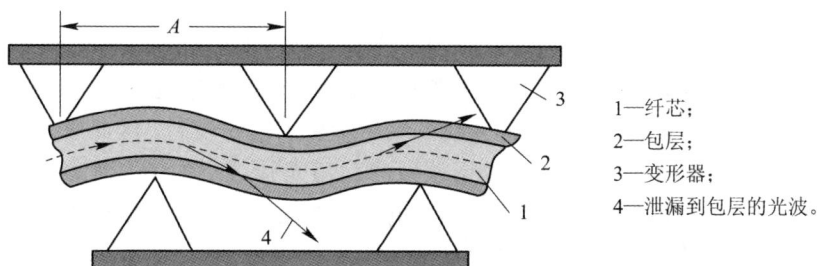

1—纤芯；
2—包层；
3—变形器；
4—泄漏到包层的光波。

图 5.20　光模式强度调制原理图

② 偏振调制光纤传感器。利用外界因素改变光的偏振特性，通过检测光的偏振态变化（即偏振面的旋转）来测量被测光的方法称为偏振调制。在光纤传感器中，偏振调制主要基于人为旋光现象和人为双折射现象，如法拉第磁光效应、克尔电光效应和光弹效应等。根据电磁场理论，光波是一种横波，光振动的电场矢量和磁场矢量始终与传播方向垂直。若光波电场矢量的方向在传播过程中保持不变，则称为线偏振光。线偏振光的电场矢量方向与传播方向组成的面称为线偏振光的振动面。若光波电场矢量的大小不变，振动方向绕传播轴转动，矢量端点轨迹为圆，则称为圆偏振光；如果矢量轨迹为一个椭圆，则称为椭圆偏振光。

利用光波的偏振性质，可以制成偏振调制光纤传感器。在许多光纤系统中，尤其是包含单模光纤的传输系统，偏振起着重要的作用。许多物理效应都会影响或改变光的偏振状态，有些效应可引起双折射现象。双折射现象是指光学性质随方向而异的晶体，将一束入射光分解为两束折射光的现象。光通过双折射介质的相位延迟是输入光偏振状态的函数。偏振调制光纤传感器的检测灵敏度高，可避免光源强度变化的影响，相对于相位调制光纤传感器结构简单、调整方便。

目前偏振调制光纤传感器的主要应用领域为利用法拉第效应的电流、磁场传感器，利用泡尔效应的电场、电压传感器，利用光弹效应的压力、振动或声传感器，利用双折射性的温度、压力、振动传感器，目前最主要的还是用于监测强电流。

③ 相位调制光纤传感器。相位调制的原理是通过被测能量场的作用，使光纤内传播的光波相位发生变化，再用干涉测量技术把相位变化转换为光强变化，从而检测出待测物理量。实现纵向、径向应变最简便的方法是采用一个空心的压电陶瓷圆柱筒（PZT），在这个圆柱筒上缠绕一圈或多圈光纤，并在其径向或轴向施加驱动信号，由于 PZT 的直径随驱动信号变化，故缠绕其上的光纤也随之伸缩。光纤承受到应力，光波相位随之变化。PZT 相位调制结构示意图如图 5.21 所示。

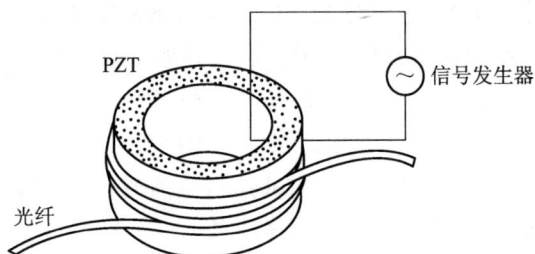

图 5.21 PZT 相位调制结构示意图

相位调制光纤传感器的优点是具有极高的灵敏度，动态测量范围大，同时响应速度也快；缺点是对光源要求比较高，对检测系统的精密度要求也比较高，因此成本相应较高。

目前相位调制光纤传感器主要的应用领域为利用光弹效应的声、压力或振动传感器，利用磁致伸缩效应的电流、磁场传感器，利用电致伸缩的电场、电压传感器，利用赛格纳克效应的旋转角速度传感器（光纤陀螺）等。

④ 频率调制光纤传感器。频率调制光纤传感器的基本原理是利用运动物体反射或散射光的多普勒频移效应来检测其运动速度，即光频率与光接收器和光源间的运动状态有关。当它们相对静止时，接收到光的振荡频率；当它们之间有相对运动时，接收到的光频率与其振荡频率发生频移，频移大小与相对运动速度的大小和方向有关。

这种传感器多用于测量物体的运动速度。在外界参量改变时，某些材料的吸收和荧光现象会发生频率变化。而量子相互作用所产生的布里渊和拉曼散射，本质上也属于频率调制现象。

目前频率调制光纤传感器主要用于测量流体流动，如利用物质受强光照射时的拉曼散射构成的测量气体浓度或监测大气污染的气体传感器，利用光致发光的温度传感器等。

（2）根据光纤在传感器中的作用，光纤传感器可分为功能型光纤传感器和非功能型光纤传感器。

① 功能型光纤传感器。功能型光纤传感器是利用光纤对外界信息具有敏感能力和检测能力的特性，将光纤作为敏感元件，当被测量在光纤中传输时，光的强度、相位、频率或偏振态等特性发生变化，从而实现调制功能，并通过对被调制过的信号进行解调得出被测信号，如图 5.22 所示。在这种传感器中，光纤不仅起到了"传"光的作用，还起到了"感"光的作用，将"传"和"感"合为一体。这种传感器中的光纤是连续的。由于光纤连续，增加其长度可提高灵敏度。这类传感器主要使用单模光纤。

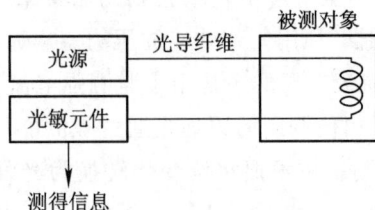

图 5.22 功能型光纤传感器示意图

② 非功能型光纤传感器。非功能型（传光型）传感器是利用其他敏感元件来感受被测量的变化，光纤仅作为信息的传输介质，即光纤只起导光作用，其结构示意如图 5.23 所示。

非功能型光纤传感器只"传"不"感"，光纤在系统中是不连续的。此类光纤传感器无需特殊光纤及其他特殊技术，比较容易实现，成本低；与传统的电传感器相比，非功能型光纤传感器具有抗电磁干扰能力强、电绝缘性好和灵敏度高等优点，被广泛应用于各个领域，如环境、桥梁、大坝、油田、临床医学检测和食品安全检测等领域。非功能型光纤传感器使用的光纤主要是数值孔径和芯径大的阶跃型多模光纤。

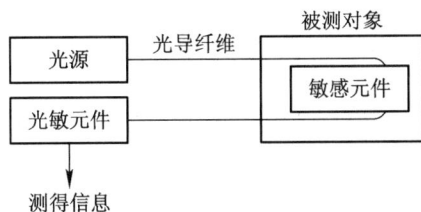

图 5.23　非功能型光纤传感器结构示意图

　　（3）拾光型光纤传感器。拾光型光纤传感器用光纤作为探头，接收由被测对象辐射的光或被反射、散射的光。光纤把测量对象辐射的光信号或测量对象反射、散射的光信号传播到光电元件上，通常使用单模或多模光纤。拾光型光纤传感器结构示意如图 5.24 所示。典型的拾光型光纤传感器有光纤激光多普勒速度计、辐射式光纤温度传感器等。

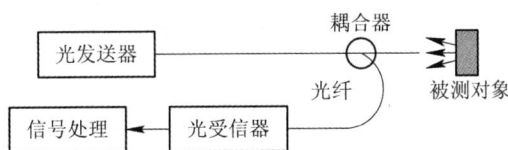

图 5.24　拾光型光纤传感器结构示意图

　　（4）按被测对象不同，光纤传感器可分为光纤温度传感器、光纤位移传感器、光纤浓度传感器、光纤电流传感器、光纤流速传感器等。
　　（5）根据光是否发生干涉，光纤传感器可分为干涉型传感器、非干涉传感器型等。
　　（6）根据是否能够随距离的增加连续地监测被测量，光纤传感器可分为分布式传感器、点分式传感器等。

5.5.2　光纤传感器的特点和应用

1. 光纤传感器的特点

　　与传统的传感器不同，光纤优良的物理、化学、机械以及传输性能，使光纤传感器具有体积小、质量轻、抗电磁干扰、防腐蚀、灵敏度高、测量带宽宽、检测电子设备与传感器可以间隔很远等优点，光纤传感器还可以构成传感网络。先进的光纤传感器的灵敏度比传统的传感器高几个数量级，可以测量的物理量已达 70 多种。总结起来光纤传感器具有以下优点：
　　（1）耐水、耐高温、耐腐蚀的化学性能；
　　（2）抗电磁和原子辐射干扰的性能；
　　（3）径细、质软、质量轻的机械性能；
　　（4）绝缘、无感应的电气性能；

（5）能够在人达不到的地方，或者对人有害的地区（如核辐射区），起到人的耳目作用，还能超越人的生理界限，接收人的感官所感受不到的外界信息。

2. 光纤传感器的应用

光纤传感技术优于其他传感技术的原因在于它是在光纤通信的基础上发展起来的，光纤通信拥有一个广阔的市场，能提供一系列低价格的器件，更重要的是，它形成了一门能为光纤传感器所使用的基础科学。光纤传感技术相对于传统传感技术有着多方面的优势，因此在各个领域得到了普遍应用。

1）土木工程领域

随着光纤传感技术的发展，光纤传感器在土木工程领域得到了广泛应用，可用来测量混凝土结构变形及内部应力，检测大型结构、桥梁健康状况等，其中最主要的是将光纤传感器作为一种新型的应变传感器使用。

2）检测技术领域

光纤传感器在航天（如飞机及航天器各部位压力测量、温度测量、陀螺等）、航海（声纳等）、石油开采（如液面高度、流量测量、二相流中空隙度的测量等）、电力传输（如高压输电网的电流测量、电压测量等）、核工业（如放射剂量测量、原子能发电站泄漏剂量监测等）、医疗（血液流速测量、血压及心音测量等）、科学研究（如地球自转）等众多领域都得到了广泛应用。

3）石油工业领域

在石油测井技术中，可以利用光纤传感器实现井下石油流量、温度、压力和含水率等物理量的测量。较成熟的应用是采用非本征光纤 F-P 腔传感器测量井下的压力和温度。

4）温度测量领域

光纤温度传感器一般由光源、光纤传输系统和光功率检测系统组成。光源一般采用激光二极管或激光器，通过光纤传输系统将光信号传输到被测温度点附近。在被测温度点附近，光纤会与外界的温度变化相互作用，产生相应的热敏或衰减效应。光功率检测系统会测量经过反射或回传的光信号强度变化，得到温度的数值。

光纤温度传感器具有抗电磁干扰、远距离传输、高灵敏度等优点，适用于工业生产过程中需要对温度进行长期监测和控制的场合。同时，光纤本身无电导性，可以应用于高电压环境或易燃易爆场所。基于光纤温度传感器的应用领域涵盖了石油化工、电力、交通运输等多个行业。

5）测量金属丝杨氏模量

在测量金属丝时可采用传感器测量仪代替光杠杆镜尺组，形成新的杨氏模量测量系统，该系统不仅操作简单，而且提高了测量结果的精确度和准确度。测量金属丝传统拉伸法的基本原理是将金属丝受力后的微小伸长形变量通过镜尺组的光路转换后，放大若干倍，从而得到微小伸长，再通过计算得到杨氏模量值。

3. 光纤传感器的重要领域应用

1）特殊环境领域

许多工厂的电磁环境和周围空气中含有害物质，如重金属、化学物、燃化油蒸气等，都不利于常规电传感器和仪器的操作。因此，特殊环境领域对高可靠性和安全性的非导电传感器的需求很强烈。由于独特的电绝缘性，光纤传感器具有抗电磁干扰能力，还有其在易燃易爆场合的本征安全性，以及快速响应和对腐蚀液体的抗拒性，光纤传感器在工业、石油石化、天然气运输检测等有爆炸性和可燃性油气泄漏等危险场合得到了很好的应用。在工矿企业中，光纤传感器主要用于检测温度、位移、压力、液位、加速度和流量等参数。

2）化学、生物化学和医用领域

化学、生物化学和医用领域中的传感器大部分可以归结在常规的化学测量范畴。由光激发的原子或分子的各种可能态之间的跃迁具有相当明确的特征，带有该原子或分子与周围介质耦合关系有关的丰富信息，因此，与化学结构相关的信息可以通过对光吸收系数、荧光和拉曼光谱或斯托克斯频移光的测量来获取。化学反应的测定通常可借助比色试剂或指示剂观察某一反应产物，从而对直接参与反应的各类物质进行光测量。同时，光纤的应用使得远程测量成为可能。首先低损耗的光纤使得光在光纤内传播几公里而不需要任何中继放大。这样，光源和分析仪器可以放置在与样品保持相当距离的清洁环境中，无须前往现场取样即可获得检测信号；其次，光纤探头的几何尺寸小，可以安置在其他类型探头难以到达的测定点处，同时细小的探头也使试剂、原料的消耗更少。

目前，这类传感器的主要应用有气体分析仪、折射率和液位传感器、浊度（或散射）的测量、pH 值传感器、血氧测定计、CO_2 传感器、葡萄糖分传感器、医用物理传感器等。

3）航空和航海领域

航空工业是光纤传感器最有潜力的用户之一，这主要是因为光纤传感器具有质量轻、相应的传导线具有抗辐射特性的优点。光纤通信在飞机上的应用就充分表明了这一点。由于相邻光纤之间绝对无串话干扰，所以整个布线就非常简单。但是，由于航空业在接受新型仪器系统方面向来很保守，所以光纤传感器的全方面应用还需要相当长的时间。环形激光陀螺仪作为导航仪的使用，已表明了光学仪器在航空工业应用的开端。

光纤在航海工业的应用潜力主要体现在军事方面，大多数为海底应用，光纤在航海安全方面的应用也在增加，其中最大的应用潜力大概是在烃的勘探和运输方面，比如，有的勘探平台已安装了可燃烧气体传感器，使用相当成功。

光纤传感器在航空方面的主要应用有光纤惯性传感器（光纤陀螺仪）、监测控制表面位置的位移传感器、用于碳素纤维复合材料制作性能监测的植入式光纤传感器、燃烧式涡轮发动机的先进检测等，光纤传感器在航海方面的主要应用有水听器（尤其是后托式多阵元列）、地磁仪等。

4）煤矿安全领域

在煤矿地下作业中，与水、火、瓦斯、煤尘、顶板等相关灾害时有发生，基于光纤传感技术的瓦斯安全综合监控系统可以实现在 10 公里内对瓦斯、矿压、水压、温度、声发射、地震波等进行监测。

5）电网领域

日本富士通公司完成了对采用基于光纤的多点传感器的实时温度分布可视化系统的实验测试。目前利用该技术由单一光纤组成的传感器安装在各个服务器机架的前面和后面、机房顶部和数据中心的楼层上，用来采集空调系统电力能耗。

　　6）交通隧道领域

　　截至 2007 年底，我国已营业铁路隧道 5941 座，总长为 3 750 271 米，其中长度在 10 000 m 以上的特长隧道 7 座，我国万米以上的特长隧道有京广线的大瑶山隧道（14 295 m），西康线隧道（18 456 m），宁西线东秦岭隧道（12 268 m），兰新线乌鞘岭隧道（20 050 m），渝怀线圆梁山隧道（11 070 m）。截至 2002 年，公路隧道总数达 1782 座，是世界上公路隧道最多的国家。截至 2009 年底，我国铁路隧道总长度已经超过 7000 km。对隧道的安全监测十分重要，在隧道内铺设光纤火灾报警系统意义深远而重大。

本 章 小 结

　　光放大器的出现是光纤通信发展史上的重要里程碑，它可以实现信号光-光的直接放大，而不需要进行光-电-光的转换。特别是随着光纤通信系统传输速率的不断提高和波分复用系统的逐渐应用，光放大器的应用也越来越多，为全光通信打下了良好的基础。掺铒光纤放大器（EDFA）由于工作波长与光纤低损耗波段一致，在实际工程中得到了广泛的应用，EDFA 促进了 WDM 技术走向实用化。光纤拉曼放大器为传输光纤放大器，是根据光纤中的非线性效应受激拉曼散射（SRS）制成的光放大器，具有全波段放大特性、可利用传输光纤在线放大以及优良的噪声特性等优点，发展迅速并已走向商用。其他类型的光纤放大器也各有特点，在不同场合和系统中也有应用。

　　相干光通信是进行相干调制—外差检测的通信方式。相干调制，就是利用要传输的信号来改变光载波的频率、相位和振幅，这就需要光信号有确定的频率和相位，即应是相干光。所谓外差检测，就是利用一束本机振荡产生的激光与输入的信号光在光混频器中进行混频，得到与信号光的频率、位相和振幅按相同规律变化的中频信号，经光电转换后被直接转换成基带信号。相干光通信最主要的优点是相干检测能改善接收机的灵敏度。在相同的条件下，相干接收机比普通接收机的灵敏度提高约 20 dB，可以达到接近散粒噪声极限的高性能，因此也增加了光信号的无中继传输距离。

　　光孤子通信是一种全光非线性通信方案，其基本原理是光纤折射率的非线性（自相位调制）效应导致对光脉冲的压缩可以与群速色散引起的光脉冲展宽相平衡，在一定条件（光纤的反常色散区及脉冲光功率密度足够大）下，光孤子能够长距离不失真保形地在光纤中传输。它解决了光纤色散对传输速率和通信容量的限制，其传输容量比原来最好的通信系统高出 1～2 个数量级，中继距离可达几百千米。它被认为是下一代最有发展前途的传输方式之一。

　　光量子通信是指利用量子态和量子纠缠效应作为载体，实现信息的获取、编码、传递和处理。光量子通信的主要特点是无条件的安全性和高效性。光量子通信技术可以为政府、银行、税务、证券等涉及秘密数据的部门和机构提供极高的安全通信保障。另外，量子通信技术传输信息的高效性以及量子卫星的星地高速量子密钥分发有利于构建全球化大容量的通信网络。在优势凸显的同时，量子通信技术也存在着制造成本高、技术成熟度低、大规模应用还需突破很多技术瓶颈等问题。

光纤传感技术是以石英光纤或塑料光纤作为信息的传输介质，信号光作为信息的载体，利用外界环境因素的改变使得光在光纤中传播的波长、光强及相位等特征物理参量发生改变，从而对外界因素进行传感测量的技术。光纤传感器件因具有质量轻、体积小、灵敏度高、抗电磁干扰、易于复用形成分布式测量等优点，成为传感领域研究的热点之一。光纤传感器的应用范围很广，几乎涉及国民经济和国防所有重要领域，其可以安全有效地在恶劣环境中使用的优点，解决了许多行业多年来一直存在的技术难题，具有很大的市场需求。

习题与思考题

1. 光放大器包括哪些种类？简述它们的原理和特点。

2. EDFA 的工作原理是什么？主要由哪几部分组成？泵浦方式有哪些？应用方式有哪些？

3. 一个 EDFA 功率放大器，波长为 1542 nm 的输入信号功率为 2 dBm，得到的输出功率 $P_{out} = 27$ dBm，求放大器的增益。

4. 简述 SBA 与 SRA 间的区别。为什么在 SBA 中信号与泵浦光必定反向传输？

5. 简述拉曼光纤放大器的放大机理和优点。

6. 简述相干光通信的基本原理。

7. 画出相干光通信系统的结构图，并说明其各部分的功能。

8. 简述光孤子通信的原理。光孤子通信的优势是什么？

9. 画出光孤子通信系统的基本组成框图，并说明其各部分的功能。

10. 简述量子通信的基本概念。

11. 简述量子通信的技术优势。

12. 简述量子纠缠和量子隐形传态的概念。

13. 简述光纤传感器的原理、分类及主要应用。

第 6 章
光接几网及光网络

光接入网是指采用光纤传输技术的接入网，一般指本地交换机与用户之间采用光纤或部分采用光纤通信的接入系统。按照用户端的光网络单元（ONU）放置的位置不同，光接入网又可划分为光纤到路边（FTTC）、光纤到楼（FTTB）、光纤到户（FTTH）等。因此光接入网又称为 FTTx 接入网。

全光通信网络是指光信息流在网络中传输及交换时始终以光的形式存在，而不需要经过光-电、电-光变换。也就是说，信息从源节点到目的节点的传输过程始终在光域内。由于信号传输全部在光域内进行，因此，全光网络具有对信号的透明性。全光网络还具有可扩展性、可重构性和可操作性。

6.1 光接入网的基本概念

6.1.1 光接入网的参考配置和功能结构

光接入网也称为光纤环路系统（FITL）。从系统配置上，光接入网可以分为无源光网络（PON）和有源光网络（AON），其功能参考配置如图 6.1 所示。

下面介绍光接入网主要功能结构的作用。

（1）光线路终端。光线路终端（OLT）为光接入网提供至少一个与本地交换机的接口。OLT 可以直接设在本地交换机处，也可以设置在远端，与远端集中器或复用器连接，分离交换和非交换业务，管理来自光网络单元的信令和监控信息，为 ONU 及本身提供维护和供给功能。其功能框图如图 6.2 所示。

（2）光配线网。光配线网（ODN）为 OLT 和 ONU 提供光传输手段，完成光信号功率的分配。ODN 是由无源光器件（如光纤光缆、光连接器、光分路器和波分复用器等）组成的纯无源光配线网，其拓扑结构一般取树型、星型或总线型。

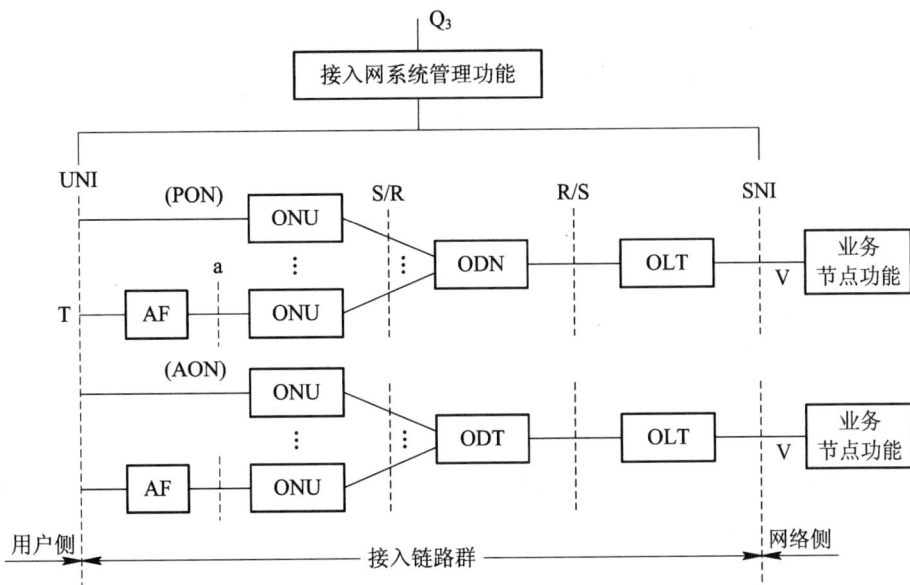

ODN—光配线网；OLT—光线路终端；ONU—光网络单元；ODT—光远程终端；UNI—用户网络接口；
SNI—业务节点接口；AF—适配功能单元；S—光发送参考点；R—光接收参考点；
V—用户接入网与业务节点间的参考点；T—用户网络接口参考点；a—AF与ONU间的参考点。

图 6.1 光接入网的功能参考配置

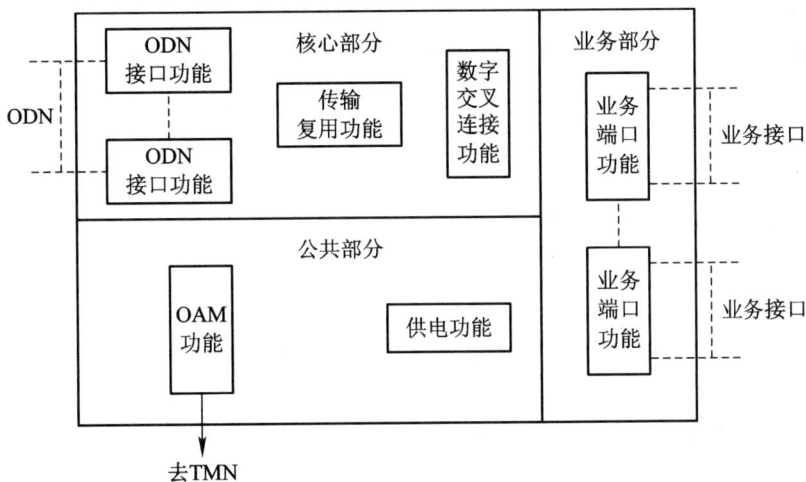

图 6.2 OLT 功能框图

(3) 光网络单元。光网络单元(ONU)提供用户侧通往 ODN 的光接口。其网络侧是光接口，而用户是电接口，因此光网络单元需有光-电和电-光转换功能，还要完成对语音信号的数-模和模-数转换、复用、信令处理和维护管理功能。根据 ONU 在光接入网中所处位置的不同，可以将光接入网划分为 4 种类型，分别为光纤到路边(FTTC)、光纤到大楼(FTTB)、光纤到办公室(FTTO)和光纤到家(FTTH)。ONU 的功能框图如图 6.3 所示。

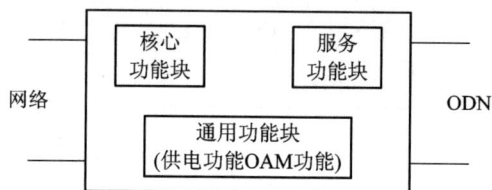

图 6.3　ONU功能框图

（4）适配功能单元。适配功能单元（AF）为ONU和用户设备提供适配功能，具体物理实现既可以包含在ONU内，也可以完全独立。以FTTC为例，ONU与基本速率NT1（相当AF）在物理上是分开的。当ONU与AF独立时，AF还要提供在最后一段引入线上的业务传送功能。图6.1中发送参考点S是紧靠在发送机（ONU或OLT）光连接器前的光纤点；a参考点是AF与ONU间的参考点；V参考点是用户接入网与业务节点间的参考点；T参考点是用户网络接口参考点；Q3是网管接口，通过Q3接口可与电信管理网（TMN）相连，TMN实施对OAN的操作管理维护（OAN）功能。

6.1.2　光接入网的类型

按照ODN采用的技术，光接入网可分为有源光网络（Active Optical Network，AON）和无源光网络（Passive Optical Network，PON）两类。

（1）有源光网络（AON）：ODN含有有源器件（如电子器件、电子电源）的光网络，该技术主要用于长途骨干传送网。AON的参考配置见图6.1中的下半部分，主要由光线路终端（OLT）、光远程终端（ODT）、光网络单元（ONU）、适配功能单元（AF）和光纤传输线路构成。ODT可以是一个有源复用设备、远端集线器（HUB），也可以是一个环网，其主要功能与OLT类似，故也称为远端光线路终端（ROLT）。

（2）无源光网络（PON）：ODN不含有任何电子器件及电子电源，ODN全部由光分路器（Splitter）等无源器件组成，不需要贵重的有源电子设备。无源光网络（PON）的参考配置见图6.1中的上半部分，从业务节点接口（V接口）到用户网络接口（T接口）称为无源光接入链路。

AON与PON的主要区别是：PON对各种业务是透明的，易于升级扩容，便于维护管理，缺点是OLT和ONU之间的距离和容量受到限制；AON的传输距离和容量大大增加，易于扩展带宽，运行和网络规划的灵活性大，不足之处是有源设备需要供电、机房等。如果综合使用两种网络，优势互补，就能接入不同容量的用户。

目前，用户网光纤化的途径主要有两个：一是在现有电话铜缆用户网的基础上，引入光纤传输技术改造成光接入网；二是在现有有线电视（CATV）同轴电缆网的基础上，引入光纤传输技术使之成为光纤/同轴混合网（HFC）。

6.1.3　光接入网的应用类型

根据ONU的位置不同，光接入网有4种基本应用类型：光纤到路边（FTTC）、光纤到大楼（FTTB）、光纤到办公室（FTTO）和光纤到家（FTTH）。

在 FTTC 结构中，ONU 设置在路边的入孔或电线杆上的分线盒处，有时也可以设置在交接箱处。FTTC 一般采用双星型结构，从 ONU 到用户之间采用双绞线铜缆，若要传送宽带业务则要用高频电缆或同轴电缆。

FTTB 是将 ONU 直接放在大楼内(如企业、事业单位办公楼或居民住宅公寓内)，再由铜缆将业务分配到各个用户。FTTB 比 FTTC 的光纤化程度更进一步，更适合高密度用户区，也更容易满足未来宽带业务传输的需要。

如果将 FTTC 结构中设置在路边的 ONU 换成无源光分路器，将 ONU 移到企业、事业单位(如公司、政府机关、大学或研究所)的办公室内就成了 FTTO。将 ONU 移到用户家里就成了 FTTH。

FTTH 是一种全透明全光纤的光接入网，适于引入新业务，对传输制式、带宽和波长等基本上没有限制，并且 ONU 安装在用户处，供电、安装维护等都比较方便。

6.2 无源光网络

虽然目前有源和无源两种网络均在发展，但多数国家和 ITU-T 更注重推动无源光纤接入网(PON)的发展，ITU-T 第 15 研究组已于 1996 年 6 月通过了第一个有关 PON 的国际建议——G.982，因此无源光网络受到了更多的关注，发展前景会更好一些。

1987 年英国电信公司的研究人员最早提出了 PON 的概念。目前主流的 PON 应用包括 APON(ATM PON)、EPON(Ethernet PON)、GPON(Gigabit PON)。如图 6.4 所示，PON 通常由 OLT、ONU 和光合/分路器(Splitter)组成，采用树型拓扑结构。

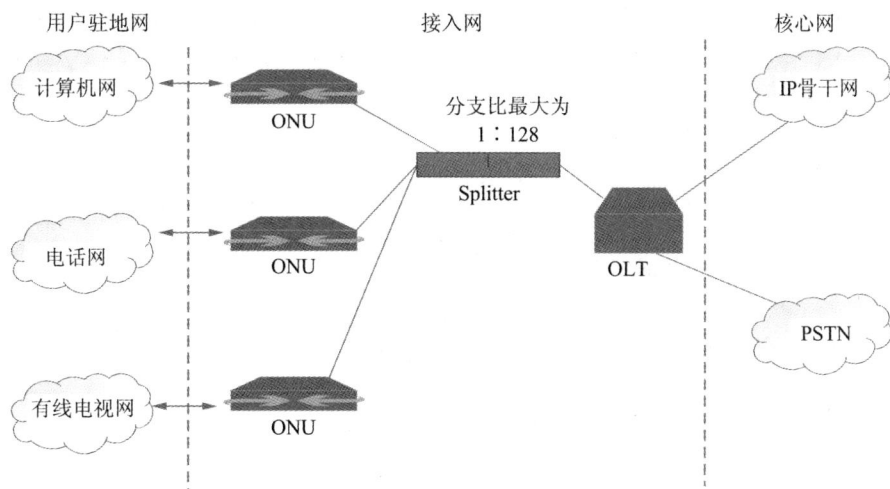

图 6.4 PON 的组成示意图

PON 的一个重要应用是宽带图像传送业务(特别是广播电视)。这方面尚无任何国际标准可用，但已形成一种趋势，即使用 1310 nm 波长区传送窄带业务，使用 1550 nm 波长区传送宽带图像业务(主要是广播电视业务)。其原因是 1310/1550 nm 波分复用(WDM)器件很便宜,目前 1310 nm 波长区的激光器技术成熟,价格便宜,适于传送急需的窄带业务;另一方面,1550 nm 波长区的光纤损耗低,又能结合使用光纤放大器,因而适于传送带宽要求较高的宽带图像业务。

PON 具体的传输技术主要是频分复用(FDM)、时分复用(TDM)和密集波分复用(DWDM)。

图 6.5 所示为使用 1310/1550 nm 两波长 WDM 器件来分离宽带和窄带业务的 TDM+FDM+WDM 的 PON 结构,其中 1310 nm 波长区传送 TDM 方式的窄带业务信号,1550 nm 波长区传送 FDM 方式的图像业务信号。

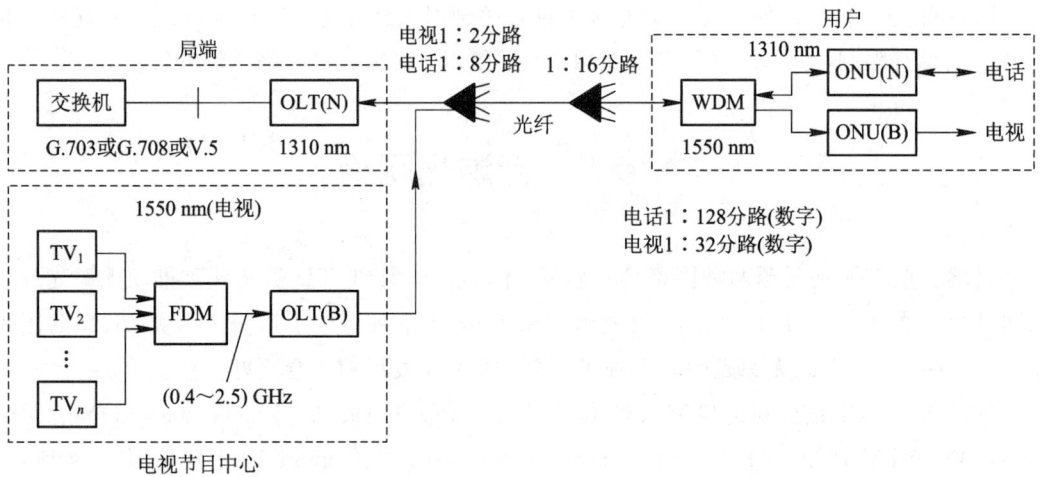

图 6.5　采用 TDM+FDM+WDM 的 PON 结构

图 6.6 所示为使用 1310/1550 nm 两波长 WDM 器件来分离宽带和窄带业务的 TDM+WDM 的 PON 结构,与图 6.5 所示不同之处在于此结构先将电视信号编码为数字信号,再用 TDM 方式传输。

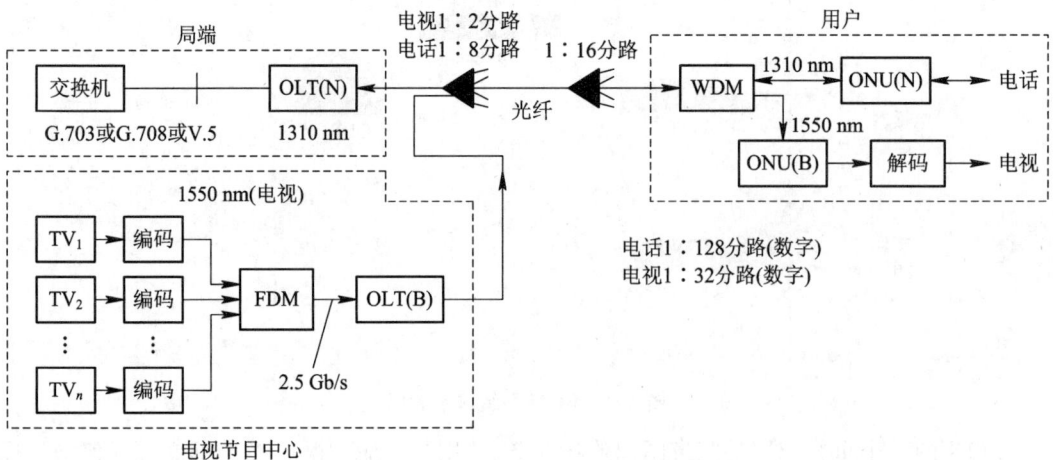

图 6.6　采用 TDM+WDM 的 PON 结构

PON 具有以下技术优势。

(1) 理想的光纤接入网无源纯介质的光分配网络对传输技术体制的透明性,使之成为未来光纤到户(FTTH)、光纤到办公室(FTTO)、光纤到大楼(FTTB)最理想的解决方案。

(2) PON 具有低成本树型分支结构,多个 ONU 共享光纤介质使系统成本低。纯介质网络彻底避免了电磁和雷电影响,使维护运营成本大为降低。

(3) 高可靠性局端至远端用户间没有有源器件,使可靠性较有源光网络大大提高。

6.3　有源光网络

有源光网络(AON)是指从局端设备到用户分配单元之间均用有源光纤传输设备(包括光-电转换设备、有源光电器件以及光纤等)。目前有代表性的 AON 有光纤用户环路载波、灵活接入系统,以及 PDH/SDH 的 IDLC 接入网。

光纤用户环路载波采用光纤作为传输介质,应用脉冲编码调制(PCM)技术和光纤传输技术在一对光纤上复用数百路到上千路电话、ISDN 基本业务和数据等多种业务。光纤用户环路载波与 V 接口技术,特别是与 VS 接口相结合可以降低接入网的成本。

灵活接入系统是在光纤用户环路载波基础上发展起来的一种光纤接入方式,可采用星型或点对点的方式。灵活接入系统也可传输多种业务,与光纤用户环路系统不同的是,它所复用的业务种类与路数可以由网络来设置,因此有"灵活"之说。

数字同步体系(Synchronous Digital Hierarchy,SDH)已经广泛应用于长距离传输系统,并且正在逐步取代准同步数字体系(PDH)。单从技术角度考虑,SDH 技术也可用于接入网。构成 SDH 接入网的主要有光纤环路、分插复用(ADM)设备和数字交叉连接(DXC)设备等。SDH 接入网主要有以下几个优势。

(1) 兼容性强。SDH 的各种速率接口都有标准规范,在硬件上保证了各供应商设备互联互通,为统一管理打下了基础。

(2) 具有完善的自愈保护能力,增强了网络可靠性。借助 SDH 的大容量、高可靠性,可组成传输与接入的混合网。AN 除可承载接入业务外,还可承载 GSM 基站、交换机中断等其他业务,降低了整个电信网络的投资。

(3) 面向网络发展的升级能力强。目前的接入网建设一般 155 Mb/s 的速率就能满足需要,但是随着电话普及率的提高及宽带化需求,内置 SDH 标准化结构可灵活扩展升级。

(4) 网络操作、维护、管理功能(OAM)大大加强。SDH 帧结构中定义了丰富的管理维护开销字节,方便维护、管理,由此建立的管理维护系统很容易实现自动故障定位,可以提前发现和解决问题,降低维护成本。

(5) 有利于向宽带接入发展。SDH 利用虚容器(VC)的特点不仅可映射各级速率的 PDH,而且能直接接入 ATM 信号,为向宽带接入发展提供了一个理想的平台。但是在现阶段,因为 SDH 的设备复杂、成本很高,所以经济原因使之在接入网中只能应用到主干段这一级,难以再继续向用户靠近,满足光纤到家庭的应用要求。因此,这项技术很难在未来 FTTH(光纤到户)的应用中成为主流。

6.4 全光网络概述

6.4.1 全光网络的结构及特性

全光网络有星型网、总线型网和树型网 3 种基本类型。

1. 星型网

星型网是一种以中央节点为中心，把若干外围节点（或终端）连接起来的辐射型网络结构，因此又称为辐射网，如图 6.7 所示。中央节点是整个网络的核心，由它控制全网的工作，该节点的交换能力和可靠性直接影响整个网络的性能。它通过单独线路分别与外围节点（或终端）相连，一个星型网络有 n 个节点，需要的链路数为 $n-1$ 条，各用户间的通信都必须通过中央节点的转接才能完成。

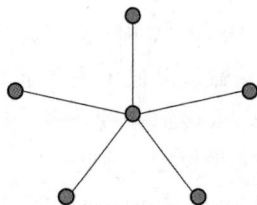

图 6.7 星型网结构示意图

星型网的优点：传输链路少，拓扑结构简单，链路利用率高。
星型网的缺点：存在单点故障，中央节点要求高。

2. 总线型网

总线型网是将所有节点都连接在一个公共的传输信道——总线上，其实质是一种通道共享的结构，如图 6.8 所示。总线型网在计算机局域网中应用广泛。

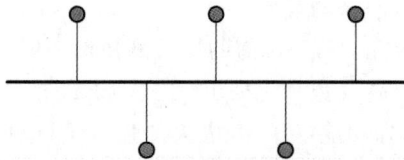

图 6.8 总线型网结构示意图

总线型网的优点：良好的扩充能力，增减节点方便，可以使用多种存取控制方式，不需要中央控制器，有利于分布式控制。
总线型网的缺点：网络稳定性较差，网络覆盖范围有限。

3. 树型网

树型网可以看成星型网的拓扑扩展，如图 6.9 所示。这种网络结构主要用于用户接入网或用户线路网中,此外在主从同步方式的时钟分配网中也采用这种网络结构。

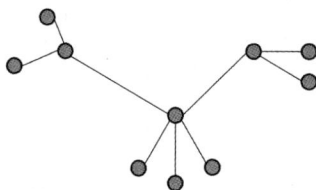

图 6.9　树型网结构示意图

随着社会经济的发展,人们对信息的需求急剧增加,信息量呈指数增长,仅 Internet 用户需要传送的信息比特速率每年增加 8 倍。通信业务需求的迅速增长对通信容量提出越来越高的要求。光纤近 30 THz 的巨大潜在带宽容量,使光纤通信成为支撑通信业务量增长最重要的技术。现阶段采用时分复用单波长的光纤传输系统容量已达 10 Gb/s,再提高系统速率就会产生技术和经济上的问题。人们普遍认为波分复用是充分利用光纤低损耗区 30 THz 带宽的一种可行技术,可以打破单个波长系统带宽的限制,是提高光纤容量的一种有效途径。

预计未来十年中,光纤传输系统速率还可能提高 100 倍。在这种超高速传输的网络中,如果网络节点处仍以电信号处理信息的速度进行交换,就会受到电子瓶颈的限制,节点将变得庞大而复杂,超高速传输所带来的经济性将被昂贵的光-电和电-光转换费用所抵消。为了解决这一问题,人们提出了全光网(AON)的概念。

全光网内光信号的流动没有光电转换的障碍,信息传递过程中无须面对电子器件处理信息速率难以提高的困难。基于波分复用的全光通信网能比传统的电信网提供更为巨大的通信容量,具备以往通信网和现行光通信系统所不具备的优点。

(1)对传输码率、数据格式及调制方式均具有透明性,可以提供多种协议业务,可不受限制地提供端到端业务。

(2)加入新的网络节点时,不影响原有网络结构和设备,降低了网络成本,具有网络的可扩展性。

(3)可根据通信业务量的需求,动态地改变网络结构,充分利用网络资源,具有网络的可重组性。

(4)简单可靠。全光网结构简单,端到端采用透明光通路连接,沿途没有光电转换与存储,网中许多光器件都是无源的,便于维护、可靠性高。

(5)快速恢复。实现快速网络恢复,恢复时间可达 100 ms,对绝大多数业务无损伤。

(6)提供多种业务。全光网提供多种宽带信息业务,包括数据、音频和视频通信。

6.4.2　全光网络的发展

20 世纪 80 年代末,同步数字体系(SDH/SONET)问世,SDH 在历史上第一次实现了全球统一的传送网标准,规范了光接口,定义了对光信号质量的监控、故障定位和远程配置等重要的网络管理功能。SDH 很快进入实用化阶段,在我国和国际上已得到广泛应用,成为信息高速公路的重要支柱之一。但在光域,SDH 主要起传输介质的作用,信息的处理都是在电域完成的,这不仅需要庞大的光-电和电-光转换设备,而且处理速度受到电子迁移率的限制。在 DWDM 极大增加了传输容量的情况下,交换节点的速率瓶颈日趋严重。另外,随着数据业务的爆炸式增长,基于电路交换的 SDH/SONET 已不能完全适应网络发展的需求,光网络有进一步发展的迫切要求。

光波分复用(WDM)技术进一步挖掘了光纤的带宽潜力,极大地增加了光纤的传输容量,同时也为光层联网提供了可能。ITU-T 提出的光传送网(OTN)以波长(也可以是波带或光纤)作为交换粒度,通过光交叉连接设备(OXC)和光分插复用设备(OADM)实现组网,形成具有高度灵活性、透明性和生存性的光网络。

进入 21 世纪后,WDM 提供的带宽资源已无法满足当前通信流量的需求,人们对网络智能化和自动化的需求越来越高,同时 QoS 保证和流量工程的特征也日益明显,这些都促使了光网络向智能化方向发展,自动交换光网络(ASON)正是顺应这一历史发展潮流脱颖而出的。ASON 将网络的控制功能和管理功能分离,通过控制平面的路由和信令机制实现邻居和业务的自动发现,实现连接的自动建立和删除,支持带宽的按需分配和动态流量工程,支持多粒度、多层次的智能,提供多样化、个性化的服务,成为光网络发展的新方向。

由于波长交换的粒度太大,多年来,人们对光子交换网的研究和实验一直没有中断。随着 IP 流量的迅猛发展和通信网络由电路交换向分组交换转变,人们对光分组交换(Optical Packet Switching,OPS)的追求有增无减。由于光逻辑器件和高速光开关在技术上尚不成熟,真正意义上的光分组交换在近期难以实现,在这种情况下光突发交换(Optical Burst Switching,OBS)应运而生。OBS 的交换粒度适中,介于波长和分组之间,从而降低了对光学器件的要求,是一种较现实的分组光交换的解决方案。

图 6.10 所示为人们对光网络发展趋向的总结和预测。点到点的 WDM 链路在 1996 开始商用,并很快在全球骨干网中占据重要角色。在 20 世纪末,随着人们对 OTN 的研究日趋成熟,采用光分插复用设备组成的 WDM 光自愈环形网开始应用,其具有容量大、生存性强而且易于平滑升级的优点,引起了国内外各大公司的重视。但环形光网络毕竟是简单的网络拓扑,随着网络规模的扩大和网络智能的增加,网状光网络的研究和应用必然会提到日程上。ASON 就是支持环间保护倒换的网状拓扑结构。从图中还可以看到,光突发交换和光分组交换是光网络的进一步发展方向。

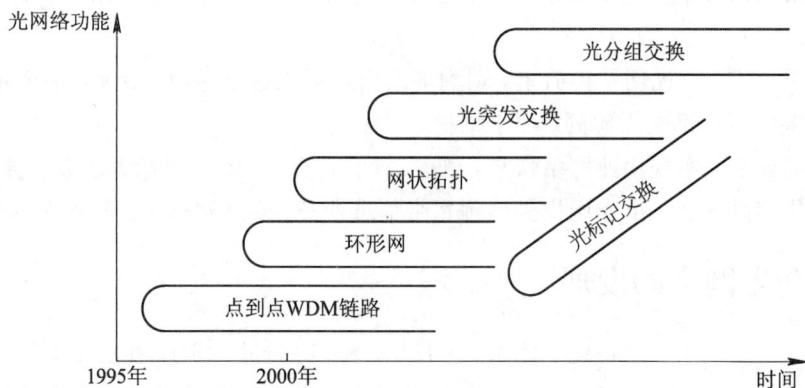

图 6.10 光网络发展趋势的总结和预测

光标记交换起源于多协议标签交换(MPLS)技术。20 世纪末,MPLS 成为炙手可热的技术,被业界认为是数据网络领域内最有前途的网络解决方案之一。MPLS 是第三层 IP 路由技术和第二层 ATM 转发技术相结合的产物,它采用标准的第三层分组处理方式进行路由控制,采用标准的第二层标签交换方式进行分组转发,从而在无连接的 IP 网络中引入连接机制,实现 IP 分组的快速转发,改善了服务质量。

MPLS 技术的流行使人们自然而然地想到将 MPLS 与光网络技术结合起来,使 IP 分组能够通过 MPLS 的方式直接在光网络上承载。多协议波长标记交换就是采用光波长作为交换的标签,将 IP 分组整合进大的波长标记交换通道(LSP)中,通过 MPLS 方式直接在光网络上承载的技术。

随着网络的进一步发展,人们又继续扩展 MPLS 的外延和内涵,提出了通用 MPLS (GMPLS)的概念,将 MPLS 思想应用到 TDM 时隙、光波长、光波带和光纤等交换领域,成为多粒度交换网络结构,并将控制平面和传送平面分离,通过控制平面的信令和路由机制实现网络的智能。这一发展趋势与 OTN 向 ASON 的发展一步步走向了融合,因为 ASON 也支持多粒度的交换,控制平面也采用扩展的 GMPLS 的信令和路由协议,两者的殊途同归代表了人们对下一代网络的期待,也代表了未来网络向简化层次和广泛融合的方向发展的趋势。

伴随着虚拟化技术的普遍使用,软件定义网络(Soft Define Network,SDN)在数据网络中越来越多地使用,具有 SDN 属性的 SDON(Soft Define Optical Network)在光网络中也得到越来越多的关注。SDON 技术有三大优势。

(1) 能够有效解决异构网络之间的互联互通。通过对 OpenFlow 等相关协议进行扩展,开发面向对象的交互控制接口,可以实现异构网络信息抽象化和跨层网络控制集成化,从而在接入网与核心网、数据网与光网络、有线网和无线网之间建立起具备统一控制能力的新型异构网络架构体系。

(2) 可以满足用户对光网络承载能力的需求。在网络设备的使用、操作和销售方式上实现灵活性,并能够使用户以更快的速度获得想要的服务功能。

(3) 能够对光网络资源虚拟化管理。其网络设备范围可覆盖全部 OTN 产品,更好地发挥网络基础设施资源的优势,通过开放的统一资源管理平台,使网络资源的利用达到最优化。

智能光网络从自动交换光网络(ASON)到 SDON 的演进,也完成了从标签到控制器、从分布到集中、从整体化到虚拟化的三项改变,从而实现了扩展性、灵活性、开放性三个方面的显著提升。尤其是在灵活性方面,SDON 比 ASON 更加适合多层域多约束的光网络控制,在开放性方面,SDON 的北向接口开放,可以允许各类业务编程应用,并且能够控制软件下载,提高运维效率和降低成本。

6.5 全光网络交换技术

6.5.1 光交换技术的概念及特点

光交换是指对光纤传送的光信号直接进行交换。与电子数字程控交换相比,光交换无须在光纤传输线路和交换机之间设置光端机进行光电(O/E)和电光(E/O)转换,而且在交换过程中,还能充分发挥光信号的高速宽带和无电磁感应的优点。光纤传输技术与光交换技术的融合,使得光交换技术成为通信网交换技术的一个发展方向。

随着通信网络逐渐向全光平台发展,网络的优化、路由、保护和自愈功能在光通信领域中越来越重要。光交换技术能够保证网络的可靠性并提供灵活的信号路由平台,尽管现有的通信系统都采用电路交换技术,但发展中的全光网络需要由纯光交换技术来完成信号路由功能以实现网络高速率和协议透明性。光交换技术为进入节点的高速信息流提供动态光域处理,仅将属于该节点及其子网的信息上下路交由电交换设备继续处理,这样做有以下几个优点:

(1)可以克服纯电子交换的容量瓶颈问题。

(2)可以大量节省建网和网络升级成本。如果采用全光网技术,将使网络的运行费用节省70%,设备费用节省90%。

(3)可以大大提高网络的重构灵活性和生存性,以及加快网络恢复的时间。

6.5.2　光交换的分类

在各种不同类型的光网络系统中,使用到的光交换技术有所不同。目前对光网络技术和结构的分类也存在两种侧重点不同的思路:一种是从复用传输的角度进行分类;另一种是从交换系统的配置功能和所使用的交换模式角度进行分类。

1. 按复用方式分类

为了进一步提高光纤的利用率,挖掘出更大的带宽资源,复用技术不失为加大通信线路传输容量的一种很好的办法。从分割复用技术所分割的"域"的角度可将复用技术分为空间域的空分复用(SDM)、时间域的时分复用(TDM)、频率域的波分复用(FDM)和码字域的码分复用(CDM)。相应也存在空分光交换技术、时分光交换技术、波分光交换技术和码分复用光交换技术4种。

1) 空分光交换技术

空分光交换技术的基本原理是将光交换元件组成门阵列开关,适当控制门阵列开关,即可在任一路输入光纤和任一路输出光纤之间构成通路。因交换元件的不同可分为机械型、光电转换型、复合波导型、全反射型和激光二极管门开关等多种类型。

2) 时分光交换技术

时分光交换技术的原理与现行的电子程控交换中的时分交换系统完全相同,因此它能与采用全光时分多路复用方法的光传输系统匹配。在这种技术下,可以时分复用各个光器件,能够减少硬件设备,构成大容量的光交换机。该技术组成的通信网由时分型交换模块和空分型交换模块构成。它所采用的空分交换技术与上述的空分光交换技术完全相同。时分型光交换模块中需要有光存储器(如光纤延迟存储器、双稳态激光二极管存储器等)、光选通器(如定向复合型阵列开关)以进行相应的交换。

3) 波分光交换技术

在光纤中传输一路波长信道时,其容量就比电缆大得多,如果能够在一根光纤中同时传输很多路波长信道，通信容量则大幅度增加。这种在一根光纤中传输多个波长信道的技术就是波分复用技术。应用波分复用技术，大量的波长信道可以同时在一芯光纤中传输，使通信容量成倍、数十倍或数百倍地增长，可以满足日益增长的信息传输的需要。

4）码分复用光交换技术

在电通信领域，码分复用是一种扩频通信技术，在发送端将不同的用户信息采用相互正交的扩频码序列进行调制后再发送，在接收端采用相关解调来恢复原始信息。光码分复用与电码分复用相比，无论是在适用范围、目的，还是在实现技术上都有显著不同。由于光码分复用采用的伪随机序列可以对光信号的任意信息进行标记来实现编/解码（如光振幅编/解码、光相位编/解码、光波长编/解码等），因此光码分复用的实现方式多种多样。

5）复合光交换技术

复合光交换技术是指在一个交换网络中同时应用两种以上的光交换方式。例如，在波分技术的基础上设计大规模交换网络的一种方法是进行多级链路连接，链路连接在各级内均采用波分交换技术。因这种方法需要把多路信号分路接入链路，抵消了波分复用的优点，解决这个问题的措施是在链路上利用波分复用方法。为实现多路化链路的连接，可采用空分-波分复合型光交换系统。除此之外，还可将波分和时分技术结合起来得到另一种极有前途的复合型光交换，其复用度是时分多路复用度与波分多路复用度的乘积，如它们的复用度分别为 16，则可实现 256 路的时分-波分复合型交换。

2. 按交换配置模式分类

1）光路交换技术

光子层面的最小交换单元是一个波长通道上的业务流量。光路交换（Optical Circuit Switching，OCS）又可分成三种类型，即空分（SD）光路交换、时分（TD）光路交换和波分（WD）光路交换，以及由这些交换组合而成的交换方式。

2）光分组交换技术

光分组交换（Optical Packet Switching，OPS）以分组（包）作为最小的交换颗粒，主要指 ATM（异步转移模式）光交换和 IP 包光交换，它是近来被广泛研究的一种光交换方式，其特征是对信元/分组/包等数据串（而不是比特流）进行交换。分组业务具有很大的突发性，如果用光路交换的方式处理将会造成资源的浪费。在这种情况下，光分组交换是最为理想的选择，它将大大提高链路的利用率。在分组交换矩阵里，每个分组都必须包含自己的选路信息，选路信息通常放在信头中。交换机根据信头信息发送信号，而其他信息（如净荷）则不需要交换机处理，只是透明通过。

3）光突发交换技术

光突发交换（Optical Burst Switching，OBS）技术采用数据分组和控制分组独立传送，在时间和空间信道上都是分离的，它采用单向资源预留机制，以光突发包作为最小交换单元。该技术是针对目前光信号处理技术尚未足够成熟而提出的，在这种技术中有两种光分组技术，包含路由信息的控制分组技术和承载业务的数据分组技术。

控制分组技术中的控制信息要通过路由器进行处理，而数据分组技术不需光电、电光转换和电子路由器的转发，直接在端到端的透明传输信道中传输。控制分组在 WDM 传输链路中的某一特定信道中传送，每一个突发的数据分组对应于一个控制分组，并且控制分组先于数据分组传送，通过"数据报"或"虚电路"路由模式指定路由器分配空闲信道，实现数据信道的带宽资源动态分配。数据信道与控制信道的隔离简化了突发数据交换的处理，且控制分组长度非常短，因此使高速处理得以实现。同时由于控制分组和数据分组是通过控制分组中含有的可"重置"的时延信息相联系的，传输过程中可以根据链路的实际状况用电子处理对控制信元作调整，因此控制分组和信号分组都不需要光同步。可以看出，这种路由器充分发挥了现有的光子技术和电子技术的特长，实现成本相对较低，非常适合于在承载未来高突发业务的局域网(LAN)中应用，超大容量的光突发数据路由器同样可用于构建骨干网。

4）光标记分组交换技术

光标记分组交换(Optical Multi-Protocol Label Switching，OMPLS)是将多协议标签交换(Multi-Protocol Label Switching，MPLS)技术与光网络技术相结合，由 MPLS 控制平面运行标签分发机制，向下游各节点发送标签，标签对应相应的波长，由各节点的控制平面进行光开关的倒换控制，建立光通道。

6.5.3　光交换的发展

目前市场上出现的光交换机大多数是基于光电和光机械的，随着光交换技术的不断发展和成熟，基于热学、液晶、声学、微机电技术的光交换机将会逐步被研究和开发出来。

由光电交换技术实现的交换机通常在输入/输出端各有两个由光电晶体材料产生的波导，而最新的光电交换机则采用了钡钛材料，这种交换机使用了一种分子束取相附生技术，与波导交换机相比，该交换机消耗的能量比较小。基于光机械技术的光交换机是目前比较常见的交换设备，该交换机通过移动光纤终端或棱镜将光线引导或反射到输出光纤，实现输入光信号的机械交换。光机械交换机交换速度为毫秒级，且成本较低、设计简单、光性能较好，因而得到广泛应用。使用热光交换技术的交换机由受热量影响较大的聚合体波导组成，在交换数据信息时，由分布于聚合体堆中的薄膜加热元素控制。当电流通过加热器时，它改变波导分支区域内的热量分布，从而改变折射率，将光从主波导引导至目的分支波导。热光交换机体积非常小，能实现微秒级的交换速度。

随着液晶技术的成熟，液晶光交换机将会成为光网络系统中的一个重要设备，该交换设备主要由液晶片、极化光束分离器、成光束调相器组成，而液晶在交换机中的主要作用是旋转入射光的极化角。当电极上没有电压时，经过液晶片的光线极化角为 90°，当有电压加在液晶片的电极上时，入射光束将维持它的极化状态不变。而由声光技术实现的光交换设备，因其中加入了横向声波，从而可以将光线从一根光纤准确地引导到另一根光纤，该类型的交换机可以实现微秒级的交换速度，可方便地构成端口较少的交换机，但它不适合用于矩阵交换机。

目前市场上又开发了不同类型的特殊微光器件光交换机，这些交换机可以由小型化的机械系统激活，而且它的体积小、集成度高，可大规模生产，相信这些类型的交换机在生产工艺水平不断提高的将来，一定能成为市场的主流。

6.6 **智能交换光网络**

随着信息领域相关技术的发展，特别是 Internet 对数据业务增长的强大推动，人们对现有光网络的功能提出了更新、更高的要求。例如，要求光网络能够实时地、动态地调整网络的逻辑拓扑结构，实现资源的最佳利用，以应对 IP 业务的自相似性、突发性和流向的不确定性等特点；要求光网络能够快速、高质量地为用户提供各种带宽服务与应用，以满足正在悄然兴起的波长批发、带宽出租及光虚拟专用网（OVPN）等业务的需求；要求光网络具有更加完善的保护和恢复功能、更强的互操作性和扩展性，以减少不断增加的网络运维费用等。这些要求的实质是要赋予现有光网络更多的智能，使其发展成为一个能够完成自动交换功能的智能光网络。因此自动交换光网（ASON）的概念一经提出，立刻吸引了国际学术界和工业界的广泛注意。

ASON 代表智能光网络的主流方向，最早是在 2000 年 3 月由 ITU-T 的 Q19/13 研究组正式提出，在短短几年的时间内，无论是技术研究，还是标准化进程都进展迅速，成为各种国际性组织（如 ITU、IETF、ODSI、OIF 等）以及各大公司研究讨论的焦点课题，现在已推出商用产品。ITU-T 先后制定了 G807（自动交换传送网络功能需求）、G8080（向动交换光网络体系结构）以及后续的 ASON 相关标准，IETF 等组织也积极扩展 MPLS 协议，使其能成为 ASON 的路由和信令协议。Sycamore、Lucent、Ciena、Nortel、华为和中兴等一批业界公司，也把注意力集中到了智能光网上，并推出相关智能光网络产品，这些产品将控制平面和传送平面、管理平面分离，具有较强大的交叉连接能力，具备网络动态配置和连接自动建立等功能。

ASON 是传送网络的重大变革，其概念有可能被推广，使之适用于各种不同的传送网技术，实现多层网络的智能化控制和管理。

6.6.1　ASON 的体系结构

ASON 网络结构核心的特点是支持电子交换设备动态向光网络申请带宽资源，可以根据网络中业务分布模式动态变化的需求，通过信令系统或者管理平面自主地建立或者拆除光通道，不需要人工干预。采用自动交换光网络技术之后，原来复杂的多层网络结构可以变得简单和扁平化，光网络层可以直接承载业务，避免了传统网络中业务升级时受到的多重限制。ASON 的优势集中表现在其组网应用的动态、灵活、高效和智能方面。支持多粒度、多层次的智能，提供多样化、个性化的服务是 ASON 的核心特征。

ASON 网络由控制平面、管理平面、传送平面和数据通信网组成。数据通信网（DCN）分布于三大平面之中，它是负责承载控制信令消息和管理信息的信令网。

（1）控制平面是 ASON 的核心部分，它由路由选择、信令转发以及资源管理等功能模块组成，完成呼叫控制和连接控制等功能。控制平面通过使用接口、协议以及信令系统，可以动态地交换光网络的拓扑信息、路由信息以及其他控制信令，实现光通道动态的建立和拆除,以及网络资源的动态分配,还能在连接出现故障时对其进行恢复。

(2) 管理平面的重要特征就是管理功能的分布式和智能化。传统的光传送网管理体系被基于传送平面、控制平面和信令网络的新型多层面管理结构所替代,构成了一个集中管理与分布智能相结合、面向运营者(管理平面)的维护管理需求与面向用户(控制平面)的动态服务需求相结合的综合化的光网络管理方案。ASON 的管理平面与控制平面技术互为补充,可以实现对网络资源的动态配置、性能监测、故障管理以及路由规划等功能。

(3) 传送平面由一系列的传送实体组成,它是业务传送的通道,可提供用户信息端到端的单向或者双向传输。ASON 传送网络基于网状网(mesh)结构,也支持环同保护。光节点使用智能的能够实现光交叉连接(OXC)和光分插复用(OADM)的光交换设备。另外,传送平面采用分层结构,支持多粒度光交换技术。多粒度交换技术是 ASON 实现流量工程的重要物理支撑技术,同时也适应带宽的灵活分配和多种业务接入的需要。

在 ASON 网络中,为了和网络管理域的划分相匹配,控制平面与传送平面也分为不同的域。划分的依据是资源地域及包含的设备类型的不同。即使在已经被划分的域中,为了可扩展的需求,控制平面也可以进一步划分为不同的路由区域,ASON 传送平面的资源也将依据控制平面的划分被分为不同的部分。

三大平面之间通过 3 个接口实现信息的交互。控制平面和传送平面之间通过连接控制(CCI)接口相连,交互的信息主要为从控制节点到传送平面网元的交换控制命令,以及从网元到控制节点的资源状态信息。管理平面通过网络管理接口(NMI-A 和 NMI-T)分别与控制平面及传送平面相连,实现管理平面对控制平面和传送平面的管理,接口中的信息主要是网络管理信息。

控制平面的接口有用户网络接口(UNI)、内部网络接口(I-NNI)和外部网络接口(E-NNI),如图 6.11 所示。UNI 是客户网络和光层设备之间的信令接口,客户设备通过这个接口动态地请求获取、撤销、修改具有一定特性的光带宽连接资源。客户设备的多样性要求光层的接口必须满足多样性,能够支持多种网元类型。同时,还要满足自动交换网元的要求,即要支持业务发现、邻居发现等自动发现功能,以及呼叫控制、连接控制和连接选择等功能。

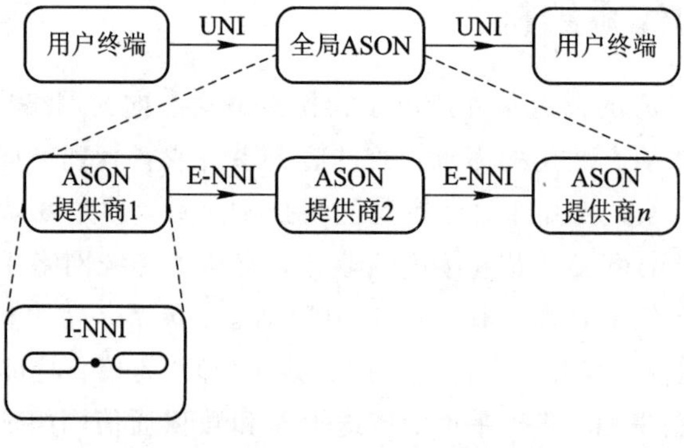

图 6.11　控制平面接口示意图

I-NNI 是在一个自治域内部或者在有信任关系的多个自治域中控制实体间的双向信令接口。E-NNI 是在不同自治域中控制实体之间的双向信令接口。为了连接的内动建立,NNI 需要支持资源发现、连接控制、连接选择和连接路由寻径等功能。

6.6.2　ASON 的三种连接

ASON 支持三种连接：交换连接、永久连接和软永久连接。

1. 交换连接

交换连接(SC)是由控制平面发起的一种全新的动态连接方式，是由源端用户发起呼叫请求，通过控制平面的信令实体之间的信令交互建立起来的连接类型，如图 6.12 所示。交换连接实现了连接的自动化，满足快速、动态并符合流量工程的要求，这种类型的连接集中体现了 ASON 的本质要求，是 ASON 连接实现的最终目标。

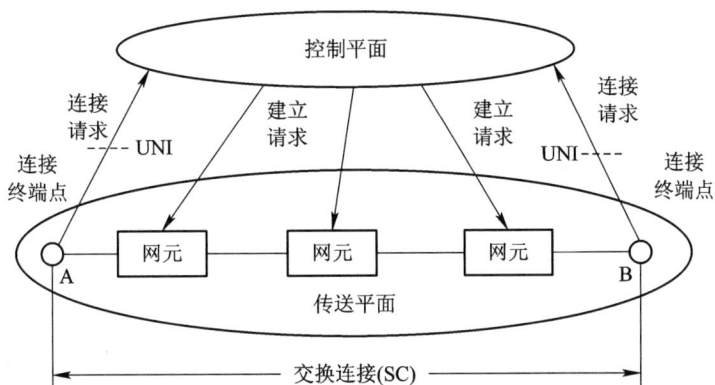

图 6.12　ASON 中的交换连接示意图

为了实现自动交换连接，ASON 必须具备一些基本功能，包括自动发现功能(如邻居发现、业务发现)、路由功能(各种条件下路由计算、更新与优化)、信令功能(完全信令模式下的连接管理，并结合流量工程)、保护和恢复功能(网络在出现问题时实现快速业务恢复)、策略功能(链路管理、连接允许控制和业务优先级管理)、业务提供功能(方便开展波长批发、波长出租、带宽贸易、光虚拟专用网等新型业务)等。

2. 永久连接

永久连接(PC)是由网管系统指配的连接类型。沿袭了传统光网络的连接建立形式，连接路径由管理平面根据连接要求以及网络资源利用情况预先计算得出，然后沿着连接路径通过网络管理接口(NMI-T)向网元发送交叉连接命令，进行统一指配，最终完成通路的建立。

3. 软永久连接

软永久连接(CSPC)由管理平面和控制平面共同完成，是一种分段的混合连接方式。在软永久连接中，用户到 ASON 网络的部分由管理平面直接配置，而 ASON 网络中的连接由控制平面完成，如图 6.13 所示。可以说软永久连接是从永久连接到交换连接的一种过渡类型。

对三种连接类型的支持使 ASON 能与现存光网络无缝连接，也有利于现存传输网络向 ASON 过渡和演变。可以说自动交换光网络代表了光通信网络技术新的发展阶段和未来。

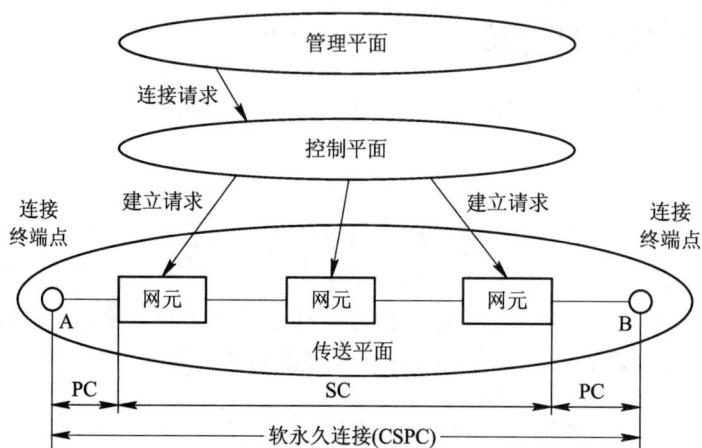

图 6.13　ASON 中的软永久连接

6.6.3　ASON 的特点

与传统光网络技术相比，ASON 具有以下特点。

1. 控制为主的工作方式

ASON 的最大特点就是从传统的传输节点设备和管理系统中抽象分离出了控制平面。传统传送网的管理功能很强，控制功能很弱，控制功能包含在管理功能中。而自动控制是ASON 主要的、也是最具特色的工作方式。

2. 分布式智能

ASON 的重要标志是实现了网络的分布式智能，即网元的智能化，具体体现在依靠网元实现网络拓扑发现、路由计算、链路自动配置、路径的管理和控制以及业务的保护和恢复。传统光网络采用的是集中式的工作方式，在网络日益庞大且复杂的情况下，其效率低下，且存在生存性、安全性等问题。随着技术的进步（如核心处理芯片处理能力的提高）和协议的标准化，ASON 光网络中引入了分布式智能，连接的建立采用分布式动态方式，各节点自主执行信令、路由和资源分配，在网络出现故障时，ASON 可利用分布式算法快速执行保护/恢复。

3. 多层统一与协调

在传统光网络中，各层是独立管理和控制的，它们的协调需要网管参与。在 ASON 中，网络层次细化，体现了多种粒度多个层面，但多层的控制却是统一的，通过公共的控制平面来协调各层的工作，使 ASON 具有了实现自动交换的智能功能。

4. 面向业务

ASON 业务提供能力强大，业务种类丰富，能在光层直接实现动态带宽按需分配（BoD），支持客户与网络间的服务等级协议（SLA），可以组织各种光虚拟专用网（OVPN）

等，是面向业务的网络。

ASON 被誉为传送网概念的重大突破，它是一种具有高灵活性、高可扩展性的基础光网络设施。ASON 是从 IP、SONET/SDH、DWDM 的环境中升华出来的，将 IP 的灵活性和高效率、SONET/SDH 的保护能力、DWDM 的容量，通过创新的控制平面和分布式网管系统有机地结合在一起，形成以软件为核心，能感知网络和用户服务要求的，并能按需直接从光层提供业务的新一代光网络。

本 章 小 结

本章介绍了光接入网及全光网络相关的知识，对光接入网的功能结构、类型以及应用场景进行了简要阐述，对全光网络技术特点进行了较为详细的介绍。

PON 具有光网络对传输技术体制的透明性、低成本树型分支结构，以及多个 ONU 共享光纤介质使系统成本低、高可靠性等优点。

AON 中的 SDH 兼容性强，在硬件上保证了各供应商设备互联互通；完善的自愈保护能力，增强了网络可靠性，降低了整个电信网络的投资；面向网络发展的升级能力，可灵活扩展升级，管理维护系统容易实现自动故障定位，可以提前发现和解决问题，降低维护成本；有利于向宽带接入发展，为向宽带接入发展提供了一个理想的平台。

ASON 网络结构核心的特点是支持电子交换设备动态向光网络申请带宽资源。ASON 的优势集中表现在其组网应用的动态、灵活、高效和智能方面，支持多粒度、多层次的智能，提供多样化、个性化的服务。ASON 网络由控制平面、管理平面、传送平面和数据通信网组成。

习题与思考题

1. 光接入网的功能是什么？
2. 光接入网的类型有哪些？
3. 光接入网的应用场景包含什么？
4. PON 网络为什么可以提高可靠性？
5. 光传送网的优点是什么？说明光传送网的分层结构和各层的功能，以及主要的网元设备的功能。
6. 简述光交换技术的分类及应用。
7. 画出 ASON 网络的体系结构图，说明三大平面的功能。
8. 分析 ASON 为什么具有自动发现和连接的自动建立功能？
9. ASON 支持哪几种连接方式？如何实现这些连接？

第7章
光纤通信仿真

OptiSystem 是一款实用的光纤通信系统模拟软件包,它能快速便捷地对不同光网络进行设计和检测,同时能利用各种虚拟观测设备进行分析,操作简单、结果直观。将OptiSystem 仿真软件引入光纤通信技术及光网络的课堂理论教学中进行辅助教学及虚拟实验,既可以使理论知识直观形象化,便于理解,也利于将所学理论知识和实际应用结合起来,提高系统设计能力。

7.1 仿真与建模

7.1.1 OptiSystem 软件介绍

OptiSystem 集设计、测试和优化网络物理层的虚拟光连接等功能于一身,从长距离通信系统到 LAN 和 WAN 都可以使用。作为一个基于实际的光纤通信系统模型的系统级模拟器,OptiSystem 具有强大的模拟环境、真实的元器件和系统的分级定义。它的性能可以通过附加的用户器件库以及完整的界面来进行扩展,因此成为被广泛使用的仿真工具。OptiSystem 软件中有全面的图形用户界面,用来控制光子器件设计和演示;具有参数的扫描和优化功能,方便用户研究特定器件的技术参数对系统性能的影响。OptiSystem 软件起初为了满足系统设计者、光通信设计师、相关的研究人员和学术界的要求而开发,因此它是一个强有力而容易使用的光系统设计工具。

OptiSystem 软件的特点:丰富的器件库,分级仿真子系统,强有力的脚本语言,强大的数据计算流。

OptiSystem 软件完成的功能:表达混合信号,检测高级工具与数据,生成页面报告与物料成本。

1. OptiSystem 简介

OptiSystem 软件界面如图 7.1 所示。

图 7.1　OptiSystem 软件界面

　　右方空白方格区域是任务区，是主要仿真工作的操作界面，相当于实验平台，在这里可以完成插入器件、编辑器件和连接器件等工作。左上方有四个文件夹的地方是器件库，它存有搭建光通信系统的几乎所有光学和电学器件、观测设备以及 Matlab 和 Optiwave 公司其他软件的导入模块，是本软件具有强大仿真功能的关键所在。任务区下面是任务浏览器，能够实现对当前任务更有效的操作、管理和结果实现，同时也能实现对当前任务的脉络导航。器件库下面是描述栏，它能起到编辑显示当前任务的详细信息和备注索引的作用。界面最底下的区域是状态栏，它能显示单签任务计算过程的信息。

2. OptiSystem 的基本功能

　　(1) 器件库：器件模块可以再现真实器件实际的性能，OptiSystem 器件库中有超过 200 种器件模型。

　　(2) 器件测量：OptiSystem 可以算出从实际器件中需要测量的参数。

　　(3) 混合信号表示：OptiSystem 可以根据模拟所需的精度来选择合适的算法处理混合信号格式。

　　(4) 高级可视化工具：通过连接电路图可以生成 OSA 频谱、示波器的波形和眼图。WDM 分析工具中包含了信号功率、增益、噪声系数和 OSNR 等。

　　(5) 数据监视器：在完成电路模拟后，用户可以在同一显示器上打开任意数目的观察仪。

　　(6) 子系统分级模拟：为了使模拟工具更加灵活和有效，在系统级、子系统级以及器件级等不同的层次上提供模型是很有必要的。OptiSystem 是器件和系统的真正分级，可以使模拟达到很高的精度。

　　(7) 脚本语言：用户可以输入代数表达式，也可以设置系统和器件都能使用的符号参数。

　　(8) 状态技术计算数据流：通过确定器件模块的执行等级可以控制模拟过程。模拟处理传输层的主数据流模型为器件的迭代数据流(CIDF)。CIDF 域使用运行调度法，并支持条件、数据相关迭代和真循环。

　　(9) 图形管理器：OptiSystem 软件在完成电路的仿真后，会有非常直观的图形管理，可以使用图形来表示设计中几乎全部的设置参数。生成的图形大小可以调节，图形窗口不仅可以移动，而且可以形成一个能够保存和重新使用的结果图。

（10）并行计算：如果能够对两个器件同时进行计算，那么它们也能在不同的线程中被有效调度。根据可利用的计算资源，用户可以控制线程的数目，加速计算的过程。

（11）参数扫描和优化：OptiSystem 可以使用参数的迭代变化，使模拟反复进行。它也能优化任何参数，使结果最大或最小，或者搜寻目标结果。

（12）发射器：发射器库包含了所有与光信号产生和相关的器件，例如半导体激光器、调制器、编码器以及比特序列发生器等。半导体激光器由于在发射器中扮演重要角色而成为了最重要的发射器部件。

（13）光纤：光纤是主要的传输通道。

（14）光放大器：EDFA 和拉曼放大器已经成为光纤网络所必需的器件，从 WDM 网络转发器到 CATV 接线放大器，都有着广泛的应用。

（15）接收器：用户可以根据光探测器输入端的混合信号来选择不同的模型。

（16）网络器件：包括复用器与解复用器、上路与下路、阵列波导光栅、静态和动态开关、循环和环形元件、交叉连接、波长转换等。

（17）无源器件：包括滤波器、调制器、耦合器、分波器、合波器、环形器、隔离器、偏振器件、光纤光栅等。

（18）观察仪：用户可以通过任何器件打开数据监视器并存取结果。数据监视器可以保存处理过的信号信息，没有必要预先确定观察仪的类型。库中可以利用的观察仪包括光频和射频频谱分析仪、示波器、光时域分析仪、眼图分析仪、误码率分析仪、WDM 分析仪和功率计等。

3. OptiSystem 的优点

OptiSystem 的主要优点如下：

（1）使投资风险大幅度降低，能快速投入市场。

（2）可进行快速、低成本的原型设计。

（3）系统性能全面。

（4）可辅助进行容差参数的灵敏性评估。

（5）具有面向用户的直观的设计选项和脚本。

（6）可直接存取大规模的系统特征数据。

（7）自动参数扫描和优化。

（8）允许对物理层任何类型的虚拟光连接和宽带光网络进行分析，从远距离通信到城域网（MANs）和局域网（LANs）都适用。

4. OptiSystem 的主要应用

OptiSystem 的主要应用如下：

（1）可进行物理层的器件级到系统级的光通信系统设计。

（2）可进行 CATV 或者 TDM/WDM 网络设计。

（3）可进行 SONET/SDH 的环形设计。

（4）可进行传输器、信道、放大器和接收器的设计。

（5）可进行色散图设计。

（6）可进行不同接收模式下误码率（BER）和系统代价（penalty）的评估。

（7）可进行放大系统的 BER 和连接预算计算。

7.1.2　光纤通信系统性能的评价指标

1. 误码率（BER）

误码率是通信系统性能好坏的判决标准。误码率产生于传输过程中信号的畸变和噪声的叠加。对于二进制系统，总误码率是信号为 1 时的误码与信号为 0 时的误码总和，当信号为 1 时的误码与信号为 0 时的误码等概率时，其 BER 如下：

$$\text{BER} = \frac{1}{2}\big[\text{BER}(0) + \text{BER}(1)\big] \tag{7.1}$$

从数学上得到的信号为 1 和信号为 0 的误码率为

$$\text{BER}(1) = \frac{1}{2}\text{erfc}\left(\frac{I_1 - I_D}{\sqrt{2}\,\sigma_1}\right) \tag{7.2}$$

$$\text{BER}(0) = \frac{1}{2}\text{erfc}\left(\frac{I_D - I_0}{\sqrt{2}\,\sigma_0}\right) \tag{7.3}$$

式中：I_1 和 I_2 分别表示 1 码和 0 码的平均接收电流，σ_1 和 σ_0 分别表示 1 码和 0 码产生的电流方差，I_D 为判决阈值电流。可以看到，两个误码函数随 I_D 的变化而变化，一个为增，一个为减，当选取的 I_D 使得两个函数值相等时，总误码率最小。

在系统仿真实验中，可以通过观察眼图分析仪中误码率的大小来判断系统性能的好坏。一般测出的误码率是 $n \times n^{-p}$ 形式，其中 p 为整数，p 越大，误码率越小，系统性能越好；反之系统性能越差。

2. 性能质量 Q 因子

在光通信系统中，BER 是衡量光传输链路性能的重要指标之一。比特误码率是错误的比特数与传输的总比特数之比，表示如下：

$$\text{BER} = \frac{\text{错误的比特数}}{\text{传输的总比特数}} \tag{7.4}$$

通常，采用信号的 Q 值作为一个品质因数来衡量信号的质量，并由它来表征系统的误码率。Q 值与误码率的关系可由下式表示：

$$\text{BER} = \frac{1}{\sqrt{2\pi}Q}\exp\left(-\frac{Q^2}{2}\right) \tag{7.5}$$

其中，Q 值越大，对应的 BER 就越小。

Q 值综合反映了眼图的质量。在系统仿真实验中，通常通过观察结果分析仪中的 Q 值的大小来判断系统性能的好坏，Q 值越大，眼图的质量就越好，信噪比就越高，系统性能也越好。Q 值一般受噪声、光功率、电信号是否从始端到终端阻抗匹配等因素影响。

3. 眼图张开度(EOP)

眼图是指可在示波器上观察到的由许多波形部分重叠形成的类似眼睛的图形,是利用实验估计和改善(通过调整)传输系统性能的一种方法。相邻抽样时刻的码间串扰为零时,得到的眼图轮廓非常清晰。但如果存在码间干扰,得到的眼图则是模糊的。

眼图"眼睛"张开的大小反映着码间串扰的强弱:"眼睛"张得越大,且眼图越端正,表示码间串扰越弱;反之表示码间串扰越强。眼图还能反映信道噪声的影响,从而评价系统优劣程度。此外,眼图还可以指示接收滤波器的调整,以减弱码间串扰和改善系统的传输性能。

眼图张开度(Eye Open Penalty,EOP)是指在判决时刻上眼皮的最小值与下眼皮的最大值的差值,即指在接收端的眼图分析仪中观察到的下眼皮的最大值减去上眼皮的最小值的结果值,而眼图张开度代价是指传输后(衰减完全补偿)的眼图张开度与初始眼图张开度的值,单位为 dB,表示为

$$EOP(dB) = 10 \lg \left\{ \frac{背靠背的眼图张开度}{传输后的眼图张开度} \right\} \tag{7.6}$$

在系统仿真实验中,可以通过观察眼图分析仪中眼图的清晰度来判断系统性能的好坏,系统输出结果的眼图越清晰,系统性能越好。

4. 功率代价

为了把误码率控制在一定的范围内,与无串扰时相比,有串扰时需要增加光功率的分贝数。

功率代价可以简单地表示为

$$功率代价 = \frac{有串扰时需增加的光功率的分贝数}{无串扰时光功率的分贝数} \tag{7.7}$$

由式(7.7)可以看出,当系统中有串扰发生时,增大光功率的分贝数可以增大功率代价,进而可以提高系统性能。

5. 非线性容限和色散容限

非线性容限是指在完全色散补偿下,1 dB 的功率代价所允许的最大入纤光功率。而色散容限是指忽略光纤的非线性效应和偏振模色散,只考虑色度色散时,1 dB 的功率代价所允许的最大色散值。

7.2 基于 OptiSystem 光纤通信系统仿真构建

一个基本的光纤通信系统主要由三个部分构成,即光发射机、光纤传输信道和光接收

机。利用 OptiSystem 软件进行 IM-DD 数字光纤通信系统基本组成的仿真搭建如图 7.2 所示。

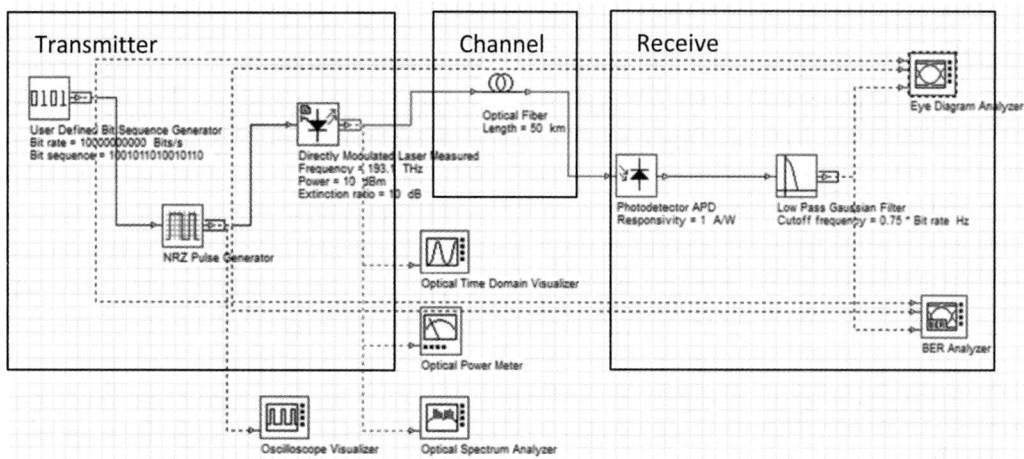

图 7.2　IM-DD 数字光纤通信系统基本组成的仿真搭建图

7.2.1　光发送系统模型

1. 光发送机基本组成

光发送机是光纤系统的重要组成部分，它的作用是将电信号转变为光信号，并有效地把光信号送入传输光纤。光发送机的核心是光源及其驱动电路。现在广泛应用的有两种半导体光源：发光二极管(LED)和激光二极管(LD)。其中 LED 输出的是非相干光，频谱宽，入纤功率小，调制速率低；LD 是相干光输出，频谱窄，入纤功率大，调制速率高。LED 适宜短距离低速系统，LD 适宜长距离高速系统。

一般光发送机由以下三个部分组成：

(1) 光源(Optical Source)：一般为 LED 或 LD。

(2) 脉冲驱动电路(Electrical Pulse Generator)：提供数字量或模拟量的电信号。

(3) 光调制器(Optical Modulator)：将电信号(数字或模拟量)加载到光波上。从光源和调制器的关系来看，调制方式可分为光源的直接调制和光源的外调制两种。采用外调制器，让调制信息加到光源的直流输出上，可获得更好的调制特性、更好的调制速率。目前常采用的外调制方法为晶体的电光、声光及磁光效应。

外调制是把激光的产生和调制分开，用独立的调制器调制激光源的输出光，其原理如图 7.3(a)所示。图 7.3(b)为基于 OptiSystem 的仿真组成示意图。这是一个基本的外调制激光发射机结构，光源是频率为 193.1 THz 的激光二极管，使用一个 Pseudo-Random Bit Sequence Generator 模拟所需的数字信号序列，经过一个 NRZ 脉冲发生器(None-Return-to-Zero Generator)转换为所需要的电脉冲信号，该信号通过一个 Mach-Zehnder 调制器后，通过电光效应加载到光波上，成为最后入纤所需的载有信息的光信号。

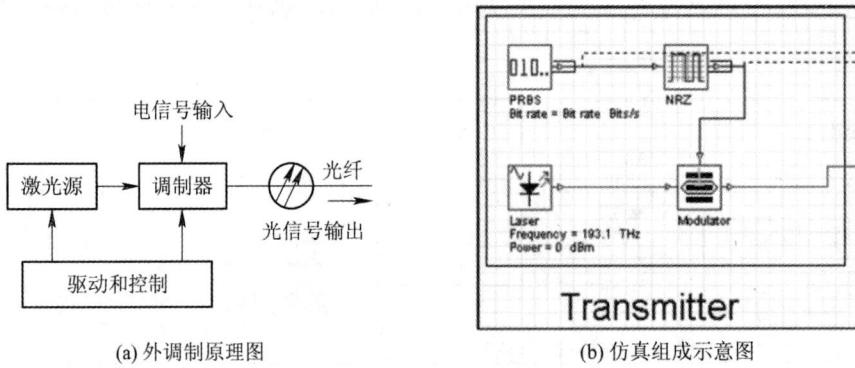

(a) 外调制原理图   (b) 仿真组成示意图

图 7.3 外调制原理及激光发射机结构仿真组成

2. 光发送机模型设计案例

光纤通信系统中，调制器的啁啾参数是衡量调制器性能的重要参数之一，由于直接调制半导体激光器引起的频率啁啾会限制系统的传输带宽和传输距离，因此，在高速大容量光纤通信系统中，常常采用外调制方式来克服内调制方式引起的激光器频率啁啾。本节对光发送机模型中铌酸锂（LiNbO₃）型 Mach-Zehnder 调制器（MZ 调制器）中的啁啾（Chirp）进行分析。

通过对 LiNbO₃ MZ 调制器中的外加电压和调制器输出信号的啁啾量的关系进行模拟和分析，从而决定具体应用中 MZ 调制器的外置偏压的分布和大小。

对处于直接强度调制状态下的单纵模激光器来说，其载流子浓度的变化是随着注入电流的变化而变化的。这样有源区的折射率指数发生变化，从而导致激光器谐振腔的光通路长度相应变化，结果致使振荡波长随时间偏移，发生啁啾现象。啁啾是高速光纤通信系统中十分重要的物理量，它对整个系统的传输距离和传输质量都有关键的影响。

外调制器由于激光光源处于窄带稳频模式，可以降低或者消除系统的啁啾量。典型的外调制器由铌酸锂（LiNO₃）晶体构成，通过对该晶体外加电压的分析调整而最终减小该光发送机中的啁啾量，其模型原理如图 7.4 所示。

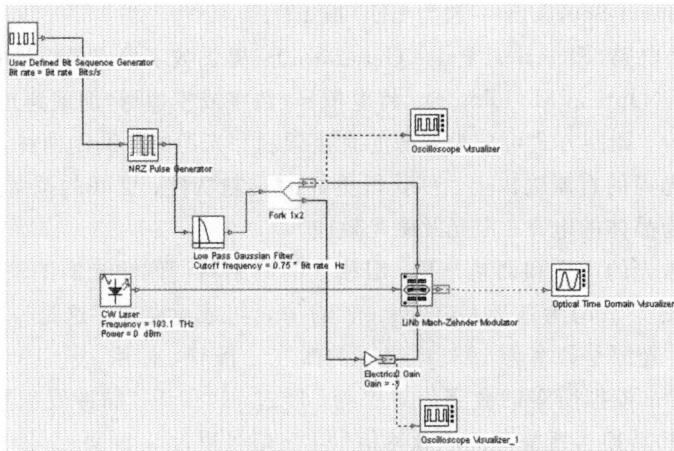

图 7.4 LiNbO₃ MZ 光调制激光发送模型原理图

3. 仿真模拟分析

光发送模型设计流程：首先给一个用户自定义序列发生器，产生一串"0""1"数字序列，紧接着把这串序列送入一个不归零脉冲发生器，"0""1"数字序列就被转化成一个脉冲信号。通过高斯低通滤波器滤去不必要和对结果有影响的杂波，经过分路器分成两路，一路通过放大增益连接示波器，通过示波器进行观察；一路通过 LiNbO$_3$ MZ 调制器，通过电压的改变观察啁啾的变化量。

在设计和分析之前，首先需要对系统中的全局变量（Global Parameters）进行设定，全局变量是对于整个 OptiSystem 仿真而言的，它的定义会影响整个仿真结果。一些参数几乎需要在所有器件及仪器中定义，且要求一致，为了仿真便捷，这些参数被 OptiSystem 软件系统默认为全局参数，方便统一设定，如图 7.5 所示。

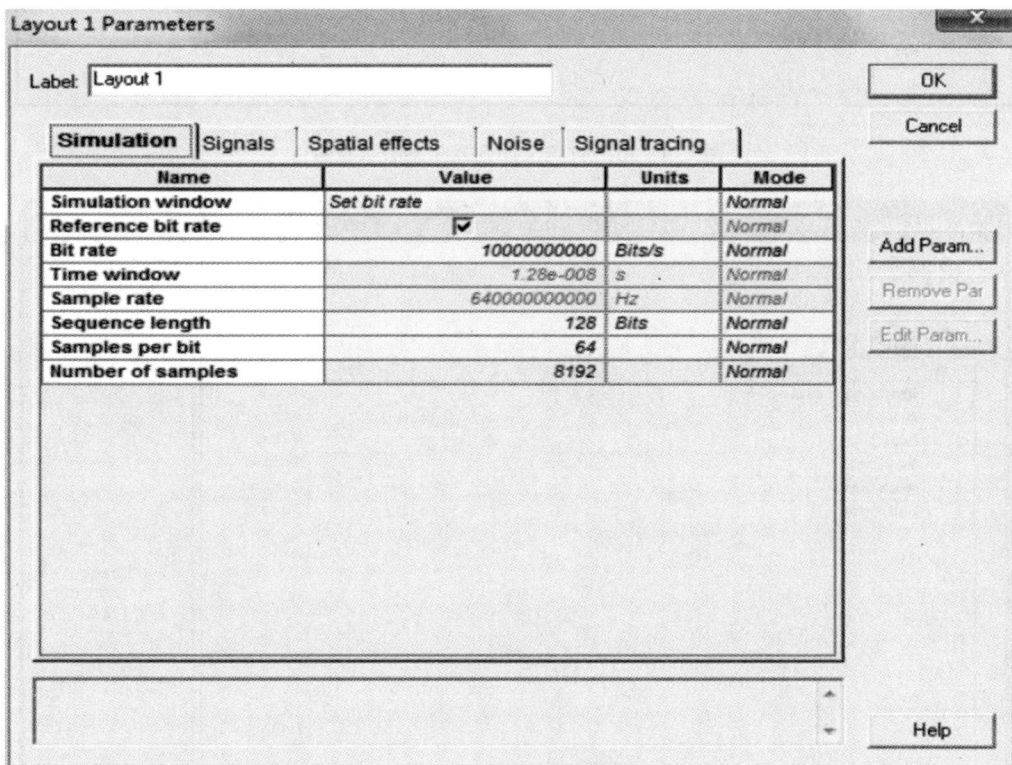

图 7.5　全局参数设置

仿真模拟步骤如下。

（1）设置全局参数。

（2）设定各个元器件的参数，以满足系统要求，图 7.6 所示为用户自定义序列发生器参数设置。

（3）设置 NRZ 脉冲发生器参数如图 7.7 所示。

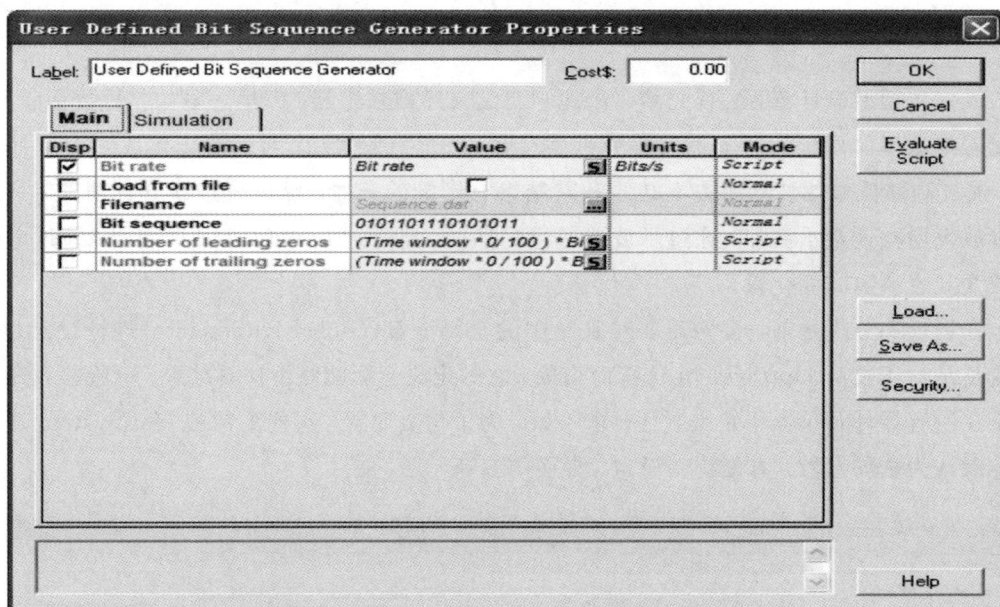

图 7.6 用户自定义序列发生器参数设置

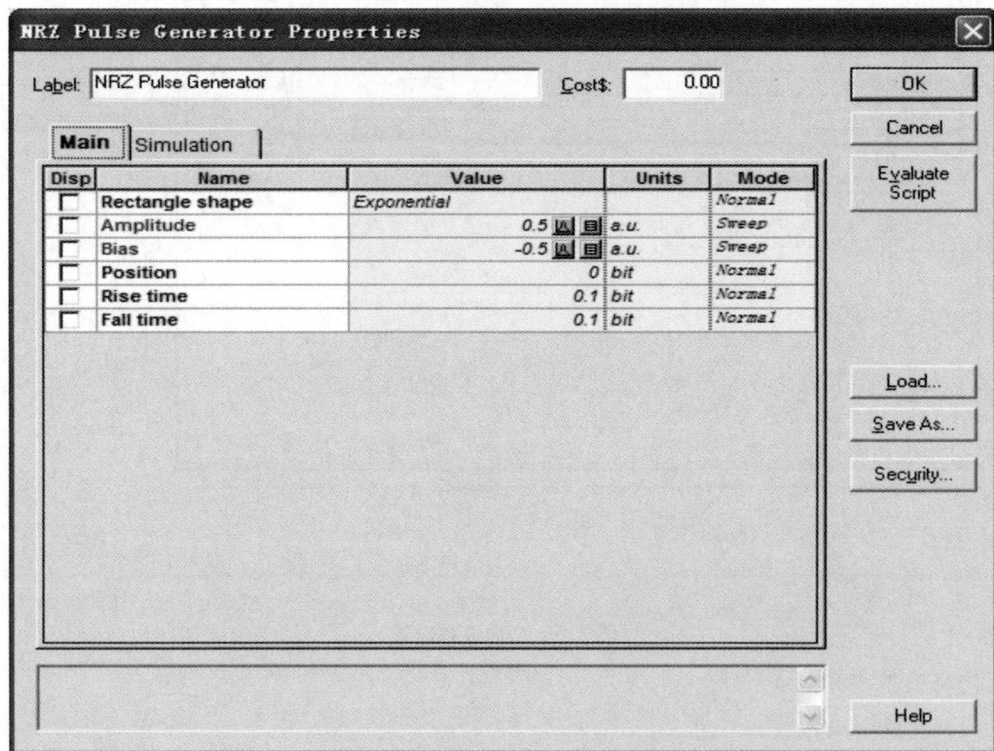

图 7.7 NRZ 脉冲发生器参数设置

（4）设置低通高斯滤波器参数如图 7.8 所示。

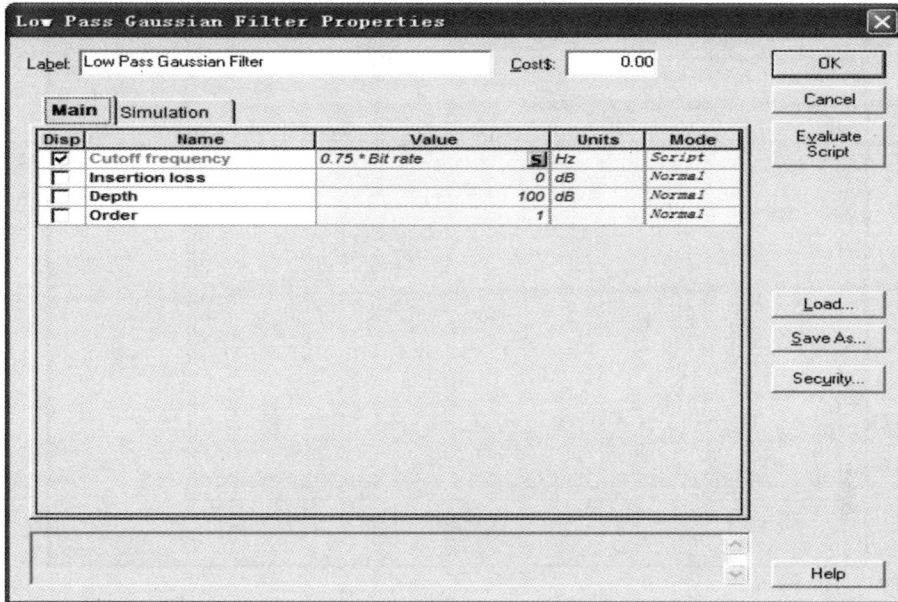

图 7.8 低通高斯滤波器参数设置

（5）设置 CW 激光器参数如图 7.9 所示。

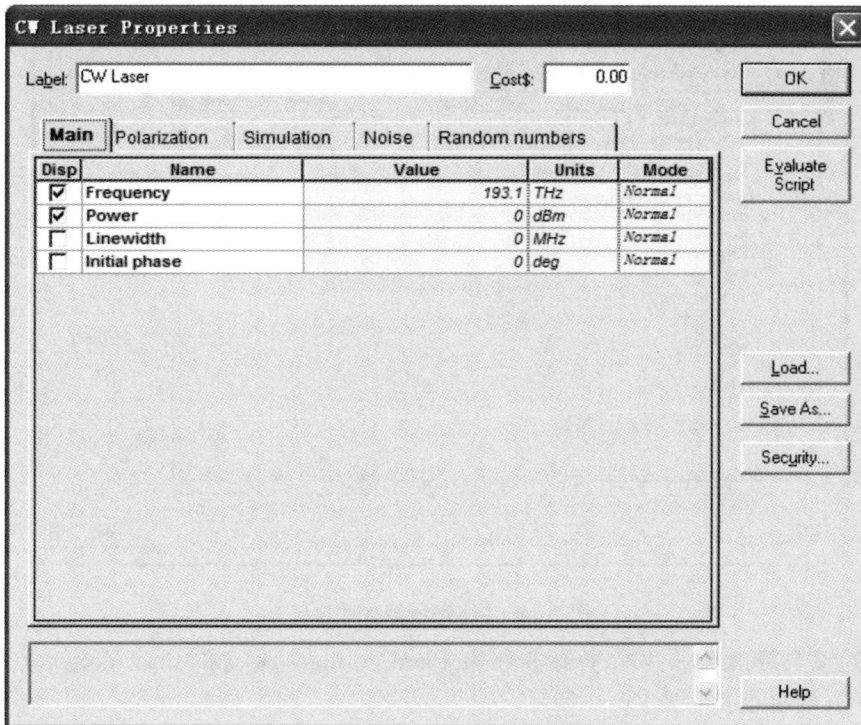

图 7.9 CW 激光器参数设置

（6）设置 Electrical Gain 电增益参数如图 7.10 所示。

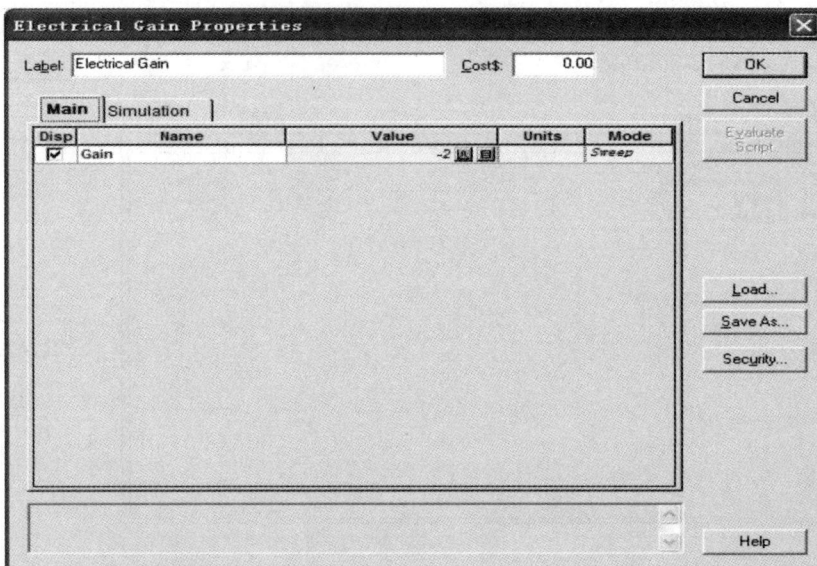

图 7.10　Electrical Gain 电增益参数设置

（7）设置 MZ 调制器参数如图 7.11 所示。

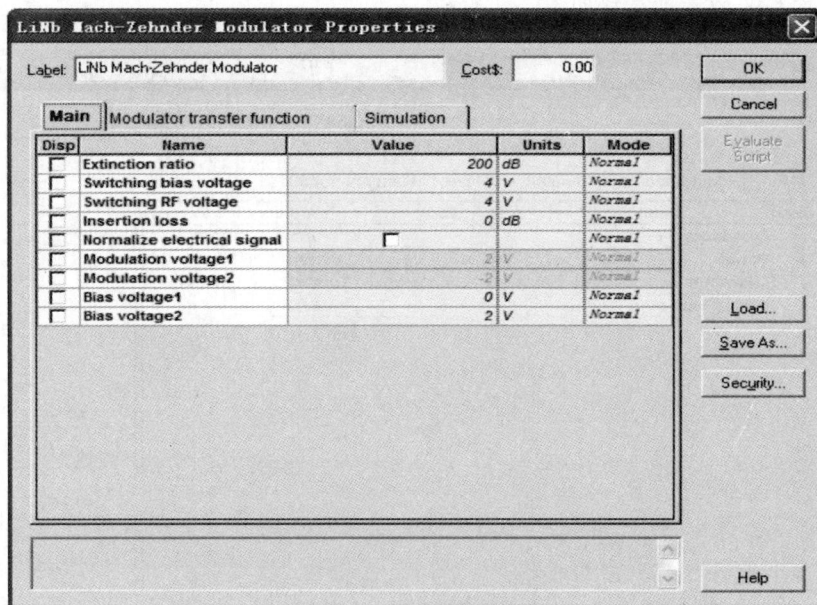

图 7.11　MZ 调制器参数设置

在上述参数设置中，两个主要参数为 Bias Voltagel(V_1) 和 Bias Voltagel(V_2)，对 $LiNbO_3$ MZ 调制器进行两次电压调制。

啁啾量可根据两路的驱动偏压值计算：

$$\alpha = \frac{V_1 + V_2}{V_1 - V_2}$$

(7.8)

式中：V_1、V_2 分别为两个驱动电路的驱动电压，α 为啁啾系数。

通过对 $LiNbO_3$ MZ 光调制器外加电压的改变观察啁啾的变化量。

① 当示波器输入电压为 2 V 时，电压波形如图 7.12 所示。

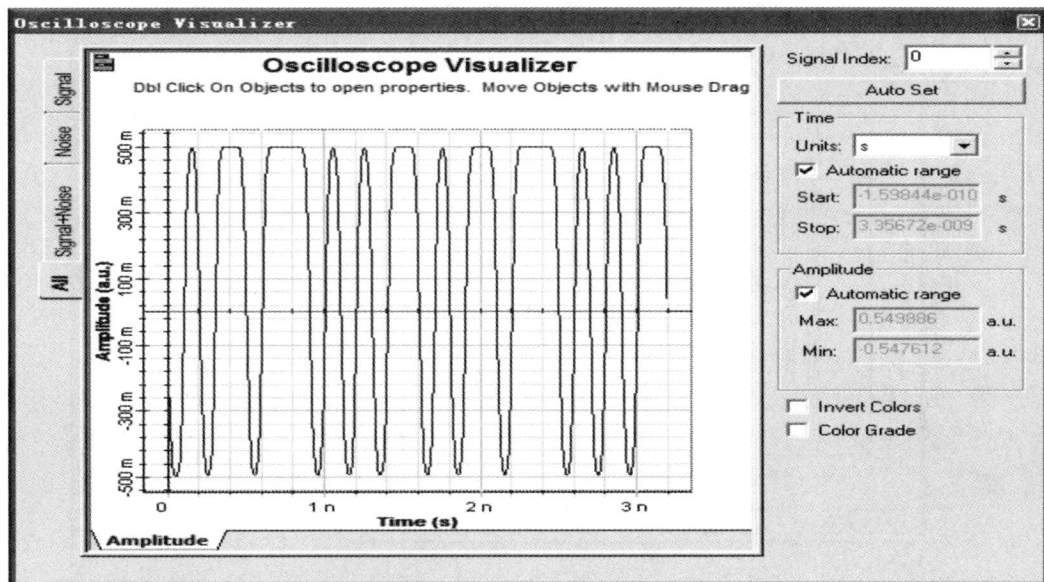

图 7.12　示波器输入电压为 2 V 时的电压波形

当示波器输入电压为 -2 V 时，电压波形如图 7.13 所示。

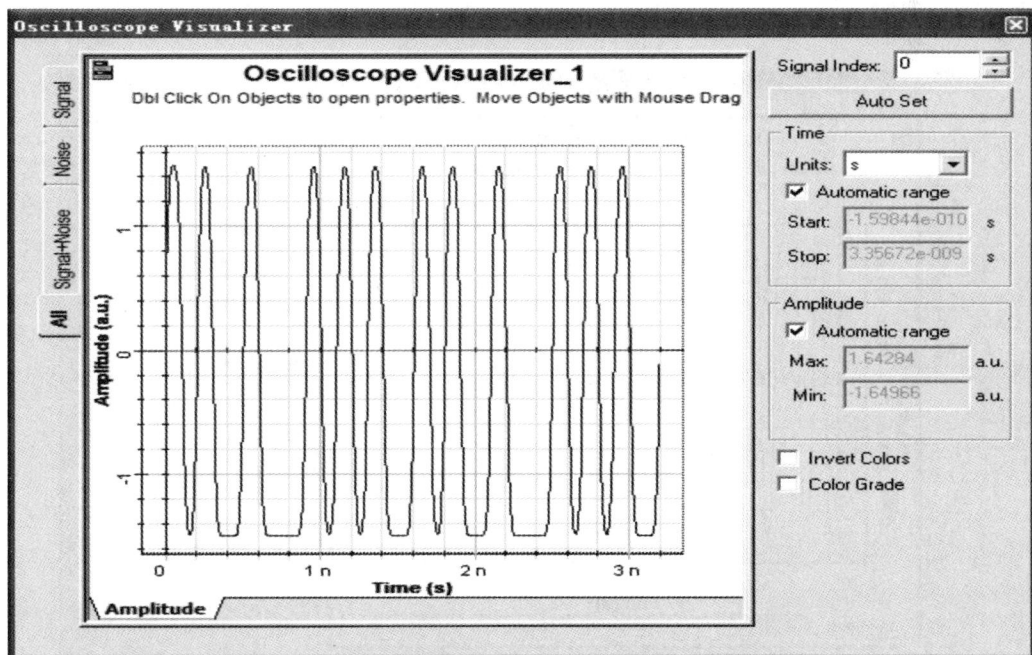

图 7.13　示波器输入电压为 -2 V 时的电压波形

根据式(7.8)，当 $V_1=2.0$ V，$V_2=-2.0$ V 时，啁啾系数 α 为 0，输出的光信号波形及其啁啾量如图 7.14 所示。

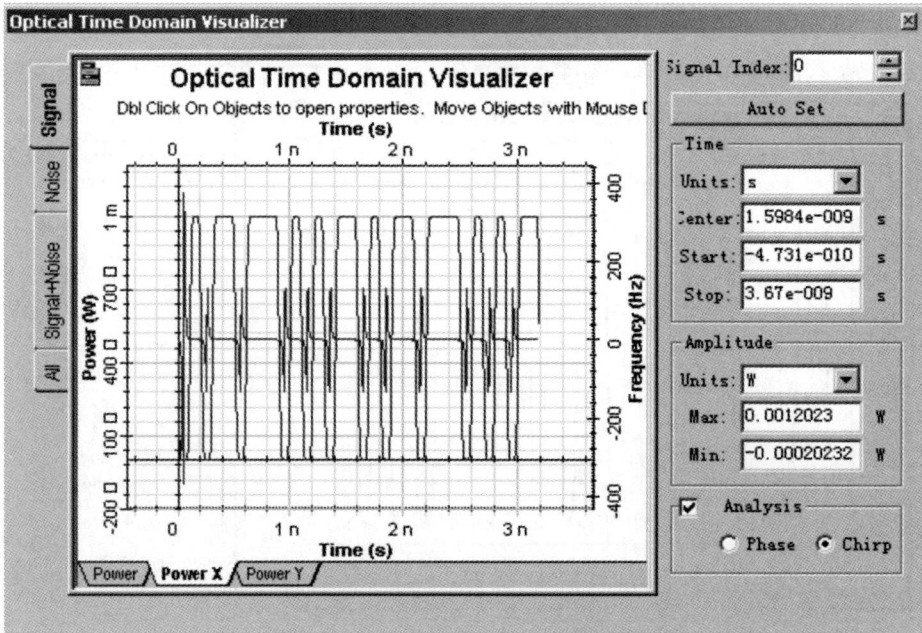

图 7.14　$V_1=2.0$ V，$V_2=-2.0$ V 时输出的光信号波形及其啁啾量

② 当设置输入电压为 $V_1=-3.0$ V，$V_2=3.0$ V 时，输入电压波形如图 7.15、图 7.16 所示。根据式(7.8)可得到啁啾系数 α 为 0.5，仿真模拟出光信号波形及其啁啾量如图7.17 所示。

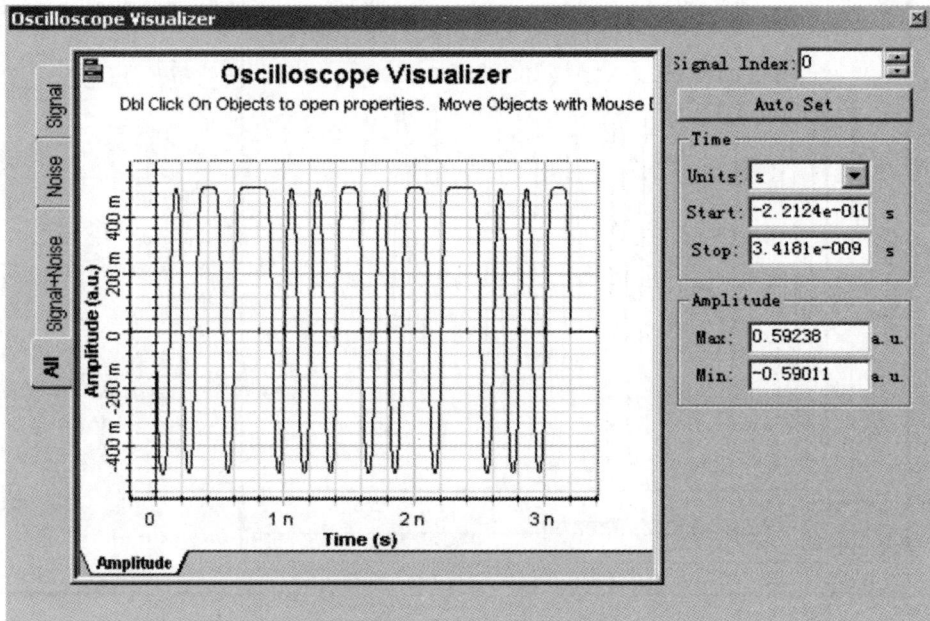

图 7.15　示波器输入电压为 -3.0 V 时的电压波形

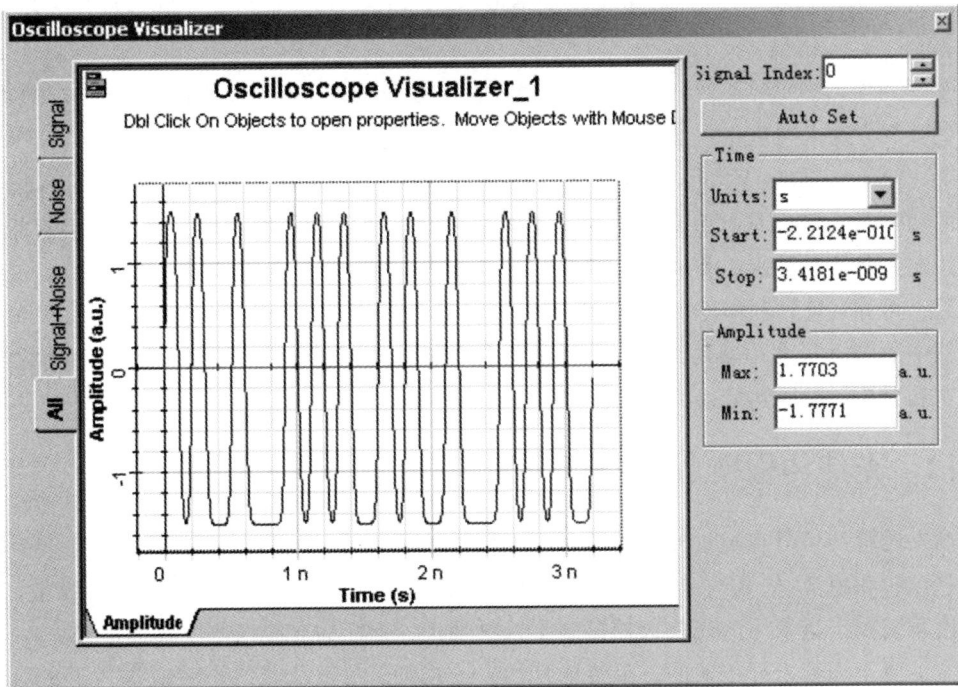

图 7.16　输入电压为 3.0 V 的电压波形

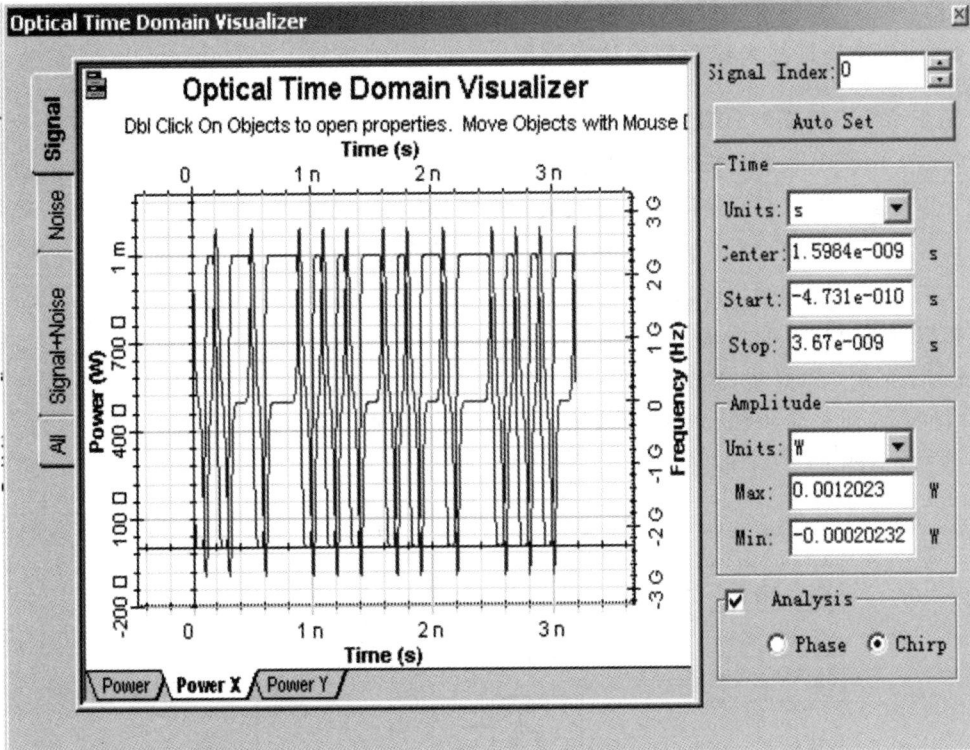

图 7.17　$V_1 = -3.0\ V$，$V_2 = 3.0\ V$ 时输出的光信号波形

在以上两次不同 V_1、V_2 外置偏压的情况下，OptiSystem 提供了实际情况的模拟仿真，并可得到一系列结果：

① 当 $V_1＝2.0\,V$，$V_2＝-2.0\,V$ 时，如图 7.14 所示，啁啾量大小约为 100 Hz；相对于光源的频率，这个啁啾量在实际情况中可基本视为零。

② 当 $V_1＝-3.0\,V$，$V_2＝3.0\,V$ 时，如图 7.17 所示，啁啾量的大小约为 3 GHz，这个大小的啁啾量在实际情况中对输出光信号的灵敏度以及最终所能传输的距离都会有十分严重的影响，设计时需避免和消除。

综上可知，可以利用 OptiSystem 提供的元件和分析功能设计并得到关于 LiNbO$_3$ MZ 调制器中的啁啾量大小随两路输入电压的变化关系，从而可在实际设计时针对一些参数进行设定和分析，以得到最佳的效果。

7.2.2 光纤传输模型

输入光脉冲信号在经过光纤传输后，不仅幅度要减小，而且波形要展宽，即产生损耗（功率衰减）和色散（失真）。损耗限制系统的传输距离，色散则限制系统的传输容量。随着超高速系统中广泛采用的光放大器提高了入纤功率，光纤的非线性效应显著起来。

为了便于理解光纤传输的主要传输特性——损耗、色散及非线性效应等相关的抽象概念，利用 OptiSystem 仿真，模拟系统的搭建与设计、器件模型的选择，并分析仿真结果，从而为实际工程提供方案对比和优化途径。

1. EDFA 光纤放大器模型设计案例

光在光纤中传输时的损耗可以通过光纤制造工艺和光放大器来改善。但是在进行多信道传输时，EDFA 对不同波长光信号的增益并不完全相同，即增益谱不平坦，一组强度相同的光信号经过放大后，光信号就会失真，光信号经级联放大后的失真不断积累，最终导致光信号误码率增高。为了减小这种影响，在 EDFA 对光信号进行放大的过程中，就需要 EDFA 增益有一定的平坦度。

掺铒光纤放大器的基本原理及构成在第 4 章中已有介绍。本节主要介绍利用 OptiSystem 软件对光放大器模型设计中的 EDFA 增益性能进行优化。以后向泵浦方式为例，EDFA 后向泵浦的基本原理如图 7.18 所示，基于 OptiSystem 的 EDFA 增益平坦优化设计仿真框图如图 7.19 所示。

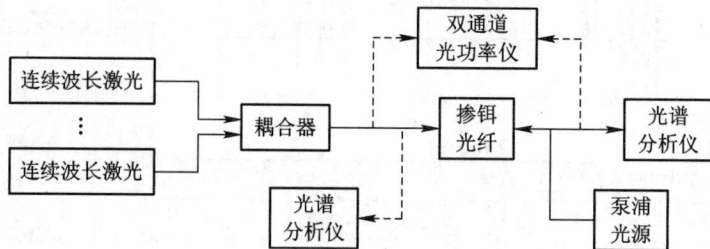

图 7.18　EDFA 后向泵浦的基本原理

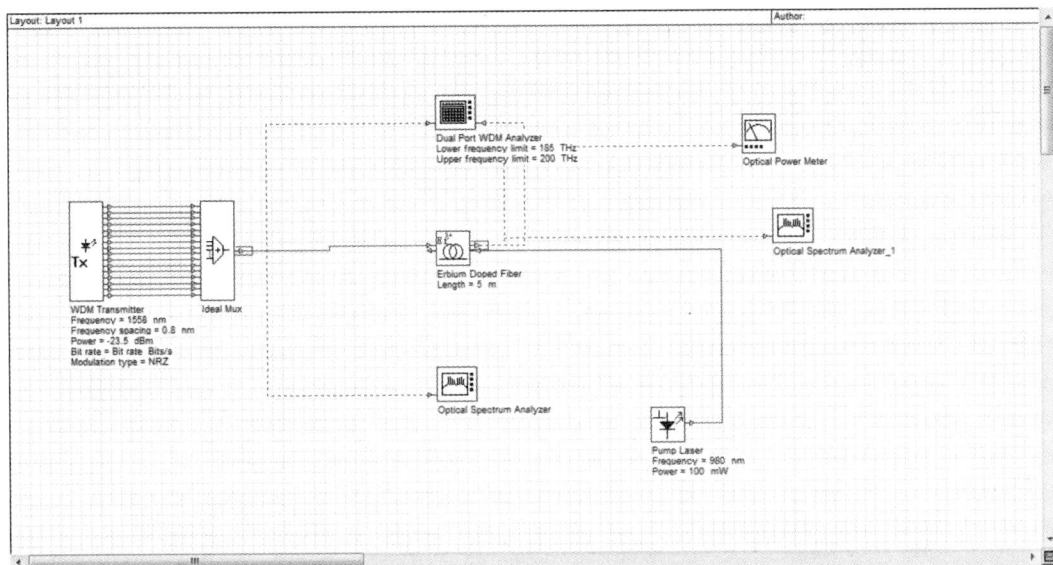

图 7.19　基于 OptiSytem 的 EDFA 增益平坦优化设计仿真框图

设定最终优化的目标为 16 个信道的增益在一平坦曲线上，其优化设置如下：

（1）Main：优化方式为"Gain Flatten"增益平坦，所要优化达成的目标为"Exact"，优化循环数为 60，结果公差为 10，结合其他参数限制条件，如图 7.20 所示。

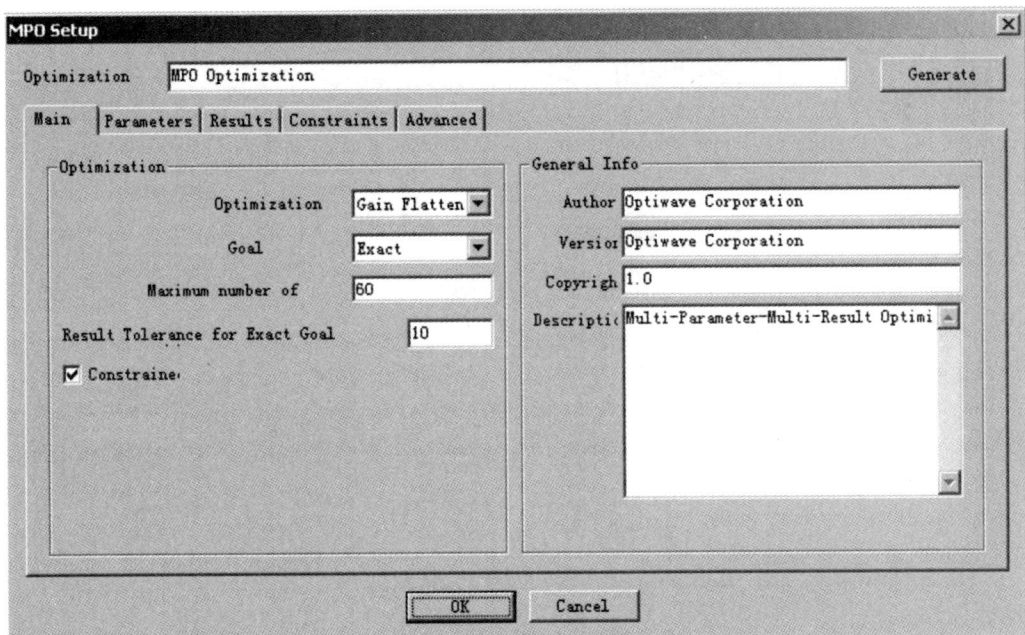

图 7.20　EDFA 增益的多参数优化参数设置

（2）Parameters：设置了需要优化的参数，一个为泵浦光源的功率，这里选择 0~160 mW，初始值为 100；另一个为掺铒光纤的长度，范围为 1~40 m，初始值为 4 m。多芯光纤连接器（MPO）中要优化的参数设置如图 7.21 所示。

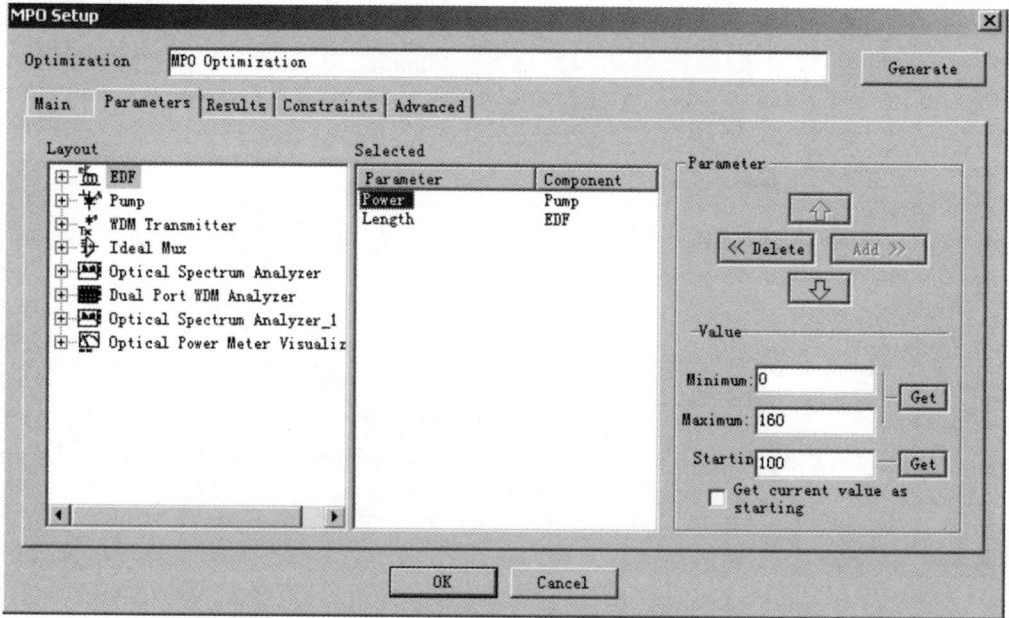

图 7.21 多芯光纤连接器(MPO)中要优化的参数设置

（3）Result：设定希望最后优化完成的目标，即 16 个信道的增益平坦一致为 23 dB，如图 7.22 所示。

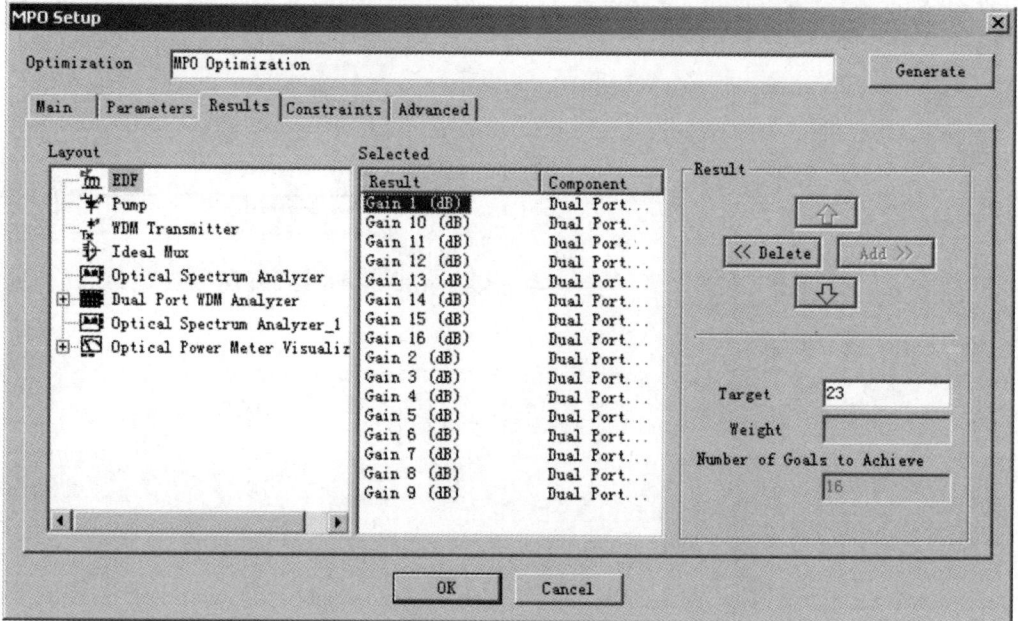

图 7.22 MPO 中最后要达到的 16 个信道增益平坦目标设定

（4）Constraint：设定两个限制条件，一个为输出信号的最大/最小增益比，要求小于 0.5；另一个为光功率计检测到的总功率大于 8.5 dB。MPO 对 EDFA 增益平坦优化的限制参数设定如图 7.23 所示。

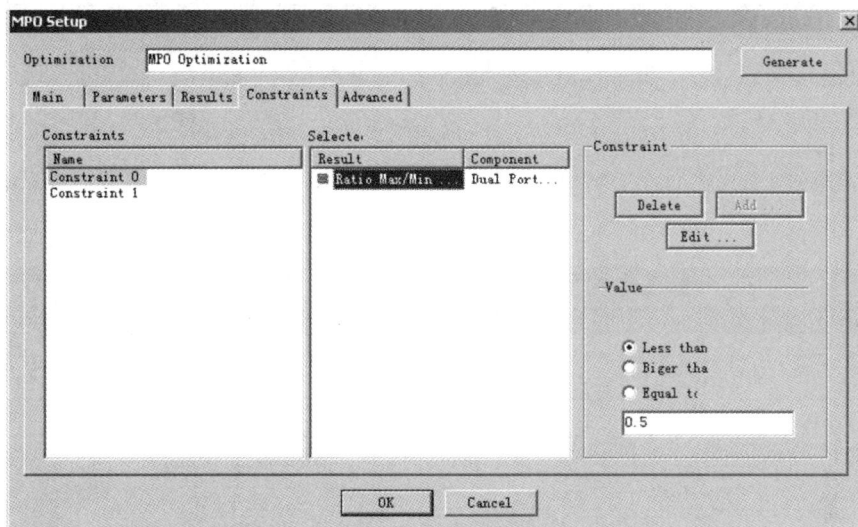

图 7.23　MPO 对 EDFA 增益平坦优化的限制参数设定

（5）Advanced：其他高级设置，在本例中使用缺省值即可。选择运行对话框中的优化（Optimization）并运行，优化过程如图 7.24 所示。

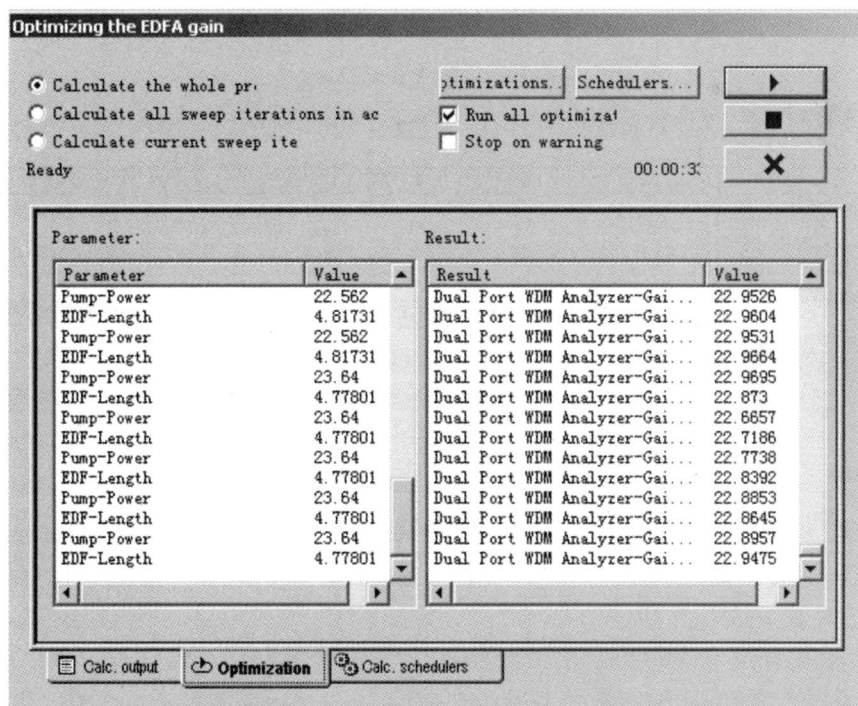

图 7.24　EDFA 增益的优化过程

根据优化过程，可分别得到 EDF 的长度和泵浦光源功率的最终优化值，如图 7.25 所示。

Disp	Name	Value	Units	Mode
☑	Length	4.778010248155	m	Optimize
☑	Power	23.63999303104	mW	Optimize

图 7.25　EDF 的长度和泵浦光源功率的最终优化值

最后，通过 Dual Port WDM Analyzer 来分析模拟后得到的 16 个信道数据，如图 7.26 所示。

Dual Port WDM Analyzer

Frequency (THz)	Gain (dB)	Noise Figure (dB)	Input Signal (dBm)	Input Noise (dBm)	Input OSNR (dB)
192.421	22.533758	5.15218	-26.5649	-100	73.4351
192.52	22.665683	5.26728	-33.5	-100	66.5
192.619	22.718616	5.30651	-26.5649	-100	73.4351
192.718	22.773829	5.36716	-26.5649	-100	73.4351
192.817	22.839217	5.44985	-26.0964	-100	73.9036
192.915	22.885251	5.4016	-26.0964	-100	73.9036
193.014	22.864402	5.50415	-26.5649	-100	73.4351
193.113	22.895662	5.5351	-26.5649	-100	73.4351
193.212	22.947533	5.58422	-33.5	-100	66.5
193.311	22.970055	5.55948	-26.5649	-100	73.4351
193.409	22.952629	5.64955	-26.5649	-100	73.4351
193.508	22.96041	5.73167	-26.0964	-100	73.9036
193.607	22.953092	5.76577	-26.0964	-100	73.9036
193.706	22.966411	5.84117	-26.0964	-100	73.9036
193.805	22.969474	5.8359	-26.5649	-100	73.4351
193.903	22.873048	5.88526	-26.5649	-100	73.4351

图 7.26　16 个信道数据

WDM Analyzer 统计数据分析如图 7.27 所示。

	Gain (dB)	Noise Figure (dB)	Input Signal (dBm)	Input Noise (dBm)
Min value	22.533758	5.1521848	-33.5	-100
Max Value	22.970055	5.8852648	-26.096373	-100
Total	22.87021	0	-14.811352	-1e+100
Ratio max/min	0.43629674	0.73308	7.4036269	0
	(THz)	(THz)	(THz)	(THz)
Frequency at mi	1.558e-009	1.558e-009	1.5572004e-009	1.558e-009
Frequency at ma	1.5508331e-009	1.5460917e-009	1.5540102e-009	1.558e-009

Input Noise (dBm)	Input OSNR (dB)	Output Signal (dB	Output Noise (dBm	Output OSNR (dB)
-100	66.5	-10.834317	-30.297266	18.879872
-100	73.903627	-3.1299623	-29.145046	26.473146
-1e+100	0	8.0588578	-17.498658	0
0	0	7.7043546	1.1522199	1.1522199
(THz)	(THz)	(THz)	(THz)	(THz)
1.558e-009	1.5572004e-009	1.5572004e-009	1.558e-009	1.5516262e-009
1.558e-009	1.5548066e-009	1.547669e-009	1.547669e-009	1.5540102e-009

图 7.27　WDM Analyzer 统计数据分析

进一步用光谱仪(OSA)对经过 EDFA 前后的 16 个信道的光信号做检测分析，从以上分析结果可以很清楚地看到，经过 OptiSystem 的计算机辅助优化后，信号的增益在一个平坦的曲线上，从未经过 EDFA 的光谱图(如图 7.28 所示)和经过 EDFA 的光谱图(如图 7.29 所示)的比较可以看出，优化结果明显，这对所要设计元件参数的改进和优化指明了方向。

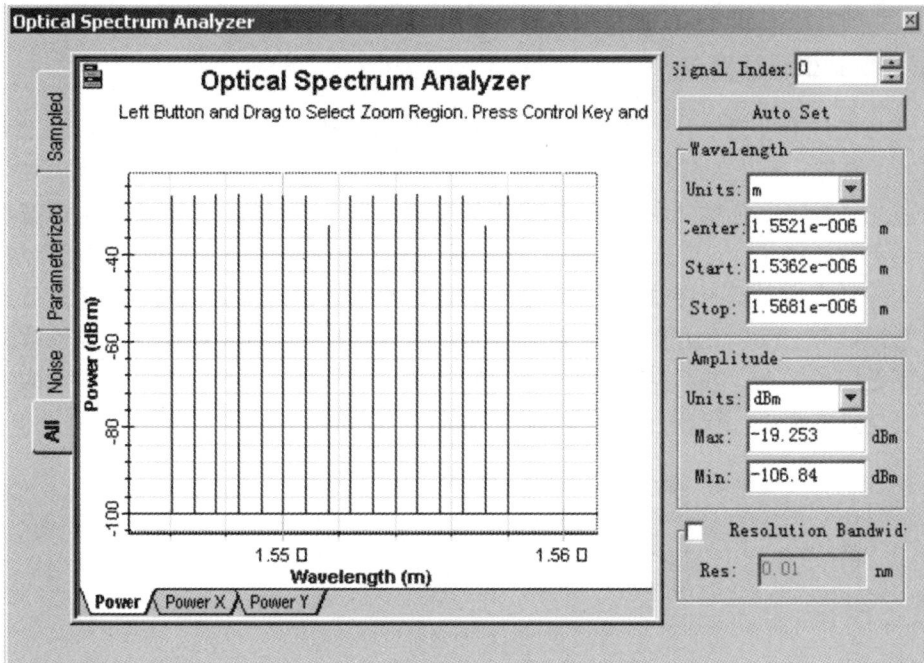

图 7.28　未经过 EDFA 的光谱图

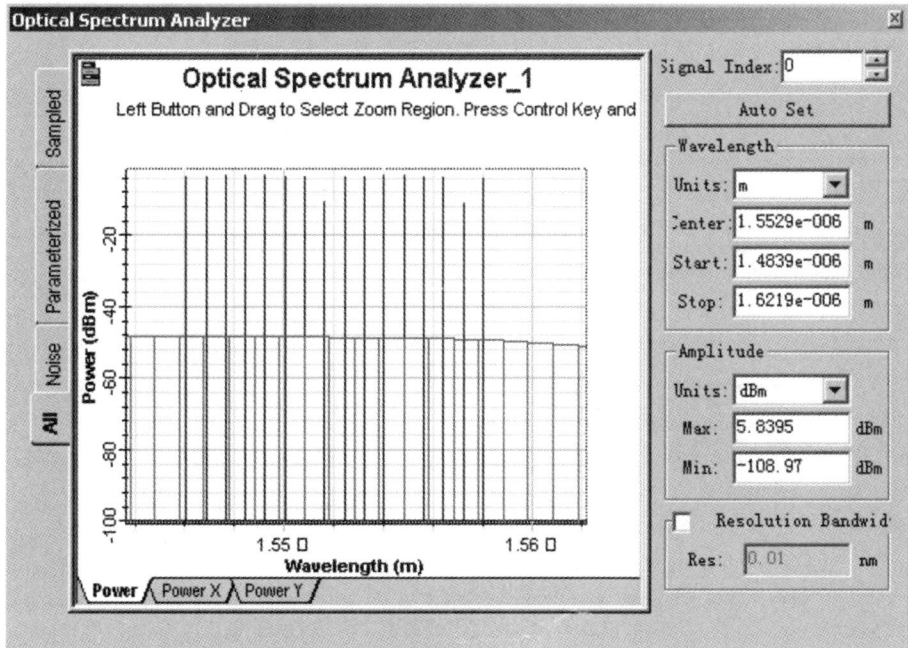

图 7.29　经过 EDFA 的光谱图（灰色曲线为存在的噪声）

　　本设计方案通过围绕 EDFA 的增益平坦度的优化问题，发现调整 EDF 长度和泵浦功率以达到理想增益平坦谱比较直观，并对模拟仿真分析结果进行了验证，为实验制作 EDFA 过程中调整增益平坦度提供了多种参考方法，对 EDFA 在长距离、高速 WDM 系统中的实际应用具有理论指导意义。

2. 色散补偿设计案例

光信号在传输过程中，常常会受到一些噪声等的不利影响，导致光信号产生色散、衰减、脉冲压缩等。所以在光信号传输中，常常需要对它进行色散补偿。常用色散补偿器件有色散补偿光纤 DCF、色散补偿器等。啁啾光纤布拉格光栅(FBG)是一种由反射滤波器制成的特殊的色散补偿器件，当光脉冲通过 FBG 后，长波长的分量会在光栅的初始端被反射，短波长的分量会在光栅的终端被反射，这样就使脉冲宽度被压缩甚至还原，于是就补偿了群速度色散效应。FBG 具有体积小、结构紧凑、插入损耗低、补偿率高且非线性效应小和对偏振不敏感的特点，它是一种动态色散补偿器件，可以根据环境温度、湿度等的变化自动调节补偿量的大小，FBG 色散补偿的原理如图 7.30 所示。

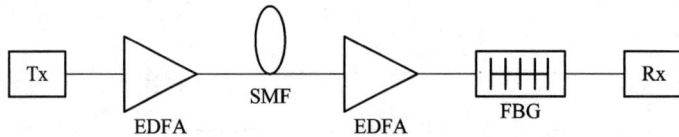

图 7.30　FBG 色散补偿原理图

为了简化说明，当不考虑非线性特性时，先对理想色散补偿元件 FBG 进行色散补偿设计布局，如图 7.31 所示；然后利用 OptiSystem 软件对其色散补偿进行仿真和分析；再对初始时的脉冲波形、经过 10 km 光纤后的脉冲波形，以及最后经过 FBG 色散补偿器后的脉冲波形进行检测和分析，从而设计和改善系统中的色散补偿性能。

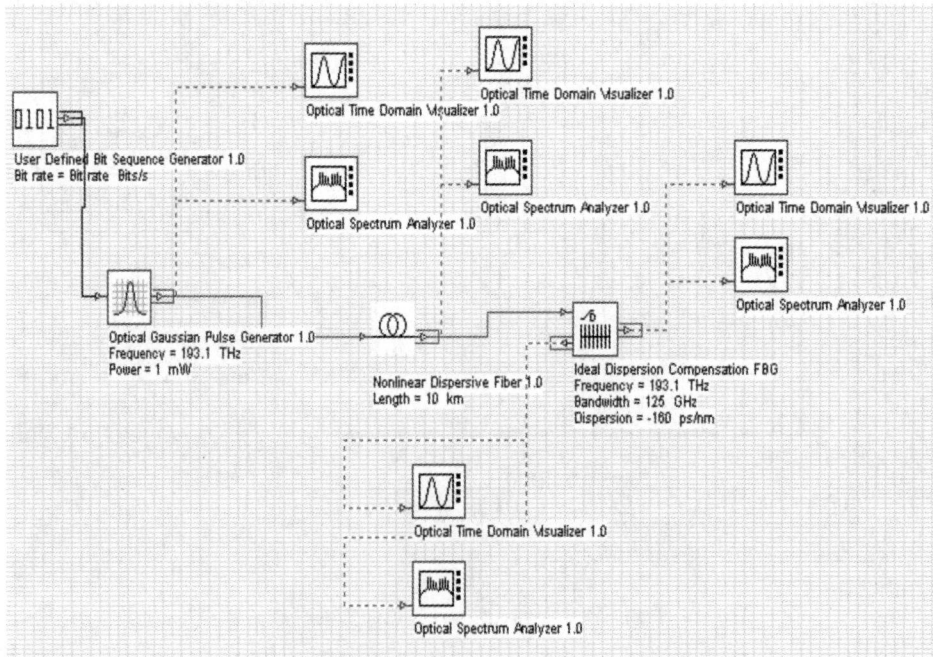

图 7.31　理想色散补偿元件 FBG 的色散补偿设计布局图

该布局中的关键元件是 FBG 色散补偿器,它的属性设定如图 7.32 所示。

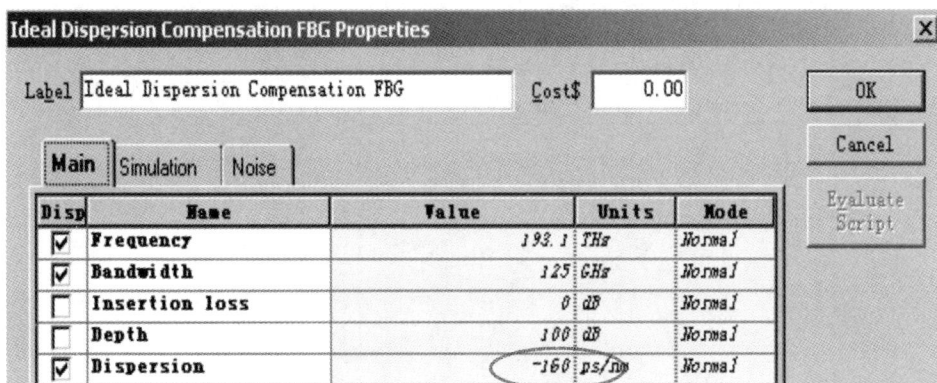

图 7.32　FBG 色散补偿器的属性设定图

设定好各元件的参数后运行模拟。在 40 Gb/s 码率和 0.5 Time Bit Slot 的系统中,由 Optical Gaussian Pulse Generator 产生的初始脉冲宽度约为 35 ps,如图 7.33 所示。

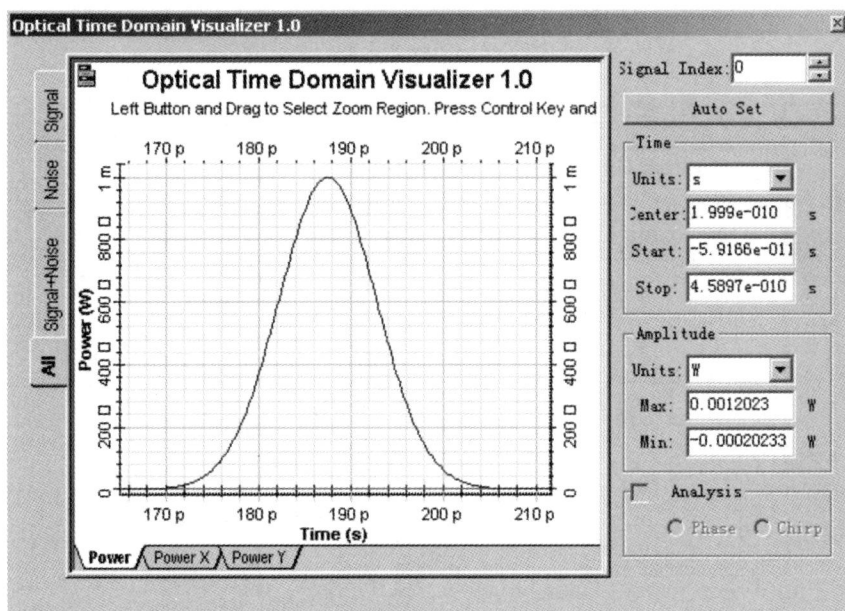

图 7.33　入纤前光脉冲的波形图

产生的光信号入纤传输,经过 10 km 的单模光纤后,其脉冲宽度由于色散展宽约为 160 ps,如图 7.34 所示,其脉宽将近增宽了 4 倍于初始的宽度。为了对这个色散导致的脉冲失真进行复原和补偿,这里使用一个 FBG 色散补偿元件来对脉冲波形进行复原。其中色散补偿值可以调节,这里设为−160 ps/nm。经过模拟后,可在 Optical Time Domain Visualizer 中观察经补偿元件后的脉冲波形,如图 7.35 所示,可以看到经过补偿后的脉冲宽度复原到初始状态。

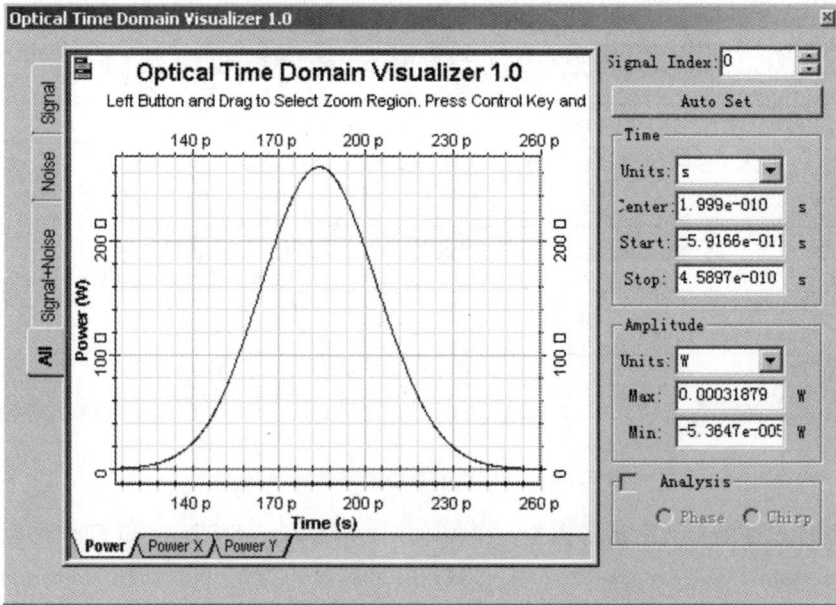

图 7.34 经过 10 km 单模光纤后的脉冲波形图

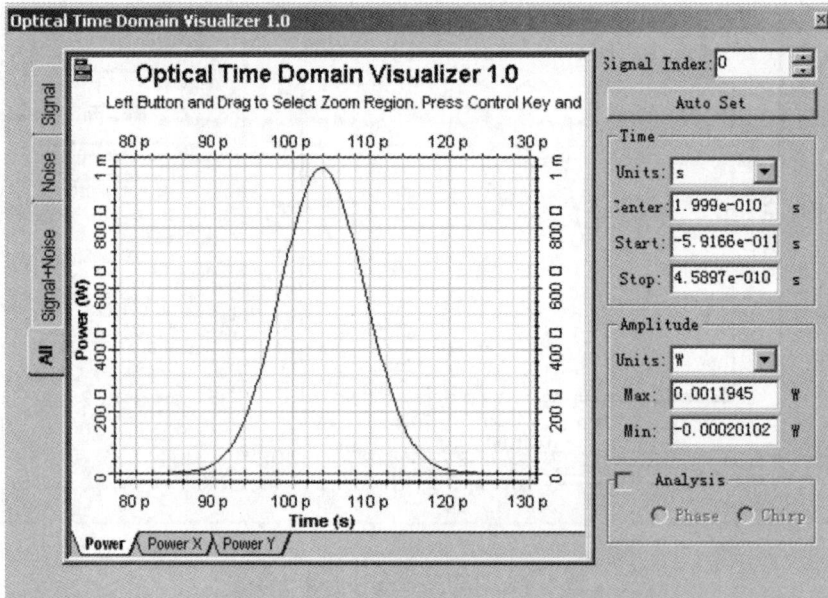

图 7.35 经过 FBG 色散补偿元件后的光脉冲波形图

可见，模拟出的结果和经计算预期的结果一致，同时也对色散补偿元件的性能做了很好的性能测试和模拟。

7.2.3 接收系统模型

影响光接收机性能的主要因素是接收机内的各种噪声源。接收机中放大器本身的电阻会引入热噪声(Thermal Noise)，放大器的晶体管会引入散粒噪声(Shot Noise)，而且多级放大器同样会将前级的噪声放大，计算分析这些噪声对分析、优化光接收机以及整个光纤通信统都具有十分重要的意义。

1. 光电二极管噪声分析设计原理

光接收机中的噪声来源主要是热噪声和散粒噪声，这里主要观察热噪声和散粒噪声对最终传输信号质量的影响，并采用对比的方法来表现这种影响。把输入信号分为两路，在一路信号上加入热噪声，另一路信号上加入散粒噪声，通过比较分析不同噪声对输出结果的影响。据此原理设计光电二极管噪声分析设计布局图，如图 7.36 所示。

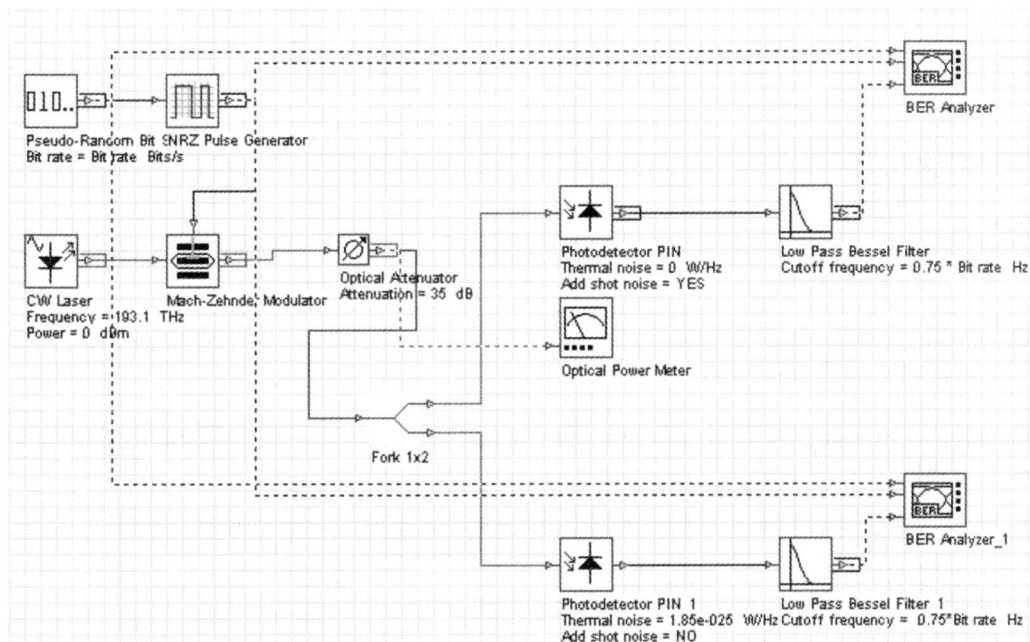

图 7.36　光电二极管噪声分析设计布局图

Pseudo-Random Bit Sequence Generator 是伪随机码发生器，由于此装置的伪随机特性与实际链路中信息源的随机特性一致，所以在通信类的科研实验中，通常被当作信息源使用。

NRZ Pulse Generator 是非归零码电脉冲发生器，用于产生非归零码脉冲。选择 NRZ 调制格式，是因为经 NRZ 调制的光信号具有紧凑的频谱特性，调制和解调结构简单，在 10G 和一部分 40G 系统中得到了广泛应用，一直被作为中短距离光纤通信系统中的主要调制格式，通过色散管理和终端可调色散补偿技术，NRZ 调制格式在普通光纤中获得了良好的光传输性能。

CW Laser 是连续波激光器，Mach-Zehnder Modulator 是马赫-恩德调制器，是外调制器的一种。Optical Attenuator 是光衰减器，Photodetector PIN 是 PIN 光电探测器，Low Pass Bessel Filter 是低通贝塞尔滤波器，BER Analyzer 是误码率分析仪，可用于分析噪声的影响。

伪随机码发生器将数据流发送到非归零码电脉冲发生器中，输出电脉冲信号，在 MZ 调制器中对连续波激光器产生的激光进行调制。MZ 调制器的调制方式属于间接调制，间接调制和直接调制的本质区别在于光源的发光和调制功能是分离进行的，即在激光形成以后才加载调制信号，因此，调制不会影响激光器谐振腔中的工作，激光器在直流偏置电流的驱动下稳定工作，产生连续的激光输出。输出激光光束经过光衰减器接入 PIN 光电探测器，转化成电信号，再通过低通贝塞尔滤波器进行滤波，最后通过误码率分析仪对输出结果进行分析。相关参数设定如表 7.1 所示。

表 7.1　相关参数设定

变　量	参　数　值
位速率/(bit/s)	10 000 000 000
采样点数	64
入射光源功率/THz	193.1
入纤功率/dBm	0
光衰减器衰减值/dB	35
PIN-1 噪声/(W/Hz)	加入散粒噪声，热噪声为 0
PIN-2 噪声/(W/Hz)	不加入散粒噪声，热噪声为 1.85e−025

2. 噪声对比仿真结果分析

在 OptiSystem 软件中进行仿真运行，加入散粒噪声和热噪声后输出的眼图结果分别如图 7.37 和图 7.38 所示。

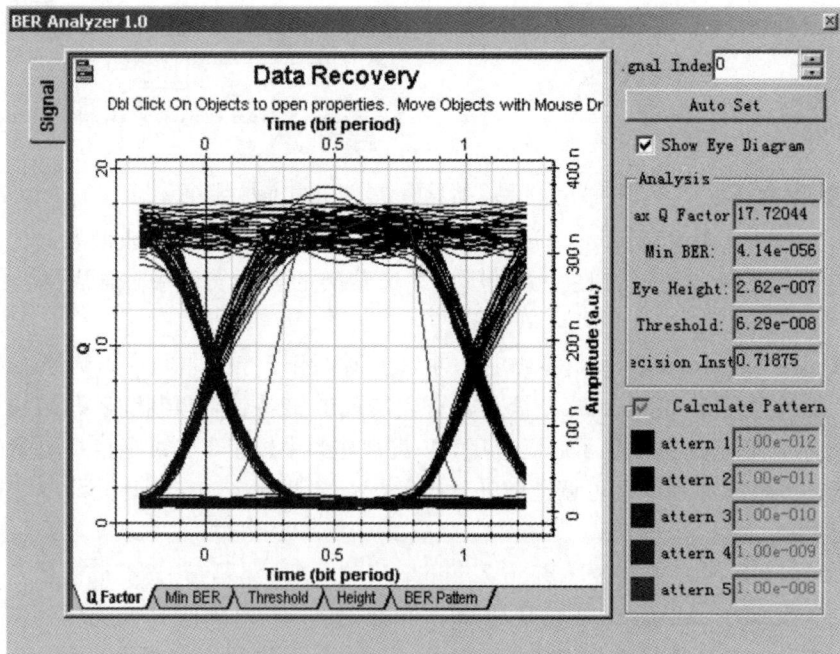

图 7.37　加入散粒噪声时的眼图

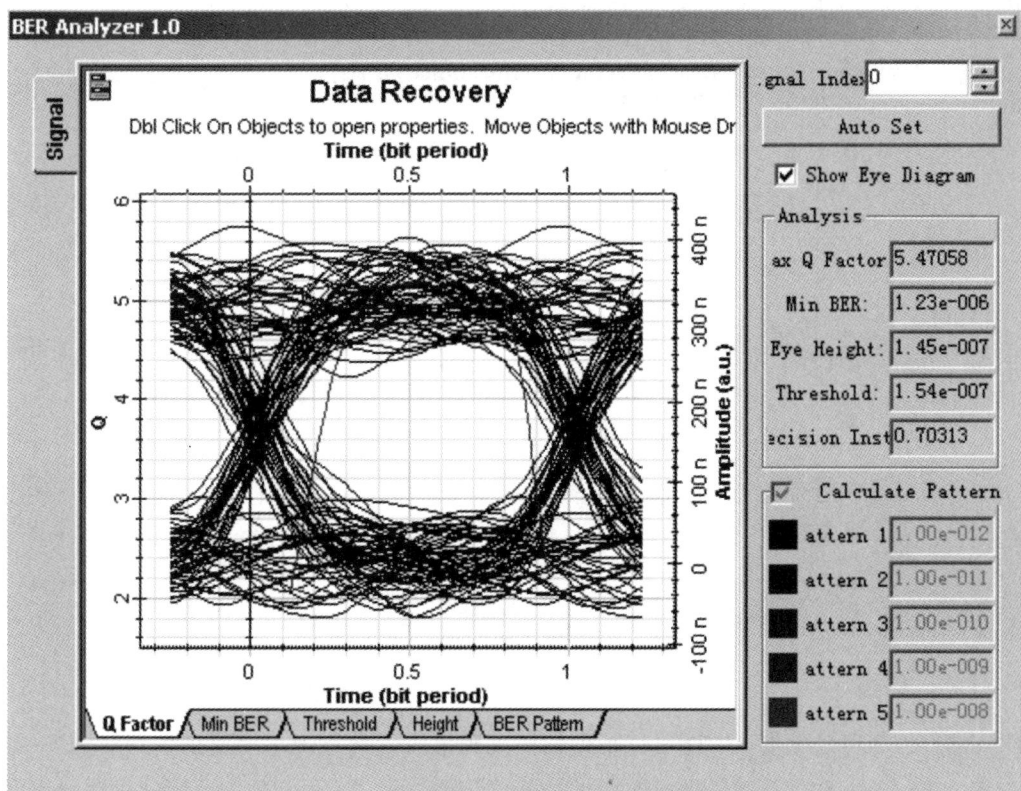

图 7.38　加入热噪声时的眼图

1）眼图分析法

如图 7.37 所示，当只加入散粒噪声时，误码率分析仪中的眼图整体形状较好，垂直张开度较大，说明受该噪声的影响较小，数据显示，最大 Q 值是 5.47058，最小误码率是 1.14626e−019。由于光纤通信系统要求的误码率范围是 10^{-12} 到 10^{-9}，对应的 Q 值分别约为 6 和 7，此时的误码率明显是符合要求的，所以散粒噪声对这个光纤系统的性能影响（主要是对误码率的影响）并不很明显。

如图 7.38 所示，当只加入热噪声时，误码率分析仪中的眼图杂乱无章，整个眼图的轮廓不清晰，眼睛的张开程度也不明显，此时数据显示，对应的最大 Q 值是 2.95474，最小误码率的值是 0.00156452。很明显，根据通信系统的要求，这时的误码率严重超出合理范围，所以，热噪声是影响接收机性能的主要因素。

2）参数扫描法

影响接收机性能的噪声虽然有很多，但最主要的还是热噪声，为了进一步分析热噪声对光接收机性能（这里主要是指光接收机的误码率）的影响，可以运用参数扫描法分析不同大小的热噪声对光接收机性能的影响效果。

运用参数扫描法，设置总的迭代次数为 20，PIN 光电二极管中的热噪声的扫描范围是 8.5e−026 W 到 2.85e−025 W，其他的参数都和原来一样。结果可以得到不同热噪声下对

应的最大 Q 值的图形，结果如图 7.39 所示。

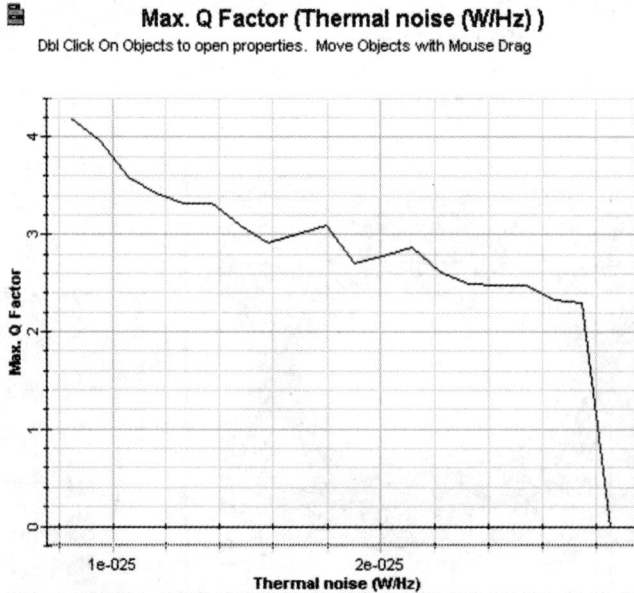

图 7.39　热噪声对光接收机误码率的影响

由图 7.39 可以发现，热噪声对光接收机误码率的影响呈现出明显的阶段性。当热噪声小于 1.2e−025 时，随着热噪声的增大，Q 值下降明显，随后 Q 值的下降速度明显下降。

3. 影响光接收性能的其他因素

由上面的分析已经知道了 PIN 光电二极管中的噪声会对光接收机的性能产生影响，但是影响光接收机性能的不只有 PIN 光电二极管中的噪声，还有光源的输入光功率、光衰减器的衰减值和消光比等其他因素。这里进一步分析这些因素对光接收机性能产生的影响。

广泛应用的分析方法是迭代法（又称参数扫描法），通过这种方法可以改变最基本因素的值，从而得到不同参数值所对应的误码率（或者 Q 值）。

1）光源的输入光功率与误码率

运用参数扫描法，设置总的迭代次数为 10，光源的输入光功率的扫描范围是 −10 dBm 到 10 dBm，其他的参数和前面的都是一样的。结果可以得到光源的输入光功率和最大 Q 值之间的图形，如图 7.40 所示。

由图 7.40 可以知道，光源输入光功率和光接收机最大 Q 值之间是正相关的关系，即随着光源输入光功率的增大，最大 Q 值也在增加，与此同时，误码率在降低。所以增大光源输入光功率可以改善光接收机的性能。

想要最简单地分析光源输入光功率对光接收机性能的影响，可以在一个图中显示出不同输入光功率下的最大 Q 值，OptiSystem12.0 就提供了这样的功能。分析结果如图 7.41 所示，不同输入光功率所对应的 Q 值差异明显，较大的输入光功率所对应的 Q 值最大能达到 30 以上，而较小的输入光功率所对应的 Q 值还没有达到 10。

Max. Q Factor (Power (dBm))
Dbl Click On Objects to open properties. Move Objects with Mouse Drag

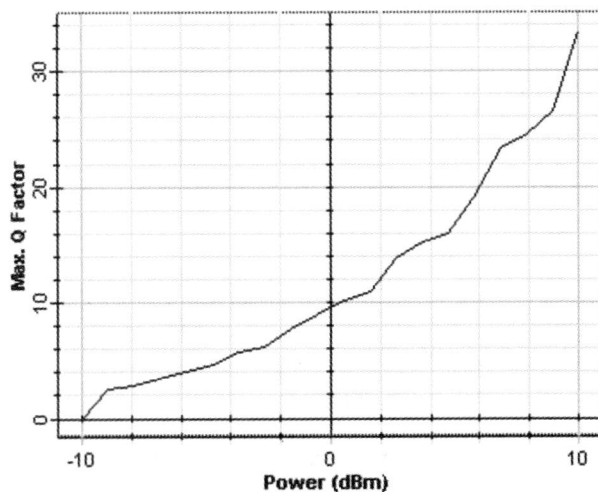

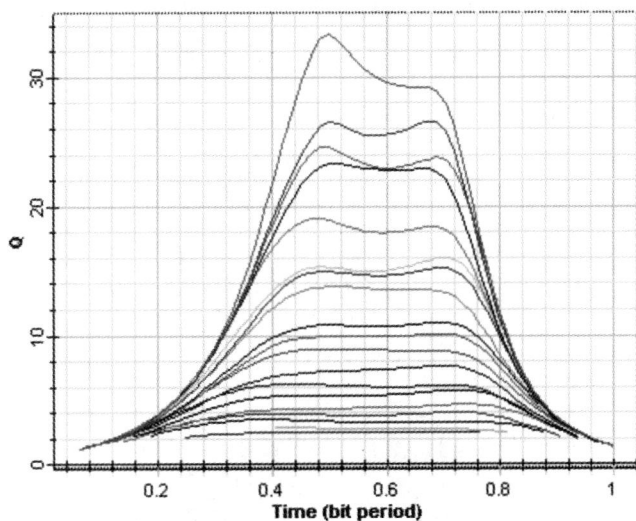

图 7.40　光源输入光功率和最大 Q 值之间的关系图

Q Factor
Dbl Click On Objects to open properties. Move Objects with Mouse Drag

图 7.41　不同输入光源光功率下的 Q 值比较

2）光衰减器衰减值和误码率

同样运用参数扫描法，设置总的迭代次数为 10，光衰减器的衰减值的扫描范围是 20 dB～40 dB，其他的参数和前面一样，可以得到光衰减器衰减值和最大 Q 值之间的图形，如图 7.42 所示。

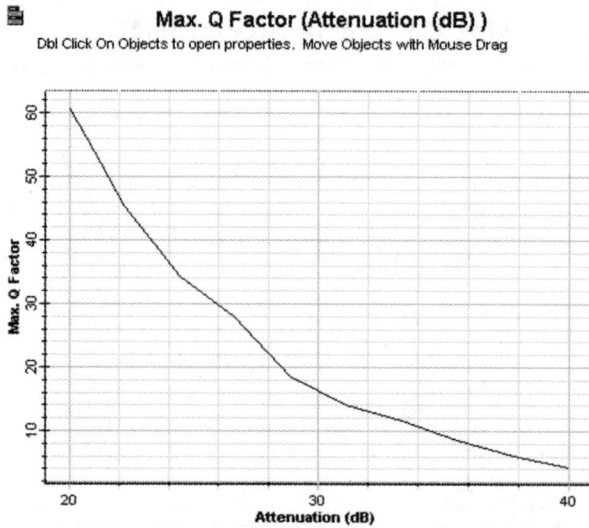

图 7.42 光衰减器衰减值和最大 Q 值之间的关系图

3）光源输入光功率和光衰减值的共同影响

以上得到的都是最大 Q 值和其中一个参数的二维关系图，前提是在观察最大 Q 值和其中一个参数的关系时，其他变量不变。实际上，OptiSystem 提供的观察最大 Q 值和两个参数之间关系可以通过三维图形来表示。运用该方法可以得到同时改变两个参数时，相应的最大 Q 值。当同时改变光源的入射光功率和光衰减值时，可以得到如图 7.43 所示的结果，三个坐标轴分别表示光源的输入功率、光衰减值和最大 Q 值，相当于两个二维图形的合成。

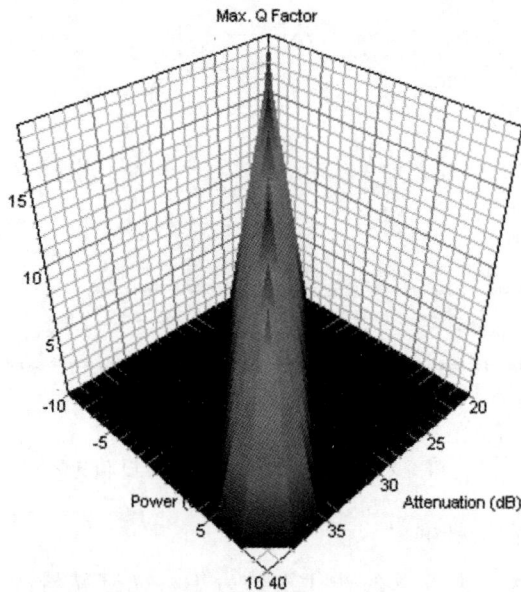

图 7.43 光源的入射光功率和光衰减值以及最大 Q 值之间的关系图

本 章 小 结

　　本章主要介绍了光纤通信系统的仿真与建模及系统性能评价指标的主要原则,通过 OptiSystem 软件的仿真电路搭建,详细介绍了光纤通信系统的三个基本组成部分:光发送系统模型,光纤传输系统模型和光接收系统模型,对每个系统模型都设计了相关案例进行分析。

参 考 文 献

[1] 韩太林，韩晓冰，臧景峰. 光通信技术[M]. 北京：机械工业出版社，2011.

[2] 胡先志，杨博. 光纤通信原理[M]. 武汉：武汉理工大学出版社，2019.

[3] 胡庆，殷茜，张德民. 光纤通信系统与网络[M]. 4 版. 北京：电子工业出版社，2019.

[4] 李唐军. 光纤通信原理[M]. 北京：北京交通大学出版社，2015.

[5] 陈海燕. 光纤通信技术[M]. 北京：国防工业出版社，2016.

[6] 韩一石，强则煊. 现代光纤通信技术[M]. 2 版. 北京：科学出版社，2015.

[7] 方志豪，朱秋萍，方锐. 光纤通信原理与应用[M]. 北京：电子工业出版社，2019.

[8] 冯进玫，郭忠义. 光纤通信[M]. 2 版. 北京：北京大学出版社，2018.

[9] 朱宗玖. 光纤通信原理与应用[M]. 北京：清华大学出版社，2013.

[10] 马军山. 光纤通信原理与技术[M]. 北京：人民邮电出版社，2004.

[11] 李维民. 全光通信网技术[M]. 北京：北京邮电大学出版社，2015.

[12] 曾庆珠. 光纤通信工程[M]. 北京：北京理工大学出版社，2016.

[13] 张宝富，苏洋，王海潼. 光纤通信[M]. 3 版. 西安：西安电子科技大学出版社，2015.

[14] 孙学康，张金菊. 光纤通信技术基础[M]. 北京：人民邮电出版社，2017.

[15] 胡先志. 光纤通信有/无源器件工作原理及其工程应用[M]. 北京：人民邮电出版社，2011.

[16] 沈建华，陈健，李履信. 光纤通信系统[M]. 3 版. 北京：机械工业出版社，2014.

[17] 原荣. 光纤通信简明教程[M]. 北京：机械工业出版社，2013.

[18] 孙强，周虚. 光纤通信系统及网络[M]. 北京：科学出版社，2011.

[19] 张新社. 光纤通信技术[M]. 北京：人民邮电出版社，2014.

[20] 强世锦. 光纤通信技术[M]. 北京：清华大学出版社，2011.

[21] 郭建强，高晓蓉，王泽勇. 光纤通信原理与仿真[M]. 成都：西南交通大学出版社，2013.

[22] 张成良. 光网络新技术解析与应用[M]. 北京：电子工业出版社，2016.

[23] 武文彦. 光波分复用系统与维护[M]. 北京：电子工业出版社，2010.

[24] RAJIV R，KUMAR N，SIVARAJAN. 光纤通信技术与系统[M]. 乐孜纯，译. 北京：机械工业出版社，2004.

[25] 黎敏，廖延彪. 光纤传感器及其应用技术[M]. 北京：科学出版社，2018.

[26] 毛谦. 我国光通信技术和产业的最新发展[J]. 光通信研究，2014(1)：1-4，66.

[27] 赵梓森. 中国光纤通信发展的回顾[J]. 电信科学，2016，32(5)：5-9.

[28] 林衡. 浅析光纤通信系统中波分复用技术的应用[J]. 黑龙江科技信息，2014(13)：133-133.

[29] 戴精科，沐江明，陈啸，等. 相干光通信及其应用现状[J]. 新一代信息技术，2019，2(6)：12-17.

[30] 卢彦兆，李良川，余毅. 单波 400G 在 G.654 光纤中的长距离传输技术研究[J]. 邮电设计技术，2018(6)：68-71.

[31] 张海懿，赵文玉. 100G 光传送技术渐入佳境[J]. 中兴通讯技术，2011，17(3)：44-48.

[32] BOROSON D M，ROBINSON B S，MURPHY D V，et al. Overview and results of the Lunar Laser Communication Demonstration[C]//Spie Lase. International Society for Optics and Photonics，2014.

[33] 贾平，李辉. 从 EDRS 看国外空间激光通信发展[J]. 中国航天，2016(3)：14-17.

[34] 廖延彪，苑立波，田芊. 中国光纤传感 40 年[J]. 光学学报，2018，38(3)，0328001：1-19.

[35] 胡博. 智能光网络技术特点及未来发展趋势的研究[J]. 中国新通信，2019，21(4)：84-89.

[36] 胡旭波. 全光网络的关键技术及其发展[J]. 信息通信，2016(6)：274-275.

[37] 原荣. 光传输网(OTN)的技术演进和标准化进展[J]. 现代电信科技，2012，10(10)：47-53.

[38] 毛谦. 光纤接入是"宽带中国"的基石[J]. 信息通信技术，2012，6(2)：4-5.

[39] 韦乐平. 互联网＋下的电信网机会和挑战[N]. 通信产业报，2016-01-04(016).

[40] S. Chandraekhar, Xiang Liu. Enabiing Components for Future High-Speed Coherent Communication Systems [C]. OFC 2011, OMU5.

[41] 郭丽，唐棣芳. 光孤子通信技术及其展望[J]. 电子技术，2013，42(8)：97-99＋93.

[42] 连建，诸波. 光孤子传输控制方案的探讨[J]. 光通信技术，2010，34(1)：50-52.

[43] 赵海龙. 量子通信技术及发展[J]. 自然杂志，2018，40(3)：207-214.

[44] 郭光灿. 百年光量子[J]. 光学与光电技术，2016，14(4)：14-19.

[45] 潘建伟. 量子计算所带来的技术变革[N]. 中国信息化周报，2017-12-18(007).